H3C网络学院系列教程　　**H3C**

IPv6技术

杭州华三通信技术有限公司　编著

清华大学出版社
北　京

内 容 简 介

本书详细讨论了 IPv6 技术,包括协议报文结构、IPv6 地址、地址配置技术、IPv6 路由协议、IPv6 安全与可靠性、IPv4 向 IPv6 的过渡等。本书的最大特点是理论与实践紧密结合,通过在 H3C 网络设备上进行大量而翔实的 IPv6 实验,能够使读者更快、更直观地掌握 IPv6 理论与动手技能。

本书是为已经具备 IPv4 网络基础知识并对 IPv6 技术感兴趣的人员编写的。对于专业的科学研究人员与工程技术人员,本书是全面了解和掌握 IPv6 知识的指南。而对于大中专院校计算机专业二年级以上的学生,本书是加深网络知识,掌握网络前沿技术的好教材。另外,本书还可以作为 H3C 网络学院的补充教材。

图书在版编目(CIP)数据

IPv6 技术/杭州华三通信技术有限公司编著. — 北京:清华大学出版社,2010.1(2025.1重印)
(H3C 网络学院系列教程)
ISBN 978-7-302-21682-7

Ⅰ.①I… Ⅱ.②杭… Ⅲ.①计算机网络—传输控制协议—高等学校—教材Ⅳ.①TN915.04

中国版本图书馆 CIP 数据核字(2009)第 238244 号

责任编辑:刘　青
责任校对:刘　静
责任印制:丛怀宇

出版发行:清华大学出版社
　　　　网　　　址:https://www.tup.com.cn,https://www.wqxuetang.com
　　　　地　　　址:北京清华大学学研大厦 A 座　　　　邮　　编:100084
　　　　社 总 机:010-83470000　　　　邮　　购:010-62786544
　　　　投稿与读者服务:010-62776969,c-service@tup.tsinghua.edu.cn
　　　　质 量 反 馈:010-62772015,zhiliang@tup.tsinghua.edu.cn
印 装 者:三河市铭诚印务有限公司
经　　销:全国新华书店
开　　本:185mm×260mm　　印　张:21.5　　字　数:516 千字
版　　次:2010 年 1 月第 1 版　　印　次:2025 年 1 月第 14 次印刷
定　　价:59.80 元

产品编号:035680-02

新 的 力 量

　　伴随着互联网上各项业务的快速发展,本身作为信息化技术一个分支的网络技术已经与人们的日常生活密不可分,在越来越多的人们依托网络进行沟通的同时,网络本身也演变成了服务、需求的创造和消费平台,这种新的平台逐渐创造了一种新的生产力,一股新的力量。回顾人类历史,第一次工业技术革命的推动力是蒸汽机,第二次电力革命的载体是电动机,第三次是信息技术革命,在信息技术革命当中,主要的推动载体就是电子计算机技术的发展。计算机的快速发展,就像人们赋予她的俗称"电脑"那样,是人类第一次以"上帝"和"女娲"的姿态进行"类人"智能的探索。

　　如同人类民族之间语言的多样性一样,最初的计算机网络通信技术也呈现多样化发展。不过伴随着互联网应用的成功,IP 作为新的力量逐渐消除了这种多样性趋势。在大量开放式、自由的创新和讨论中,基于 IP 的网络通信技术被积累完善起来;在业务易于实现、易于扩展、灵活方便性的选择中,IP 标准逐渐成为唯一的选择。

　　现有的 IP 协议是基于 IPv4 的设计架构。在互联网的快速推进下,各种应用、需求被增加到 IP 网络平台中,导致 IPv4 本身逐渐步履蹒跚。首先是地址枯竭,随后是骨干路由表庞大,而弥补地址不足的 NAT 技术又反过来影响了 IPv4 建立"端到端"通信连接的初衷。同时,越来越多的语音、视频等服务需求的增多,使人们在享受 IPv4 架构的易用性的同时,又在诟病 IPv4 在 QoS 方面的不足。

　　IPv6 作为新的力量走上前台。从 20 世纪 90 年代起,从理论界到用户,从设备厂商到 IP 服务提供商,都逐渐清晰地听到 IPv6 作为新的力量走上历史舞台的脚步声。在中国,从政府到民间,也逐步对大力发展 IPv6 形成统一共识,这不仅是 IP 发展的趋势,也是中国摆脱发达国家在 IP 技术领域前期技术制衡与壁垒的重要契机。

　　杭州华三通信技术有限公司(H3C)作为国际领先的 IP 网络技术解决方案提供商,立足中国,一直致力于推进 IP 技术的推广。面对大量从海外技术资料中翻译的各类技术资料所难免存在的问题,作为技术标准参与制定者的华三公司,深感自身责任的重大,许多合作伙伴和学校、机构也多次表达希望华三公司正式出版技术教材的期望。2004 年 10 月,华三公司的前身——华为 3Com 公司在清华大学出版社出版了自己的第一本网络学院教材《IPv6 技术》，开创了华三公司网络学院教材正式出版的先河，极大地推动了 IPv6 技术在网络技术业界的普及。而近几年，伴随着第二代中国教育和科研计算机网（CERNET2）等国内 IPv6 骨干网络的大规模建设，IT 业内技术人员对系统、全面地掌握 IPv6 知识的要求越来越迫切；同时，华三公司作为这些网络建设的主要参与者，在 IPv6 技术方面的积累越来越深，意识到原有的教材在内容与深度上的不足。在这种大背景下，华三公司培训中心决定在原版基础上进行进一步的深化和细化，推出了目前的这版《IPv6 技术》。

作为一本业界厂商推出的教材，本书不但讨论了大量的 IPv6 理论技术，更注重于 IPv6 技术的实际应用。所以，本书在研究 IPv6 技术之外，还讨论了一些 IPv6 网络部署与实施的方法，并有大量翔实而细致的实验案例。华三公司希望通过这种形式，探索出一条不同于传统的理论教学的"理论和实践相结合"的教育方法，顺应国家提倡的"学以致用、工学结合"教育方向，培养更多实用型的网络工程技术人员。

后续，华三公司还将规划、组织产品技术开发专家陆续推出一系列中文技术教材，《IPv6 技术》是这一系列教材的第一本。希望在 IP 技术领域，这一系列教材能成为一股新的力量，回馈广大网络技术爱好者，为推进中国 IP 技术发展尽绵薄之力，同时也希望读者对我们提出宝贵的意见。

H3C 客户服务热线 400-810-0504

H3C 客户服务邮箱 service@h3c.com

杭州华三通信技术有限公司全球技术服务部

认证培训开发委员会路由交换编委会

2010 年 1 月

H3C认证简介

　　H3C 认证培训体系是中国第一家建立国际规范的完整的网络技术认证体系,H3C 认证是中国第一个走向国际市场的 IT 厂商认证。H3C 致力于行业的长期增长,通过培训实现知识转移,着力培养高业绩的缔造者。目前在全球拥有 30 余家授权培训中心和 280 余家网络学院。截至 2011 年年底,已有 40 多个国家和地区的 16 万余人次接受过培训,逾 9 万人次获得认证证书。

　　按照技术应用场合的不同,同时充分考虑客户不同层次的需求,H3C 公司为客户提供了从网络助理工程师到网络专家的三级技术认证体系、突出专业技术特色的专题认证体系和管理认证体系,构成了全方位的网络技术认证体系。

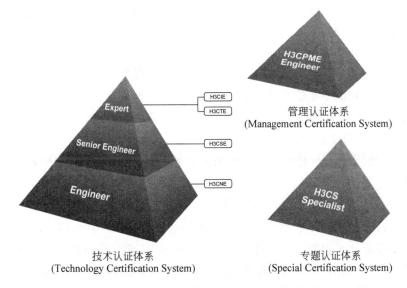

技术认证体系
(Technology Certification System)

管理认证体系
(Management Certification System)

专题认证体系
(Special Certification System)

　　要全面了解 H3C 认证培训相关信息,请访问 H3C 网站培训认证栏目(http://www.h3c.com.cn/Training/)。要了解 H3C 认证培训最新动态,请关注 H3C 培训认证官方微博(http://weibo.com/pxrzh3c)。

　　H3C 认证将秉承"专业务实,学以致用"的理念,与各行各业建立更紧密的合作关系,认真研究各类客户不同层次的需求,不断完善认证体系,提升认证的含金量,使 H3C 认证能有效证明学员所具备的网络技术知识和实践技能,帮助学员在竞争激烈的职业生涯中保持强有力的竞争实力。

前 言

随着互联网技术的广泛普及和应用,通信及电子信息产业在全球迅猛发展,从而也带来了网络技术人才需求量的不断增加,网络技术教育和人才培养成为高等院校一项重要的战略任务。

H3C 网络学院(HNC)主要面向高校在校学生开展网络技术培训,培训使用 H3C 网络学院培训教程。HNC 教程分 4 卷,第 1 卷课程涵盖 H3CNE 认证课程内容;第 2~4 卷课程涵盖 H3CSE Routing & Switching 认证课程内容。培训课程高度强调实用性和提高学生动手操作的能力。

随着 IPv6 技术的迅速发展,高等院校和教育机构越来越迫切地需要开展相关技术的教学和培训。作为传统 H3C 网络学院课程的补充教材,本教程正是为此而设计的。通过对本课程的学习,学员不仅能够很好地掌握 IPv6 理论知识,还能够在 H3C 网络设备上进行 IPv6 协议的配置、维护,最终能够具备将网络从 IPv4 过渡到 IPv6 的能力。

本书适合以下几类读者。

大专院校在校生:此教材既可作为 H3C 网络学院课程的补充教科书,也可作为计算机通信相关专业学生的参考书。

公司职员:此教材能够用于公司进行网络技术的培训,帮助员工理解和熟悉各类网络应用,提升工作效率。

网络技术爱好者:此教材可以作为所有对网络技术感兴趣的爱好者学习网络技术的自学书籍。

本书的内容涵盖了目前主流的 IPv6 相关协议的工作原理和 IPv6 网络的构建技术,内容由浅入深,并包括大量和实践相关联的内容,对 IPv6 协议的实现和应用都精心设计了相关实验。这充分突显了 H3C 认证课程的特点——专业务实、学以致用。凭借 H3C 强大的研发和生产能力,每项技术都有其对应的产品支撑,能够使学员更好地理解和掌握。本书课程经过精心设计,便于知识的连贯和理解,学员可以在较短的学时内完成全部内容的学习。教材所有内容都遵循国际标准,从而保证了良好的开放性和兼容性。

本教程实验涉及的路由器软件版本为 Comware V5.2,以太网交换机软件版本为 Comware V3.1。

全书共 15 章,3 个附录,各章及附录的内容简介如下。

第 1 章　IPv6 简介

本章主要分析 IPv4 协议的局限性和 IPv4 向 IPv6 演进的必然性,介绍 IPv6 产生的缘由和发展的历史,讲述 IPv6 的新特性。

第 2 章　IPv6 基础

本章首先介绍 IPv6 地址的表示方法、IPv6 地址分类及结构;然后介绍 IPv6 基本报头结构、IPv6 扩展报头的结构和用法;最后介绍 IPv6 的一个基本协议——ICMPv6 及相关应用。

第 3 章　IPv6 邻居发现

本章介绍 IPv6 技术中的一个关键协议——邻居发现协议。解释邻居发现协议中前缀发现、邻居不可达检测、重复地址检测、地址自动配置等功能的工作机制,并对报文进行详细分析。

第 4 章　DHCPv6 和 DNS

本章主要对 DHCPv6 的消息交互流程进行详细的分析,并介绍 DHCPv6 消息类型、消息格式、选项等内容。此外,本章也对 IPv6 中 DNS 功能的扩展进行简要的介绍。

第 5 章　IPv6 路由协议

本章首先对 IPv6 中的路由表进行介绍;然后分别对 IPv6 中的 RIPng、OSPFv3、BGP4＋和 IPv6-IS-IS 等动态路由协议的工作机制进行详细讲解,并与 IPv4 中的 RIP、OSPF、BGP、IS-IS 等协议进行比较。

第 6 章　IPv6 安全技术

从管理的角度来说,安全侧重对网络的访问进行控制;从通信的角度来说,则主要侧重报文的加密、防篡改以及身份验证。本章结合安全的两个方面对 IPv6 中的访问控制列表以及安全协议进行详细的介绍。

第 7 章　IPv6 中的 VRRP

VRRP(Virtual Router Redundancy Protocol,虚拟路由冗余协议)通过在局域网上动态地指定主用/备用路由器,实现了路由转发的动态备份,很大程度上减少了单台设备故障对应用的影响。本章对 IPv6 中的 VRRP 协议进行全面细致的介绍。

第 8 章　IPv6 组播

本章主要讲述组播网络的基本模型,以使读者能够了解几种模型的特点;然后重点讲述 IPv6 组播地址格式、MLD 协议原理、IPv6 PIM 协议原理、IPv6 组播转发机制。

第 9 章　IPv6 过渡技术

本章讲述部署 IPv4 网络过渡到 IPv6 网络的策略,然后详细介绍过渡技术的工作原理,包括 GRE 隧道、6to4 隧道、ISATAP 隧道、6PE 隧道等多种隧道技术,以及双栈、NAT-PT 等过渡技术。本章的最后介绍不同网络中的 IPv6 部署方案。

第 10 章　IPv6 基础实验

本章是第 2 章与第 3 章内容的实验和练习。主要内容包括 IPv6 地址配置实验、IPv6 地址解析实验、IPv6 路由器发现实验、IPv6 前缀重新编址实验。

第 11 章　IPv6 路由实验

本章是第 5 章内容的实验和练习。主要内容包括 RIPng 配置与协议分析实验、OSPFv3 配置与协议分析实验、BGP4＋配置与协议分析实验、IPv6-IS-IS 配置与协议分析实验。

第 12 章　IPv6 安全实验

本章是第 6 章内容的实验和练习。主要内容包括 IPv6 基本 ACL 的配置和应用实验、IPv6 高级 ACL 的配置和应用实验等。

第 13 章　IPv6 VRRP 实验

本章是第 7 章内容的实验和练习。主要内容包括 IPv6 中 VRRP 单备份组的配置和应用实验、多备份组的配置和应用实验等。

第 14 章　IPv6 组播实验

本章是第 8 章内容的实验和练习。主要内容包括 MLD 协议配置与分析实验、IPv6 PIM-DM 协议配置与分析实验、IPv6 PIM-SM 协议配置与分析实验、IPv6 PIM-SSM 协议配置与分析实验。

第 15 章　IPv6 过渡技术实验

本章是第 9 章内容的实验和练习。主要内容包括 GRE 隧道与手动隧道配置与分析实验、自动隧道配置与分析实验、6to4 隧道配置与分析实验、ISATAP 隧道配置与分析实验、NAT-PT 配置与分析实验、6PE 隧道配置与分析实验。

附录 A　IPv6 在主流操作系统上的实现及配置介绍

介绍当前的主流操作系统对 IPv6 的支持情况、如何配置。

附录 B　移动 IPv6 简介

介绍移动 IPv6 技术。

附录 C　缩略语表

提供本书所出现的有关网络技术的英文缩略语及中文全称。

H3C 培训中心

2010 年 1 月

教材中的常用图标说明

路由器

交换机

IPv6路由器

主机

服务器类

网云

用户

移动用户

目　录

第 1 章　IPv6 简介　　〈〈〈〈1

1.1　内容简介　　〈〈〈〈2

1.2　IPv4 的局限性　　〈〈〈〈2

1.3　IPv6 的发展历程　　〈〈〈〈4

1.4　IPv6 的新特性　　〈〈〈〈5

1.5　总结　　〈〈〈〈8

第 2 章　IPv6 基础　　〈〈〈〈9

2.1　内容简介　　〈〈〈〈10

2.2　IPv6 地址　　〈〈〈〈10

　　2.2.1　IPv6 地址表示　　〈〈〈〈10

　　2.2.2　IPv6 地址分类　　〈〈〈〈12

　　2.2.3　单播地址　　〈〈〈〈12

　　2.2.4　组播地址　　〈〈〈〈17

　　2.2.5　任播地址　　〈〈〈〈18

　　2.2.6　接口上的 IPv6 地址　　〈〈〈〈19

　　2.2.7　IPv6 地址分配概况　　〈〈〈〈20

2.3　IPv6 报文　　〈〈〈〈21

　　2.3.1　IPv6 基本术语　　〈〈〈〈21

　　2.3.2　IPv6 报文结构　　〈〈〈〈22

　　2.3.3　IPv6 报头结构　　〈〈〈〈23

　　2.3.4　IPv6 扩展报头　　〈〈〈〈26

　　2.3.5　上层协议相关问题　　〈〈〈〈32

2.4　ICMPv6　　〈〈〈〈33

　　2.4.1　ICMPv6 基本概念　　〈〈〈〈33

　　2.4.2　ICMPv6 差错消息　　〈〈〈〈33

　　2.4.3　ICMP 信息消息　　〈〈〈〈35

　　2.4.4　几个应用　　〈〈〈〈36

2.5　总结　　〈〈〈〈38

第3章　IPv6 邻居发现　　〈〈〈〈41

3.1　内容简介　　〈〈〈〈42

3.2　ND 协议概述　　〈〈〈〈42

3.2.1　功能简介　　〈〈〈〈42

3.2.2　ND 协议报文　　〈〈〈〈43

3.2.3　重要概念　　〈〈〈〈43

3.2.4　主机数据结构　　〈〈〈〈44

3.3　IPv6 地址解析　　〈〈〈〈45

3.3.1　地址解析　　〈〈〈〈45

3.3.2　NUD(邻居不可达检测)　　〈〈〈〈46

3.3.3　地址解析交互报文　　〈〈〈〈49

3.4　无状态地址自动配置　　〈〈〈〈50

3.4.1　路由器发现　　〈〈〈〈51

3.4.2　重复地址检测　　〈〈〈〈52

3.4.3　前缀重新编址　　〈〈〈〈53

3.4.4　无状态地址自动配置过程　　〈〈〈〈53

3.4.5　地址的状态及生存周期　　〈〈〈〈54

3.4.6　地址自动配置交互报文　　〈〈〈〈55

3.5　路由器重定向　　〈〈〈〈58

3.5.1　重定向过程　　〈〈〈〈58

3.5.2　重定向报文　　〈〈〈〈59

3.6　总结　　〈〈〈〈60

第4章　DHCPv6 和 DNS　　〈〈〈〈61

4.1　内容简介　　〈〈〈〈62

4.2　IPv6 中的 DHCP　　〈〈〈〈62

4.2.1　DHCPv6 概述　　〈〈〈〈62

4.2.2　DHCPv6 交互过程　　〈〈〈〈62

4.2.3　DHCPv6 消息格式　　〈〈〈〈67

4.2.4　DHCP 唯一标识　　〈〈〈〈69

4.2.5　IA　　〈〈〈〈71

4.2.6　无状态 DHCP　　〈〈〈〈71

4.3　IPv6 中 DNS 功能的扩展　　〈〈〈〈71

4.4　总结　　〈〈〈〈72

第5章　IPv6 路由协议　　〈〈〈〈73

5.1　内容简介　　〈〈〈〈74

5.2　IPv6 路由协议概述　　〈〈〈〈74

5.2.1　IPv6 路由表　　〈〈〈〈74

　　　　　5.2.2　路由分类　〈〈〈〈75

　　5.3　RIPng　〈〈〈〈76

　　　　　5.3.1　RIPng 简介　〈〈〈〈76

　　　　　5.3.2　RIPng 工作机制　〈〈〈〈76

　　　　　5.3.3　RIPng 的报文　〈〈〈〈77

　　　　　5.3.4　RIPng 报文处理过程　〈〈〈〈78

　　　　　5.3.5　RIPng 配置　〈〈〈〈79

　　5.4　OSPFv3　〈〈〈〈81

　　　　　5.4.1　运行机制的变化　〈〈〈〈81

　　　　　5.4.2　功能的扩展　〈〈〈〈83

　　　　　5.4.3　OSPFv3 协议报文格式　〈〈〈〈84

　　　　　5.4.4　OSPFv3 LSDB　〈〈〈〈87

　　　　　5.4.5　OSPFv3 路由的生成　〈〈〈〈92

　　5.5　BGP4＋　〈〈〈〈96

　　　　　5.5.1　BGP 能力协商　〈〈〈〈96

　　　　　5.5.2　BGP4＋属性扩展　〈〈〈〈97

　　　　　5.5.3　BGP4＋扩展属性在 IPv6 网络中的应用　〈〈〈〈99

　　5.6　IPv6-IS-IS　〈〈〈〈101

　　　　　5.6.1　IPv6-IS-IS 简介　〈〈〈〈101

　　　　　5.6.2　IPv6-IS-IS 报文　〈〈〈〈101

　　　　　5.6.3　IPv6-IS-IS 相关 TLV 格式　〈〈〈〈102

　　　　　5.6.4　IPv6-IS-IS 配置　〈〈〈〈103

　　5.7　总结　〈〈〈〈105

第 6 章　IPv6 安全技术　〈〈〈〈107

　　6.1　内容简介　〈〈〈〈108

　　6.2　IPv6 安全概述　〈〈〈〈108

　　6.3　IPv6 的 ACL　〈〈〈〈109

　　　　　6.3.1　IPv6 ACL 分类　〈〈〈〈109

　　　　　6.3.2　IPv6 ACL 的匹配顺序　〈〈〈〈111

　　6.4　IPSec　〈〈〈〈112

　　　　　6.4.1　ESP 在 IPv6 中的封装　〈〈〈〈112

　　　　　6.4.2　AH 在 IPv6 中的封装　〈〈〈〈113

　　6.5　总结　〈〈〈〈114

第 7 章　IPv6 中的 VRRP　〈〈〈〈115

　　7.1　内容简介　〈〈〈〈116

　　7.2　IPv6 中的 VRRP 概述　〈〈〈〈116

　　　　　7.2.1　VRRP 简介　〈〈〈〈116

　　　7.2.2　IPv6 中的 VRRP 工作原理　　〈〈〈〈116
　7.3　VRRP 报文格式和状态机　　〈〈〈〈118
　　　7.3.1　VRRP 报文格式　　〈〈〈〈118
　　　7.3.2　VRRP 协议状态机　　〈〈〈〈119
　7.4　总结　　〈〈〈〈120

第 8 章　IPv6 组播　　〈〈〈〈121
　8.1　内容简介　　〈〈〈〈122
　8.2　IPv6 组播基本概念　　〈〈〈〈122
　　　8.2.1　组播模型分类　　〈〈〈〈122
　　　8.2.2　IPv6 组播协议体系结构　　〈〈〈123
　　　8.2.3　IPv6 组播中的 RPF 检查机制　　〈〈〈123
　8.3　IPv6 组播地址　　〈〈〈〈124
　　　8.3.1　IPv6 组播地址格式　　〈〈〈〈124
　　　8.3.2　基于单播前缀的 IPv6 组播地址　　〈〈〈〈125
　　　8.3.3　内嵌 RP 地址的 IPv6 组播地址　　〈〈〈〈126
　8.4　MLD 协议　　〈〈〈〈127
　　　8.4.1　MLDv1 协议　　〈〈〈〈128
　　　8.4.2　MLDv2 协议　　〈〈〈〈130
　8.5　IPv6 PIM 协议　　〈〈〈〈136
　　　8.5.1　IPv6 PIM 协议报文　　〈〈〈〈136
　　　8.5.2　IPv6 PIM-DM 简介　　〈〈〈〈139
　　　8.5.3　IPv6 PIM-SM 简介　　〈〈〈〈140
　　　8.5.4　IPv6 嵌入式 RP　　〈〈〈〈142
　　　8.5.5　IPv6 PIM-SSM　　〈〈〈〈143
　　　8.5.6　IPv6 组播路由和转发　　〈〈〈〈144
　8.6　总结　　〈〈〈〈146

第 9 章　IPv6 过渡技术　　〈〈〈〈147
　9.1　内容简介　　〈〈〈〈148
　9.2　IPv6 的部署进程　　〈〈〈〈148
　9.3　IPv6 过渡技术概述　　〈〈〈〈149
　9.4　IPv6 网络之间互通　　〈〈〈〈150
　　　9.4.1　GRE 隧道　　〈〈〈〈151
　　　9.4.2　IPv6 in IPv4 手动隧道　　〈〈〈〈153
　　　9.4.3　IPv4 兼容 IPv6 自动隧道　　〈〈〈〈153
　　　9.4.4　6to4 隧道　　〈〈〈〈155
　　　9.4.5　ISATAP 隧道　　〈〈〈〈159
　　　9.4.6　6PE　　〈〈〈〈161

9.4.7 其他隧道技术 ≪≪≪169

9.5 IPv6 与 IPv4 网络之间互通 ≪≪≪170

9.5.1 双栈技术 ≪≪≪170

9.5.2 SIIT ≪≪≪171

9.5.3 NAT-PT ≪≪≪172

9.5.4 其他互通技术 ≪≪≪177

9.6 过渡技术总结 ≪≪≪181

9.7 IPv6 的部署 ≪≪≪182

9.7.1 小型办公或家庭网络部署 ≪≪≪183

9.7.2 组织及企业型的网络部署 ≪≪≪183

9.7.3 ISP 网络部署 ≪≪≪184

9.8 总结 ≪≪≪185

第 10 章 IPv6 基础实验 ≪≪≪187

10.1 IPv6 地址配置 ≪≪≪188

10.1.1 实验内容与目标 ≪≪≪188

10.1.2 实验组网图 ≪≪≪188

10.1.3 实验设备与版本 ≪≪≪188

10.1.4 实验过程 ≪≪≪188

10.2 IPv6 地址解析(on-link) ≪≪≪193

10.2.1 实验内容与目标 ≪≪≪193

10.2.2 实验组网图 ≪≪≪193

10.2.3 实验设备与版本 ≪≪≪193

10.2.4 实验过程 ≪≪≪193

10.3 IPv6 路由器发现 ≪≪≪196

10.3.1 实验内容与目标 ≪≪≪196

10.3.2 实验组网图 ≪≪≪196

10.3.3 实验设备与版本 ≪≪≪196

10.3.4 实验过程 ≪≪≪196

10.4 IPv6 地址解析(off-link)和 NUD ≪≪≪200

10.4.1 实验内容与目标 ≪≪≪200

10.4.2 实验组网图 ≪≪≪200

10.4.3 实验设备与版本 ≪≪≪200

10.4.4 实验过程 ≪≪≪200

10.5 IPv6 前缀重新编址 ≪≪≪204

10.5.1 实验内容与目标 ≪≪≪204

10.5.2 实验组网图 ≪≪≪204

10.5.3 实验设备与版本 ≪≪≪204

10.5.4 实验过程 ≪≪≪204

10.6　总结　〈〈〈〈205

第11章　IPv6 路由实验　〈〈〈〈207
　11.1　RIPng 配置与协议分析　〈〈〈〈208
　　11.1.1　实验内容与目标　〈〈〈〈208
　　11.1.2　实验组网图　〈〈〈〈208
　　11.1.3　实验设备与版本　〈〈〈〈208
　　11.1.4　实验过程　〈〈〈〈208
　　11.1.5　思考题　〈〈〈〈211
　11.2　OSPFv3 配置与协议分析　〈〈〈〈212
　　11.2.1　实验内容与目标　〈〈〈〈212
　　11.2.2　实验组网图　〈〈〈〈212
　　11.2.3　实验设备与版本　〈〈〈〈212
　　11.2.4　实验过程　〈〈〈〈213
　11.3　BGP4＋配置与协议分析　〈〈〈〈223
　　11.3.1　实验内容与目标　〈〈〈〈223
　　11.3.2　实验组网图　〈〈〈〈223
　　11.3.3　实验设备与版本　〈〈〈〈223
　　11.3.4　实验过程　〈〈〈〈224
　11.4　IPv6-IS-IS 配置与协议分析　〈〈〈〈228
　　11.4.1　实验内容与目标　〈〈〈〈228
　　11.4.2　实验组网图　〈〈〈〈228
　　11.4.3　实验设备与版本　〈〈〈〈228
　　11.4.4　实验过程　〈〈〈〈229
　11.5　总结　〈〈〈〈232

第12章　IPv6 安全实验　〈〈〈〈233
　12.1　IPv6 ACL 的配置　〈〈〈〈234
　　12.1.1　实验内容与目标　〈〈〈〈234
　　12.1.2　实验组网图　〈〈〈〈234
　　12.1.3　实验设备与版本　〈〈〈〈234
　　12.1.4　实验过程　〈〈〈〈234
　12.2　总结　〈〈〈〈242

第13章　IPv6 VRRP 实验　〈〈〈〈243
　13.1　IPv6 中 VRRP 的配置　〈〈〈〈244
　　13.1.1　实验内容与目标　〈〈〈〈244
　　13.1.2　实验组网图　〈〈〈〈244
　　13.1.3　实验设备与版本　〈〈〈〈244

        13.1.4 实验过程 〈〈〈〈245
    13.2 总结 〈〈〈〈254

第 14 章 IPv6 组播实验 〈〈〈〈255
    14.1 MLD 协议配置与分析 〈〈〈〈256
        14.1.1 实验内容与目标 〈〈〈〈256
        14.1.2 实验组网图 〈〈〈〈256
        14.1.3 实验设备与版本 〈〈〈〈256
        14.1.4 实验过程 〈〈〈〈256
        14.1.5 思考题 〈〈〈〈262
    14.2 IPv6 PIM-DM 协议配置与分析 〈〈〈〈262
        14.2.1 实验内容与目标 〈〈〈〈262
        14.2.2 实验组网图 〈〈〈〈263
        14.2.3 实验设备与版本 〈〈〈〈263
        14.2.4 实验过程 〈〈〈〈263
        14.2.5 思考题 〈〈〈〈266
    14.3 IPv6 PIM-SM 协议配置与分析 〈〈〈〈267
        14.3.1 实验内容与目标 〈〈〈〈267
        14.3.2 实验组网图 〈〈〈〈267
        14.3.3 实验设备与版本 〈〈〈〈267
        14.3.4 实验过程 〈〈〈〈267
        14.3.5 思考题 〈〈〈〈270
    14.4 IPv6 PIM-SSM 协议配置与分析 〈〈〈〈271
        14.4.1 实验内容与目标 〈〈〈〈271
        14.4.2 实验组网图 〈〈〈〈271
        14.4.3 实验设备与版本 〈〈〈〈271
        14.4.4 实验过程 〈〈〈〈271
        14.4.5 思考题 〈〈〈〈274
    14.5 总结 〈〈〈〈274

第 15 章 IPv6 过渡技术实验 〈〈〈〈275
    15.1 GRE 隧道与手动隧道配置与分析 〈〈〈〈276
        15.1.1 实验内容与目标 〈〈〈〈276
        15.1.2 实验组网图 〈〈〈〈276
        15.1.3 实验设备与版本 〈〈〈〈276
        15.1.4 实验过程 〈〈〈〈276
    15.2 自动隧道配置与分析 〈〈〈〈280
        15.2.1 实验内容与目标 〈〈〈〈280
        15.2.2 实验组网图 〈〈〈〈280

　　　　15.2.3　实验设备与版本　　〈〈〈〈280

　　　　15.2.4　实验过程　　〈〈〈〈280

　　15.3　6to4 隧道配置与分析　　〈〈〈〈281

　　　　15.3.1　实验内容与目标　　〈〈〈〈281

　　　　15.3.2　实验组网图　　〈〈〈〈282

　　　　15.3.3　实验设备与版本　　〈〈〈〈282

　　　　15.3.4　实验过程　　〈〈〈〈282

　　15.4　ISATAP 隧道配置与分析　　〈〈〈〈284

　　　　15.4.1　实验内容与目标　　〈〈〈〈284

　　　　15.4.2　实验组网图　　〈〈〈〈285

　　　　15.4.3　实验设备与版本　　〈〈〈〈285

　　　　15.4.4　实验过程　　〈〈〈〈285

　　15.5　NAT-PT 配置与分析　　〈〈〈〈288

　　　　15.5.1　实验内容与目标　　〈〈〈〈288

　　　　15.5.2　实验组网图　　〈〈〈〈289

　　　　15.5.3　实验设备与版本　　〈〈〈〈289

　　　　15.5.4　实验过程　　〈〈〈〈289

　　　　15.5.5　思考题　　〈〈〈〈296

　　15.6　6PE 隧道配置与分析　　〈〈〈〈296

　　　　15.6.1　实验内容与目标　　〈〈〈〈296

　　　　15.6.2　实验组网图　　〈〈〈〈297

　　　　15.6.3　实验设备与版本　　〈〈〈〈297

　　　　15.6.4　实验过程　　〈〈〈〈297

　　　　15.6.5　思考题　　〈〈〈〈303

　　15.7　总结　　〈〈〈〈303

附录 A　IPv6 在主流操作系统上的实现及配置介绍　　〈〈〈〈305

附录 B　移动 IPv6 简介　　〈〈〈〈311

附录 C　缩略语表　　〈〈〈〈315

第 1 章

IPv6 简 介

学习完本章，应该能够：

- 了解 IPv4 向 IPv6 发展的必然性
- 了解 IPv6 的发展历程
- 掌握 IPv6 的新特性

1.1 内 容 简 介

IPv4(Internet Protocol version 4,互联网协议版本 4)是互联网当前所使用的网络层协议。自 20 世纪 80 年代初以来,IPv4 就始终伴随着互联网的迅猛发展而发展。到目前为止,IPv4 运行良好稳定。但是,IPv4 协议设计之初是为几百台计算机组成的小型网络而设计的,随着互联网及其上所提供的服务突飞猛进的发展,IPv4 已经暴露出一些不足之处。IPv6(Internet Protocol version 6,互联网协议版本 6)是网络层协议的第二代标准协议,也被称为 IPng(IP next generation,下一代互联网),它是 IETF(Internet Engineering Task Force,互联网工程任务组)设计的一套规范,是 IPv4 的升级版本。

本章主要分析 IPv4 协议的局限性和 IPv4 向 IPv6 演进的必然性,介绍 IPv6 发展的历史,并讲述 IPv6 的新特性。

学习完本章,应该能够掌握以下内容。

(1) IPv4 向 IPv6 演进的必然性。

(2) IPv6 的发展历程。

(3) IPv6 的新特性。

1.2 IPv4 的局限性

实践证明 IPv4 是一个非常成功的协议,它经受住了 Internet 从最初数目很少的计算机发展到目前上亿台计算机互联的考验。但是,IPv4 协议也不是十全十美的,目前逐渐地暴露出以下问题。

1. IP 地址枯竭

在 IPv4 中,32 位的地址结构提供了大约 43 亿个地址,其中有 12% 的 D 类和 E 类地址不能作为全球唯一单播地址被分配使用,还有 2% 是不能使用的特殊地址。截至 2007 年 4 月,整个 IPv4 地址空间还剩余 18% 没有被 IANA 所分配,而到了 2009 年 11 月,则只剩余 6% 没有被分配。

IPv4 地址空间地域分配不均是造成 IPv4 地址紧缺的主要原因。IPv4 地址早期的分配方法是非常不合理、低效率的。在美国这个 Internet 早期被采用的地方,特别在 20 世纪 80 年代,几乎所有的大学和大公司都能得到一个完整的 A 类或 B 类地址,尽管他们只有少量计算机,大大超出了他们的需要。甚至直到目前,很多机构和组织还有很多未被使用的 IPv4 地址。与此相对的是,在欧洲和亚太地区,很多组织和机构申请 IP 地址非常困难,甚至不能获得 IP 地址。整个中国的 IP 地址空间甚至都没有美国一些大学多。在已分配的 IPv4 地址空间中,美国大约拥有 60% 的地址空间,亚太地区及欧洲拥有 30% 多的地址空间,非洲和拉美地区只拥有不到 10% 的地址空间。

此外,Internet 规模的快速扩大是促使 IPv4 地址紧缺的另一因素。特别是近十年来,Internet 爆炸式增长使其走进了千家万户,人们的日常生活已经离不开它了,使用 IP 地址的 Internet 服务与应用设备(利用 Internet 的 PDA、家庭与小型办公室网络、与 Internet 相连的运载工具与器具、IP 电话与无线服务等)也不断大量涌现。统计数据显示,2000—2009 年,亚洲的 Internet 用户增长了 5 倍多,非洲增长了 13 倍多,中东增长了 16 倍多,欧洲也增长了近 3 倍,而美国只增长了 1 倍多。除美国以外的其他地区对 IPv4 地址的需求非常紧张。IPv4 地址紧缺问题限制了这些地区的 IP 技术应用的进一步发展。

2. Internet 骨干路由器路由表容量压力过大

在 Internet 发展初期,IPv4 地址结构被设计成一种扁平的结构,人们没有考虑到地址规划的层次结构性,以及地址块的可聚合特性,使得 Internet 骨干路由器不得不维护非常大的 BGP 路由表。在 CIDR 技术出现之后,IPv4 网络号(前缀)规划与分配才有了一定的层次结构性。但是,CIDR 不能解决历史遗留的问题。截至 2009 年 11 月,Internet 骨干路由器上的 BGP 路由表条目数已超过 30 多万条,比 2001 年增加了 20 万条。而且,随着 Internet 的快速发展,这个数目还在增长,给 Internet 骨干路由器造成了很大的压力,增加路由器内存不是解决这个问题的根本途径。

3. NAT 技术破坏了端到端应用模型

在目前 IPv4 网络中,由于地址的紧缺,NAT(Network Address Translation,网络地址转换)技术得到了普遍的应用。NAT 通过建立大量私有地址对少量公网地址的映射,从而能使很多使用私有地址的用户访问 Internet。NAT 被认为是解决 IP 地址短缺问题的有效手段,甚至被一部分人视为地址空间短缺的永久解决方案。

然而 NAT 自身固有的缺点注定了它仅仅是延长 IPv4 使用寿命的权宜之计,并不是IPv4 地址短缺问题的彻底解决方案。

(1) NAT 破坏了 IP 的端到端模型。IP 最初被设计为只有端点(主机和服务器)才处理连接。NAT 的应用对对等通信有着极大的影响。在对等通信模型中,对等的双方既可作为客户端,又可作为服务器来使用,它们必须直接将数据报文发送给对方才能通信。如果有一方处于 NAT 转换设备后方,就需要额外的处理来解决这种问题。

(2) NAT 会影响网络的性能。NAT 技术要求 NAT 设备必须维持连接的状态,NAT设备必须能够记录转换的地址和端口。地址和端口的转换与维护都需要额外的处理,成为网络的"瓶颈",影响网络的性能。而且,对出于安全需要而记录最终用户行为的组织来说,还需要记录 NAT 状态表问题,更加重了 NAT 设备的负担。

(3) NAT 阻止了端到端的网络安全。为了实现端到端的网络安全,端点需要保证 IP报头的完整性,报头不能在源和目的之间被改变。任何在路途中对报头部分的转换都会破坏完整性检查,阻碍网络安全的实现。因此,NAT 应用阻碍了很多网络安全应用的实现,如 IPSec、点对点加密通信等。

4. 地址配置与使用不够简便

通过 IPv4 技术访问 Internet 时,必须首先给 PC 或者终端的网络接口卡手动配置 IP 地址,或者使用有状态的自动配置技术,如 DHCP(动态主机配置协议)来获取地址。手动配置 IP 地址要求使用者懂得一定的计算机网络知识。随着越来越多的计算机和设备需要经常移动、连接不同网络,用户配置 IP 地址的工作量和难度增加了。在使用自动配置技术获取地址时,部署及维护 DHCP 服务给网络管理增加了额外的负担,同时也带来了网络安全隐患。以上种种都需要 IP 能够提供一种更简单、更方便的地址自动配置技术,使用户免于手动配置地址及降低网络管理的难度。

5. IP 协议本身的安全性不足

用户在访问 Internet 资源时,很多私人信息是需要受到保护的,如收发 E-mail 或者访问网上银行等。IPv4 协议本身并没有提供这种安全技术,需要使用额外的安全技术如 IPSec、SSL 等来提供这种保障。

6. QoS(服务质量)功能难以满足现实需求

现实大量涌现的新兴网络业务,如实时多媒体、IP 电话等,需要 IP 网络在时延、抖动、带宽、差错率等方面提供一定的服务质量保障。IPv4 协议在设计时已经考虑到了对数据流提供一定的服务质量,但由于 IPv4 本身的一些缺陷,如 IPv4 地址层次结构不合理、路由不易聚合、路由选择效率不高、IPv4 报头不固定等,使得节点难以通过硬件来实现数据流识别,从而使得目前 IPv4 无法提供很好的服务质量。InterServ、DiffServ、RTP 等协议能够提供一定的服务质量,但这些协议需要借助上层协议的一些标识(如 UDP、TCP 的端口号)才能工作,增加了报文处理开销,也增加了 IPv4 网络部署与维护的复杂度与成本。并且,因为这些协议需要借助上层协议的一些标识才能工作,所以在使用加密技术时,无法同时使用这些协议。

除了地址短缺外,安全性、QoS、简便配置等要求促成大家达成一个共识:需要一个新的协议来根本解决目前 IPv4 面临的问题。

1.3　IPv6 的发展历程

IPv4 的局限性使人们认识到,需要设计一个新的协议来替代目前的 IPv4,并且这个协议不是仅仅加大了地址空间而已。早在 20 世纪 90 年代初期,互联网工程任务组 IETF 就开始着手下一代互联网协议 IPng(IP next generation)的制定工作。IETF 在 RFC1550 中进行了征求新 IP 协议的呼吁,并公布了以下新协议需要实现的主要目标。

(1) 支持几乎无限大的地址空间。

(2) 减小路由表的大小,使路由器能更快地处理数据报文。

(3) 提供更好的安全性,实现 IP 级的安全。

(4) 支持多种服务类型,并支持组播。

(5) 支持自动地址配置,允许主机不更改地址实现异地漫游。

(6) 允许新、旧协议共存一段时间。

(7) 协议必须支持可移动主机和网络。

IETF 提出了 IPng 的设计原则以后,出现许多针对 IPng 的提案,其中包括一种称为 SIPP(Simple IP Plus)的提案。SIPP 去掉了 IPv4 报头的一些字段,使报头变小,并且采用 64 位地址。与 IPv4 将选项作为 IP 头的基本组成部分不同,SIPP 把 IP 选项与报头进行了隔离,选项被放在报头后的数据报文中,且处于传输层协议头之前。使用这种方法后,路由器只有在必要的时候才会对选项头进行处理,这样就提高了对所有数据进行处理的能力。另两个被详细研究的提案如下。

(1) 互联网公共结构(CATNIP)提议用网络业务接入点(NSAP)地址融合 CLNP 协议、IP 协议和 IPX 协议(在 RFC1707 中定义)。

(2) CLNP 编址网络上的 TCP/UDP(TUBA)建议用无连接的网络协议(CLNP)代替 IP(第 3 层),TCP/UDP 和其他上层协议运行在 CLNP 之上(在 RFC1347 中定义)。

1994 年 7 月,IETF 决定以 SIPP 作为 IPng 的基础,同时把地址数由 64 位增加到 128 位。新的 IP 协议称为 IPv6(Internet Protocol version 6,互联网协议版本 6),有关这个讨论过程可以参考 RFC1752。IPv6 协议的正式定义是在 1994 年的 RFC1883 中,后来被 1998 年的 RFC2460 替代了。

制定 IPv6 的专家们总结了早期制定 IPv4 的经验,以及互联网的发展和市场需求,认为下一代互联网协议应侧重于网络的容量和网络的性能,不应该仅仅以增加地址空间为唯一目标。IPv6 继承了 IPv4 的优点,摒弃了 IPv4 的缺点。IPv6 与 IPv4 是不兼容的,但 IPv6 同其他所有的 TCP/IP 协议族中的协议兼容,即 IPv6 完全可以取代 IPv4。

其他重大历史事件如下。

(1) 1993 年——IETF 成立了 IPng 工作组。

(2) 1994 年——IPng 工作组提出下一代 IP 网络协议(IPv6)的推荐版本。

(3) 1995 年——IPng 工作组完成 IPv6 的协议文本。

(4) 1996 年——IETF 发起成立全球 IPv6 实验床——6BONE。

(5) 1998 年——启动面向实用的 IPv6 教育科研网——6REN。

(6) 1999 年——完成 IETF 要求的协议审定和测试。

(7) 1999 年——成立了 IPv6 论坛,开始正式分配 IPv6 地址,IPv6 的协议成为标准草案。

(8) 2001 年——多数主机操作系统支持 IPv6,包括 Windows XP、Linux、Solaris 等。

(9) 2003 年——各主流厂家基本已推出 IPv6 网络产品。

我国积极参与 IPv6 研究与实验,CERNET(China Education and Research Network,中国教育和科研计算机网)于 1998 年 6 月加入 6BONE,2003 年启动国家下一代网络示范工程——CNGI。国内网络通信设备商也积极研究 IPv6 相关技术,H3C 等企业已经推出支持 IPv6 的产品。

1.4　IPv6 的新特性

前面讨论了 IPv4 所面临的种种局限性以及 IPv6 的发展历程。本节将介绍选择 IPv6 作为 IPv4 的替代协议的原因,它能否解决 IPv4 的局限性,以及它的特性。

1. 巨大的地址空间

IPv6 地址的位数增长了 4 倍,达到 128 比特,因此,IPv6 的地址空间非常巨大。IPv4 中,理论上可编址的节点数是 2^{32},也就是 4294967296,按照目前的全世界人口数,大约每 3 个人有 2 个 IPv4 地址。而 IPv6 的 128 比特长度的地址意味着 3.4×10^{38} 个地址,世界上的每个人都可以拥有 5.7×10^{28} 个 IPv6 地址。有夸张的说法是：可以做到地球上的每一粒沙子都有一个 IP 地址。实际上根据特定的地址方案，实际的可用地址没有如此众多，但 IPv6 地址空间依然大得惊人。

地址空间增大的另一个好处是避免了使用 NAT 协议带来的问题。NAT 机制的引入是为了在不同的网络区段之间共享和重新使用相同的地址空间。这种机制在暂时缓解了 IPv4 地址紧缺问题的同时，却为网络设备与应用程序增加了处理地址转换的负担。由于 IPv6 的地址空间大大增加，也就无须再进行地址转换，NAT 部署带来的问题与系统开销也随之解决。

因为移动电话之间以及与其他网络设备之间的通信绝大部分都要求是对等的，因此需要有全球地址而不是内部地址。去掉 NAT 将使通信真正实现全球可达且任意点到任意点的连接，这有益于未来蜂窝网络和互联网之间的互通，对这些网络的持续成功发展也是至关重要的。IPv6 给许多端到端的应用及设备提供了广大的发展空间和前景，如语音、视频、蜂窝电话等。

2. 数据报文处理效率提高

IPv6 使用了新的协议头格式，尽管 IPv6 的数据报头更大，但是其格式比 IPv4 报头的格式更为简单。IPv6 报头包括基本头部和扩展头部，IPv6 基本报头长度固定，去掉了 IPv4 的报头长度（Internet Header Length，IHL）、标识符（Identification）、特征位（Flag）、片段偏移（Fragment Offset）、报头校验（Header Checksum）与填充（Padding）等诸多字段，一些可选择的字段被移到了 IPv6 协议头之后的扩展协议头中。这样，一方面加快了基本 IPv6 报头的处理速度；另一方面使得网络中的中间路由器在处理 IPv6 协议头时，无须处理不必要的信息，极大地提高了路由效率。此外，IPv6 报头内的所有字段均为 64 位对齐，充分利用了当前新一代的 64 位处理器。

3. 良好的扩展性

因为 IPv6 基本报头之后添加了扩展报头，IPv6 可以很方便地实现功能扩展。IPv4 报头中的选项最多可以支持 40 个字节的选项，而 IPv6 扩展报头的长度只受到 IPv6 数据报文的长度制约。

4. 路由选择效率提高

考虑到 IPv4 全球单播地址扁平结构给路由器带来的路由表容量压力问题，IPv6 充足的选址空间与网络前缀使大量的连续的地址块可以用来分配给互联网服务提供商（ISP）和其他组织。这使 ISP 或企业组织能够将其所有客户（或内部用户）的网络前缀并入一个单独的前缀，并将此前缀通告到 IPv6 互联网。在 IPv6 地址空间内，多层地址划分体系的实施提高了路由选择的效率与可扩展性，缩小了 Internet 路由器必须储存与维护的选路表的大小。

5. 支持自动配置与即插即用

随着技术的进一步发展，Internet 上的节点不再单纯是计算机了，还将包括 PDA、移动电话、各种各样的终端，甚至包括冰箱、电视等家用电器，这些设备都需要自动分配 IP 地址。

为了适应移动服务的发展,即插即用和地址重新编址的需求已经变得日益重要。

在 IPv6 中,主机支持 IPv6 地址的无状态自动配置。这种自动配置机制是 IPv6 内置的基本功能,IPv6 节点可以根据本地链路上相邻的 IPv6 路由器发布的网络信息,自动配置 IPv6 地址和默认路由。这种即插即用式的地址自动配置方式不需要人工干预,不需要架设 DHCP 服务器,简单易行,使得 IPv6 节点的迁移及 IPv6 地址的增加和更改更加容易,并且显著降低了网络维护成本,非常适合大量的终端诸如移动电话、无线设备与家用电器等连接 Internet。

无状态地址自动配置功能还使对现有网络的重新编址变得更加简单便捷。这使网络运营商能够更加方便地实施从一个地址前缀(网络号)到另一个地址前缀的转换。

6. 更好的服务质量

IPv6 设计的一个目的就是为那些对传输时延和抖动有严格要求的实时网络业务(如 VoIP、电视会议等)提供良好的服务质量保证。IPv6 报头相对简化,报头长度固定,这些改进有利于提高网络设备的处理效率。

IPv6 报头使用流量类型(Traffic Class)字段代替了 IPv4 的 ToS 字段,传输路径上的各个节点可以利用这个字段来区分和识别 IPv6 数据流的类型和优先级。同时,与 IPv4 相比,IPv6 在报头中增加了一个流标签(Flow Label)的字段。20 比特的流标签字段使得网络中的路由器不需要读取数据报文的内层信息,就可以对不同流的数据报文进行区分和识别。即使报文内的有效载荷已经加密,通过流标签,IPv6 仍然可以实现对 QoS 的支持。

IPv6 还通过另外几种方法来改善服务质量,主要有:提供永远连接、防止服务中断以及提高网络性能等。

7. 内置的安全机制

IPv4 通过叠加 IPSec 等安全协议的解决方案来实现安全,而 IPv6 将 IPSec 协议作为其自身的完整组成部分,从而使 IPv6 具有内在的安全机制。

IPv6 协议采用安全扩展报头(IPSec 协议定义的 AH 报头和 ESP 报头),支持 IPv6 协议的节点就可以自动支持 IPSec,使加密、验证和虚拟专用网络(VPN)的实施变得更加容易。这种嵌入式安全性配合 IPv6 的全球唯一地址,使 IPv6 能够提供端到端安全服务,如访问控制、机密性与数据完整性等,做到"永远在线",同时也降低了对网络性能的影响。特别是在移动接入或 VPN 接入中,这种"永远在线"的服务在 IPv4 中是无法实现的。

8. 全新的邻居发现协议

IPv6 中的 ND(Neighbor Discovery,邻居发现)协议包含了一系列机制,用来管理相邻节点的交互。ND 协议使用全新的报文结构及报文交互流程,实现并优化了 IPv4 中的地址解析、ICMP 路由器发现、ICMP 重定向等功能,同时还提供了无状态地址自动配置功能。

ND 协议是 IPv6 的一个关键协议,也是 IPv6 和 IPv4 的一个很大的不同点,同时也是 IPv6 的一个难点。在后续的章节中会对该协议的各种功能进行详细讲解。

9. 增强对移动 IP 的支持

在 IETF 定义的移动 IP(Mobile IP)中,移动设备不必脱离其现有连接即可自由移动,这是一种日益重要的网络功能。与 IPv4 中的移动 IP 不同的是,由于 IPv6 采用了一些扩展报头,如路由扩展报头和目的地址扩展报头,使得 IPv6 具有内置的移动性。另外,移动 IPv6 对 IPv4 中的移动 IP 进行了一些增强,使在 IPv6 中的移动 IPv6 的效率大为提高。

此外,IPv6 还具有其他很多优点,如使用组播地址代替广播地址、端点分片等。

1.5 总 结

本章学习了 IPv4 目前面临的一些问题,IPv6 的发展历程,IPv6 的一些新特性等相关知识。

从上面的学习中,可以了解 IPv6 和 IPv4 有以下一些最根本的区别。

(1) 地址空间的扩展

IPv6 地址变成了 128 位,与 IPv4 的 32 位相比,地址空间得到了极大的扩展,满足了未来 Internet 发展要求。

(2) 报头格式的改变

IPv6 采用了新的报头,和 IPv4 不兼容。它将一些可选字段移到了基本报头之后的扩展报头中。这种设计会提高网络中路由器的处理效率。

(3) 更好地支持 QoS

IPv6 报头中除了数据流类别(Traffic Class)外,还新增加了流标签(Flow Label)字段,用于识别数据流,以便更好地支持服务质量。

(4) 扩展性的增强

由于在 IPv6 报头之后添加了新的扩展报头,使其能够很方便地实现功能扩展。IPv4 报头中的选项最多可以支持 40 个字节的选项,而 IPv6 扩展报头的长度只受到 IPv6 数据报文的长度限制。

(5) 内置的安全功能

IPv6 提供了两种扩展报头,使得其天然支持 IPSec,为网络安全提供了一种标准的解决方案。

(6) 移动性

由于采用了路由扩展报头和目的地址扩展报头,使得 IPv6 提供了内置的移动性。

第 2 章

IPv6 基 础

学习完本章，应该能够：

- 描述 IPv6 地址的分类
- 掌握 IPv6 地址的结构
- 了解 IPv6 地址分配情况
- 描述 IPv6 的报文结构
- 掌握 IPv6 扩展报头结构及应用
- 描述 ICMPv6 信息类型
- 掌握 ICMPv6 的报文结构及应用

2.1　内 容 简 介

经过前一章的学习,了解了 IPv6 的一些基本特点,如 IPv6 地址空间巨大、处理效率高、路由表容量压力小、安全性高、服务质量强等。

本章首先介绍 IPv6 地址的表示方法、IPv6 地址分类及结构;其次介绍 IPv6 基本报头结构、IPv6 扩展报头结构和用法;最后介绍 IPv6 的一个基本协议——ICMPv6 及其相关应用。

通过本章的学习,应该掌握以下内容。

(1) IPv6 地址分类及结构。

(2) IPv6 基本报头结构。

(3) IPv6 扩展报头结构及应用。

(4) ICMPv6 信息类型及报文结构。

(5) ICMPv6 的几个应用。

2.2　IPv6　地　址

2.2.1　IPv6 地址表示

1. IPv6 地址格式

根据 RFC 4291(IPv6 Addressing Architecture)的定义,IPv6 地址有 3 种格式:首选格式、压缩表示和内嵌 IPv4 地址的 IPv6 地址表示。

(1) 首选格式

IPv6 的 128 位地址被分成 8 段,每 16 位为一段,每段被转换为一个 4 位十六进制数,并用冒号隔开,这种表示方法叫“冒号十六进制表示法”,格式如下:

x:x:x:x:x:x:x:x　　　　　　　　(x 表示一个 4 位十六进制数)

下面是一个二进制的 128 位 IPv6 地址:

```
0010000000000001000001000001000000000000000000000000000000000001
0000000000000000000000000000000000000000000000001000101111111111
```

将其划分为 8 段,每 16 位一段:

```
0010000000000001 0000010000010000 0000000000000000 0000000000000001
0000000000000000 0000000000000000 0000000000000000 0100010111111111
```

将每段转换为十六进制数,并用冒号隔开,就形成如下的 IPv6 地址:

```
2001:0410:0000:0001:0000:0000:0000:45FF
```

另外两个典型的例子如下:

```
ABCD:EF01:2345:6789:ABCD:EF01:2345:6789
```

```
2001:0DB8:0000:0000:0008:0800:200C:417A
```

IPv6 地址每段中的前导 0 是可以去掉的,但是至少要保证每段有一个数字。将不必要的前导 0 去掉后,上述地址可以表示为:

```
2001:410:0:1:0:0:0:45FF
2001:DB8:0:0:8:800:200C:417A
```

(2) 压缩表示

当一个或多个连续的段内各位全为 0 时,为了缩短地址长度,用::(双冒号)表示,但一个 IPv6 地址中只允许用一次。例如下列地址:

```
2001:DB8:0:0:8:800:200C:417A          一个单播地址
FF01:0:0:0:0:0:0:101                   一个组播地址
0:0:0:0:0:0:0:1                        环回地址
0:0:0:0:0:0:0:0                        未指定地址
```

可以压缩表示为:

```
2001:DB8::8:800:200C:417A             一个单播地址
FF01::101                             一个组播地址
::1                                   环回地址
::                                    未指定地址
```

根据这个规则,下列地址应用了多个::,是非法的。

```
::AAAA::1
3FFE::1010:2A2A::1
```

使用压缩表示时,不能将一个段内的有效的 0 也压缩掉。例如,不能把 FF02:30:0:0:0:0:0:5 压缩表示成 FF02:3::5,而应该表示为 FF02:30::5。

(3) 内嵌 IPv4 地址的 IPv6 地址表示

这其实是过渡机制中使用的一种特殊表示方法。关于过渡机制将在本书后面章节中介绍。

在这种表示方法中,IPv6 地址的第一部分使用十六进制表示,而 IPv4 地址部分是十进制格式:

```
x:x:x:x:x:x:d.d.d.d          (d 表示 IPv4 地址中的一个十进制数)
```

有以下两种内嵌 IPv4 地址的 IPv6 地址。

① IPv4 兼容 IPv6 地址(IPv4-Compatible IPv6 Address):0:0:0:0:0:0:192.168.1.2 或者::192.168.1.2。

② IPv4 映射 IPv6 地址(IPv4-Mapped IPv6 Address):0:0:0:0:0:FFFF:192.168.1.2 或者::FFFF:192.168.1.2。

2. IPv6 前缀

地址前缀(Format Prefix,FP)类似于 IPv4 中的网络 ID。在一般情况下,地址前缀用来作为路由或子网的标识;但有时仅仅是固定的值,表示地址类型。例如地址前缀"FE80::"

表示此地址是一个链路本地地址(Link-local Address)。其表示方法与 IPv4 中的 CIDR 表示方法一样,用"地址/前缀长度"来表示。

举一个前缀表示的示例如下:

```
12AB:0:0:CD30::/60
```

3. URL 中的 IPv6 地址表示

在 IPv4 中,对于一个 URL 地址,当需要通过直接使用"IP 地址+端口号"的方式来访问时,可以如下表示:

```
http://www.h3c.com.cn/cn/index.jsp
http://51.151.16.235:8080/cn/index.jsp
```

但是如果 IPv6 地址中含有":",为了避免歧义,在 URL 地址含有 IPv6 地址时,用"[ ]"将 IPv6 地址包含起来,如下:

```
http://[2000:1::ABCD:EF]:8080/cn/index.jsp
```

2.2.2 IPv6 地址分类

IPv4 地址有单播、组播、广播等几种类型。与 IPv4 地址分类方法相类似的是,IPv6 地址也有不同的类型,包括单播(Unicast)地址、组播(Multicast)地址和任播(Anycast)地址,如图 2-1 所示。IPv6 地址中没有广播地址,IPv6 使用组播地址来完成 IPv4 广播地址的功能。

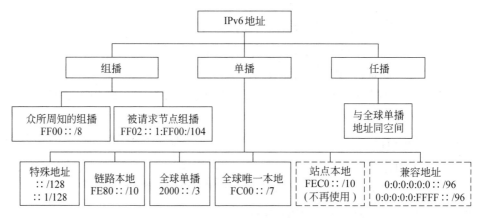

图 2-1 IPv6 地址分类

下面将介绍各种地址类型的具体内容。

2.2.3 单播地址

IPv6 中的单播概念和 IPv4 中的单播概念是类似的。单播地址只能分配给一个节点上的一个接口,即寻址到该单播地址的数据报文最终会被发送到一个唯一的接口。

与 IPv4 单播地址不同的是,IPv6 单播地址根据其作用范围的不同,又可分为链路本地地址(Link-local Address)、站点本地地址(Site-local Address)、可聚合全球单播地址

(Aggregatable Global Unicast Address)等。此外,属于单播地址的还有一些特殊地址、IPv4 内嵌地址、NSAP 地址等。

1. 单播地址结构

一个主机接口上的 128 位 IPv6 单播地址一般可以被看做成一个整体来代表这台主机。而当要表示这个主机上的接口所连接的网络时,将这个 128 位 IPv6 单播地址分成两部分来表示,如图 2-2 所示。

n bits	$128-n$ bits
Subnet Prefix	Interface ID

图 2-2　单播地址结构

其中各字段含义如下。

(1) Subnet Prefix: n 位子网前缀,表示接口所属的网络。

(2) Interface ID: 接口标识,用以区分连接在一条链路上的不同接口。

2. 可聚合全球单播地址

可聚合全球单播地址类似于 IPv4 Internet 上的 IPv4 单播地址,通俗地说就是 IPv6 公网地址。可聚合全球单播地址前缀的最高 3 位固定为 001。可聚合全球单播地址的结构如图 2-3 所示。

n bits	m bits	$128-n-m$ bits
Global Routing Prefix	Subnet ID	Interface ID

图 2-3　可聚合全球单播地址结构

其中各字段含义如下。

(1) Global Routing Prefix: 全球可路由前缀,表示了站点所得到的前缀值。全球可路由前缀是由 IANA 下属的组织分配给 ISP 或其他机构的,前 3 位是 001。该部分包含有严格的等级结构,用以区分不同地区、不同等级的机构或 ISP,便于路由聚合。

(2) Subnet ID: 子网 ID,表示全球可路由前缀所代表的站点内的子网。

(3) Interface ID: 接口 ID,用于标识链路上不同的接口,并具有唯一性。接口 ID 可以由设备随机生成或手动配置,在以太网中还可以按 EUI-64 格式自动生成。

根据 RFC3177(IAB/IESG Recommendations on IPv6 Address Allocations to Sites)的建议,目前每个可聚合全球单播 IPv6 地址的 3 个部分的长度已确定,如图 2-4 所示。

	48 bits	16 bits	64 bits
001	Global Routing Prefix	Subnet ID	Interface ID

图 2-4　IPv6 站点地址结构

(1) 全球可路由前缀: 最长 48 位。多个/48 前缀可以组合成更短的前缀,如/16。目前地址前缀分配都是以/16 为段进行分配的。

(2) 子网 ID：固定 16 位（IPv6 地址中第 49～64 位）。站点内部可以提供 65535 个子网。

(3) 接口 ID：固定 64 位长，以满足 EUI-64 标识的长度。

目前由 IANA(Internet Assigned Numbers Authority，互联网地址分配机构)负责进行 IPv6 地址的分配，主要由以下 5 个地方组织来执行。

(1) AfriNIC (African Network Information Centre)——非洲地区。

(2) APNIC (Asia Pacific Network Information Centre)——亚太地区。

(3) ARIN (American Registry for Internet Numbers)——北美地区。

(4) LACNIC (Regional Latin-American and Caribbean IP Address Registry)——拉美及加勒比群岛地区。

(5) RIPE NCC (Réseaux IP Européens)——欧洲、中东及中亚地区。

3. 链路本地地址

这种地址类型的应用范围受限，只能在连接到同一本地链路的节点之间使用。在 IPv6 邻居节点之间的通信协议中广泛使用了该地址，如邻居发现协议、动态路由协议等。

链路本地地址有固定的格式，图 2-5 显示了链路本地地址结构。

10 bits	54 bits	64 bits
1111111010	0	Interface ID

图 2-5　链路本地地址结构

从图 2-5 中可以看出，链路本地地址由一个特定的前缀和接口 ID 两部分组成。它使用了特定的链路本地前缀 FE80::/64（最高 10 位值为"1111111010"），同时将接口 ID 添加在后面作为地址的低 64 位。

当一个节点启动 IPv6 协议栈时，节点的每个接口会自动配置一个链路本地地址。这种机制使得两个连接到同一链路的 IPv6 节点不需要做任何配置就可以通信。链路本地地址使用固定的前缀 FE80::/64，接口 ID 部分使用 EUI-64 地址。

4. 站点本地地址

站点本地地址是另一种应用范围受限的地址，它只能在一个站点（某些链路组成的网络）内使用。这和 IPv4 中的私有地址类似。任何没有申请到可聚合全球单播地址的组织机构都可以使用站点本地地址。

站点本地地址的前 48 位总是固定的，前缀为 FEC0::/64，其中前十位固定为"1111111011"，紧跟在后面的是连续 38 位"0"。在接口 ID 和 48 位特定前缀之间有 16 位子网 ID，用于在站点内部构建子网。

站点本地地址结构如图 2-6 所示。

10 bits	38 bits	16 bits	64 bits
1111111011	0	Subnet ID	Interface ID

图 2-6　站点本地地址结构

与链路本地地址不同的是,站点本地地址不是自动生成的。站点本地地址在最新的 RFC4291 中被废弃,不再使用。

5. 唯一本地地址

为了代替站点本地地址的功能,又使这样的地址具有唯一性,避免产生像 IPv4 的私有地址泄露到公网而造成的问题,RFC4193 定义了唯一本地地址(Unique-local Address),其结构如图 2-7 所示。

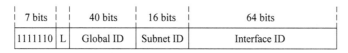

图 2-7　唯一本地地址结构

其中各字段含义如下。

(1) 固定前缀为 FC00::/7,即前 7 位为"1111110"。

(2) L:表示地址的范围,如果取值为"1"表示本地范围;"0"保留。

(3) Global ID:全球唯一前缀,随机方式生成。

(4) Subnet ID:在划分子网时使用。

唯一本地地址具有以下特性。

(1) 具有全球唯一前缀(随机生成,有可能重复但概率非常低)。

(2) 可用于构建 VPN。

(3) 具有众所周知的前缀,边界路由器可以很容易对其过滤。

(4) 其地址与 ISP 分配的地址无关,任何人都可以随意使用。

(5) 一旦出现路由泄露,不会与 Internet 路由产生冲突,因为其是全球唯一的。

(6) 在应用中,上层协议将其当成全球单播地址来对待,简化上层协议。

6. 特殊地址

特殊地址主要有两类:未指定地址和环回地址。

(1) 未指定地址

全"0"(0:0:0:0:0:0:0:0 或::)代表了 IPv6 的未指定地址(Unspecified Address)。同 IPv4 中未指定地址(0.0.0.0)一样,表示某一个地址不可用,特别是在报文中的源地址未指定时使用。如在邻居发现协议的重复地址检测中,为检测某个 IPv6 地址是否可用在本地的接口上,节点以未指定地址作为源地址向外发数据报文进行探测。未指定地址不能用于目的地址。

(2) 环回地址

环回地址(Loopback Address)表示为 0:0:0:0:0:0:0:1 或::1,与 IPv4 中的 127.0.0.1 功能相同,只在节点内部有效。当路由器收到目的地址是其环回地址的报文时,不能再向任何链路上转发。

7. 兼容地址

除了以上介绍的几种单播地址外,在 IPv6 标准中还规定了以下几类兼容 IPv4 标准的单播地址类型,主要用于 IPv4 向 IPv6 的迁移过渡期。一般有 IPv4 兼容地址、IPv4 映射地址、6to4 地址、6over4 地址、ISATAP 地址等几类。

(1) IPv4 兼容地址:可表示为 0:0:0:0:0:0:0:w.x.y.z 或::w.x.y.z(w.x.y.z 是以点分十进制表示的 IPv4 地址),用于具有 IPv4 和 IPv6 两种协议的节点使用 IPv6 进行通信。

(2) IPv4 映射地址:是又一种内嵌 IPv4 地址的 IPv6 地址,可表示为 0:0:0:0:0:FFFF:w.x.y.z 或::FFFF:w.x.y.z。这种地址被 IPv6 网络中的节点用来标识 IPv4 网络中的节点。

(3) 6to4 地址:用于具有 IPv4 和 IPv6 两种协议的节点在 IPv4 路由架构中进行通信。6to4 是通过 IPv4 路由方式在主机和路由器之间传递 IPv6 报文的动态隧道技术。

(4) 6over4 地址:用于 6over4 隧道技术的地址,可表示为[64-bit Prefix]:0:0:wwxx:yyzz,wwxx:yyzz 是十进制 IPv4 地址 w.x.y.z 的 IPv6 格式。

(5) ISATAP 地址:用于 ISATAP(Intra-Site Automatic Tunnel Addressing Protocol)隧道技术的地址,可表示为[64-bit Prefix]:0:5EFE:w.x.y.z,其中 w.x.y.z 是十进制 IPv4 地址。

8. IEEE EUI-64 接口 ID

EUI-64 接口 ID 是 IEEE 定义的一种 64 位的扩展唯一标识符,如图 2-8 所示。

图 2-8　EUI-64 格式

EUI-64 和接口链路层地址有关。在以太网上,IPv6 地址的接口 ID 由 MAC 地址映射转换而来。IPv6 地址中的接口 ID 是 64 位的,而 MAC 地址是 48 位的,EUI-64 定义在 MAC 地址的中间位置插入十六进制数 FFFE(二进制为 11111111 11111110)。为了确保这个从 MAC 地址得到的接口标识符是唯一的,还要将 U/L 位(从高位开始的第 7 位)设置为 "1"。最后得到的这组数就作为 EUI-64 格式的接口 ID,如图 2-9 所示。

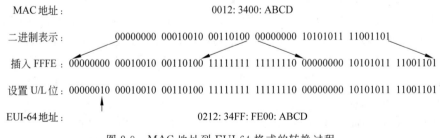

图 2-9　MAC 地址到 EUI-64 格式的转换过程

通过链路层地址(在以太网中就是 MAC 地址)而生成接口 ID,这就保证了接口 ID 的唯一性,也即保证了本地链路地址的唯一性。

2.2.4　组播地址

1. 组播地址基本结构

所谓组播,是指一个源节点发送的单个数据报文能被特定的多个目的节点接收到。路由器转发组播数据是根据组播路由协议学习到的拓扑结构进行的,适合于 One-to-Many(一对多)的通信场合。

在 IPv4 中,组播地址的最高 4 位为"1110"。在 IPv6 网络中,组播地址也由特定的前缀 FF::/8 来标识,其最高 8 位为"11111111"。图 2-10 显示了组播地址的结构。

8 bits	4 bits	4 bits	112 bits
11111111	Flgs	Scop	Group ID

图 2-10　组播地址结构

其中各字段含义如下。

(1) Flgs(标志):该段有 4 位,目前只使用了最后一位(前 3 位必须置 0),当该字段值为 0 时,表示当前的组播地址是由 IANA 所分配的一个永久分配地址;当该字段值为 1 时,表示当前的组播地址是一个临时组播地址(非永久分配地址)。

(2) Scop(范围):该字段占有 4 位,用来限制组播数据流在网络中发送的范围。RFC2373 对该字段的定义如下。

① 0:预留。

② 1:节点本地范围。

③ 2:链路本地范围。

④ 5:站点本地范围。

⑤ 8:组织本地范围。

⑥ E:全球范围。

⑦ F:预留。

其他的值没有定义。

从这里可以推断出 FF02::2 是一个链路本地范围的组播地址,而 FF05::2 是一个站点本地范围的组播地址。

(3) Group ID(组 ID):该字段长度为 112 位,用以标识组播组,最多可以表示 2^{112} 个组播组。目前,在 RFC2373 中并没有将所有的 112 位都定义成组标识,而是建议仅使用该 112 位的最低 32 位组 ID,将剩余的 80 位都置 0,如图 2-11 所示。

8 bits	4 bits	4 bits	80 bits	32 bits
11111111	Flgs	Scop	0	Group ID

图 2-11　当前组播地址结构

由于在 IPv6 中,组播 MAC 地址为 33:33:xx:xx:xx:xx,有 32 位可以用于组 ID,因此 IPv6 中每个组 ID 都映射到一个唯一的以太网组播 MAC 地址。

2．被请求节点组播地址

在 IPv6 组播地址中，有一种特别的组播地址，称为被请求节点组播地址（Solicited-node Address）。被请求节点组播地址是一种具有特殊用途的地址，主要用于在重复地址检测和获取邻居节点的链路层地址时，代替 IPv4 中使用的广播地址。

被请求节点组播地址由前缀 FF02::1:FF00::/104 和单播地址的最后 24 位组成，如图 2-12 所示。对于节点或路由器的接口上配置的每个单播和任播地址，都自动启用一个对应的被请求节点组播地址。被请求节点组播地址使用范围为链路本地。

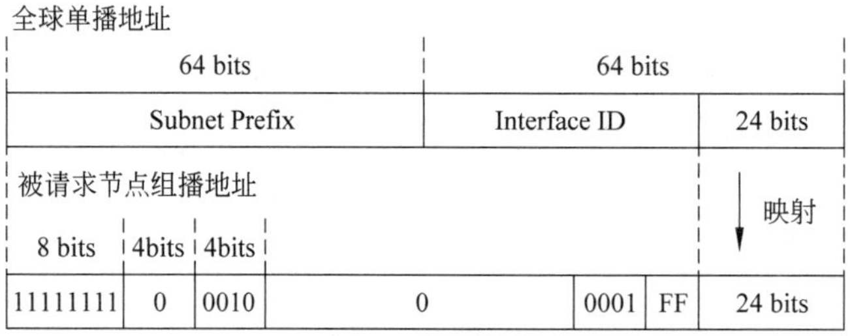

图 2-12　被请求节点组播地址

3．众所周知的组播地址

类似于 IPv4，IPv6 同样有一些众所周知的（Well-known）组播地址，这些地址具有特别的含义，这里举几个例子（还有很多类似的特殊地址），如表 2-1 所示。

表 2-1　众所周知的组播地址

组 播 地 址	范　　围	含　　义	描　　述
FF01::1	节点	所有节点	在本地接口范围的所有节点
FF01::2	节点	所有路由器	在本地接口范围的所有路由器
FF02::1	链路本地	所有节点	在本地链路范围的所有节点
FF02::2	链路本地	所有路由器	在本地链路范围的所有路由器
FF02::5	链路本地	OSPF 路由器	所有 OSPF 路由器组播地址
FF02::6	链路本地	OSPF DR 路由器	所有 OSPF 的 DR 路由器组播地址
FF02::9	本地链路	RIP 路由器	所有 RIP 路由器组播地址
FF02::13	本地链路	PIM 路由器	所有 PIM 路由器组播地址
FF05::2	站点	所有路由器	在一个站点范围内的所有路由器

2.2.5　任播地址

这是 IPv6 特有的地址类型，它用来标识一组网络接口（通常属于不同的节点）。但是与组播地址不同，路由器会将目的地址为任播地址的数据报文，发送给距本路由器最近的一个网络接口。任播适合于"One-to-One-of-Many"(一对组中的一个)的通信场合,接收方只要是一组接口中的任意一个即可。例如移动用户上网时就可以根据地理位置的不同,接入距用户最近的一个接收站,这样可以使移动用户在地理位置上不受太多的限制。

任播地址从单播地址空间中进行分配,使用单播地址的格式。仅通过地址本身,节点是无法区分任播地址与单播地址的。所以,节点必须使用明确的配置而指明它是一个任播地址。目前,任播地址仅被用做目的地址,且仅分配给路由器。

在 RFC4291 中定义了一种子网—路由器任播地址(Subnet-Router Anycast Address),其格式如图 2-13 所示。

n bits	128−*n* bits
Unicast Prefix	0

图 2-13　子网—路由器任播地址

其中字段含义如下。

Unicast Prefix:其对应的单播地址的网络前缀,用以区分或代表某一链路。

在子网—路由器任播地址格式中,地址的接口 ID 值置为零。

这个地址主要用于当一个主机想与某一链路上的任一路由器通信时使用。在应用时,需要链路上的所有路由器都能支持子网—路由器任播地址,目的地址为子网—路由器任播地址的数据报文将被转发至 Unicast Prefix 所属的子网链路上的某一个路由器处理。

2.2.6　接口上的 IPv6 地址

IPv6 的一个优点就是在节点的一个接口上可以配置多个 IPv6 地址,包括单播地址、组播地址等。

作为一个 IPv6 主机,其一个接口上可以具有的 IPv6 地址如表 2-2 所示。

表 2-2　IPv6 节点所具有的地址

必需的地址	IPv6 标识
每个网络接口的链路本地地址	FE80::/10
环回地址	::1/128
所有节点组播地址	FF01::1,FF02::1
分配的可聚合全球单播地址	2000::/3
每个单播/任播地址对应的被请求节点组播地址	FF02::1:FF00:/104
主机所属组的组播地址	FF00::/8

作为一个 IPv6 路由器,接口上除需要具有一个 IPv6 主机所要具有的地址外,还需要具有如表 2-3 所示的地址,以完成路由功能。

表 2-3 IPv6 路由器接口所具有的地址

必需的地址	IPv6 标识
一个主机的所有必需的 IPv6 地址	FE80::/10,::1,FF01::1,FF02::1,2000::/3,FF02::1:FF00:/104,FF00::/8
所有路由器组播地址	FF01::2,FF02::2,FF05::2
子网—路由器任播地址	UNICAST_PREFIX:0:0:0:0
其他任播配置地址	2000::/3

2.2.7 IPv6 地址分配概况

根据 IANA 最新的信息,IPv6 地址分配使用情况如表 2-4 所示。

表 2-4 IPv6 地址分配使用情况

IPv6 前缀	用　途	参考标准	备　注
0000::/8	Reserved by IETF	[RFC4291]	不包含未指定、回环、兼容地址等
0100::/8	Reserved by IETF	[RFC4291]	
0200::/7	Reserved by IETF	[RFC4048]	RFC4548 中分配给 OSI NSAP 映射地址,但是在 RFC4048 中废止并收回
0400::/6	Reserved by IETF	[RFC4291]	
0800::/5	Reserved by IETF	[RFC4291]	
1000::/4	Reserved by IETF	[RFC4291]	
2000::/3	Global Unicast	[RFC4291]	除了 FF00::/8 开头的地址,其他地址都是全球单播地址。只是目前 IANA 只限制使用此段
4000::/3~C000::/3	Reserved by IETF	[RFC4291]	
E000::/4	Reserved by IETF	[RFC4291]	
F000::/5	Reserved by IETF	[RFC4291]	
F800::/6	Reserved by IETF	[RFC4291]	
FC00::/7	Unique Local Unicast	[RFC4291]	
FE00::/9	Reserved by IETF	[RFC4291]	
FE80::/10	Link Local Unicast	[RFC4291]	
FEC0::/10	Reserved by IETF	[RFC3879]	被 RFC3879 废止并收回
FF00::/8	Multicast	[RFC4291]	

2.3　IPv6　报　文

本节首先介绍 IPv6 网络中的一些基本术语；其次介绍 IPv6 网络中数据转发的基本过程；最后详细分析 IPv6 数据报文格式，包括固定头部和扩展头部的格式。本节是掌握 IPv6 知识的重要基础，也是全书的一个重点。

2.3.1　IPv6 基本术语

为了更好地理解后续章节中的内容，在此先介绍 IPv6 网络的相关基本概念。有些概念和 IPv4 中的概念容易混淆，须注意辨别。

图 2-14 描述了一个 IPv6 网络的构成。

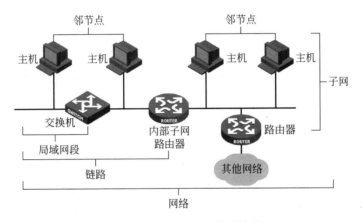

图 2-14　一个 IPv6 网络的构成

图 2-14 中列出的术语、概念解释如下。

(1) 节点(Node)：任何运行 IPv6 的设备，包括路由器和主机(甚至还将包括 PDA、冰箱、电视等)。

(2) 路由器(Router)：一种连接多个网络的网络设备，它能将不同网络之间的数据信息进行转发。在 IPv6 网络中，路由器是一个非常重要的角色，它通常会通告自己的信息，如前缀等。

(3) 主机(Host)：只能接收数据信息，而不能转发数据信息的节点。为了理解的方便，可以借用 IPv4 中主机的概念，当然，IPv6 中的主机不仅包括计算机，甚至还包括冰箱、电视机、汽车等，只要它运行 IPv6 协议。

(4) 上层协议："紧挨着"IPv6 之上的一层协议，将 IPv6 用作运输工具。主要包括 Internet 层的协议(如 ICMPv6)和传输层的协议(如 TCP 和 UDP)，但不包括应用层协议，例如把 TCP 和 UDP 协议用作其运输工具的 FTP、DNS 等。

(5) 局域网段：IPv6 链路的一部分，由单一介质组成，以二层交换设备为边界。

(6) 链路(Link)：以路由器为边界的一个或多个局域网段。

(7) 子网(Subnet)：使用相同的 64 位 IPv6 地址前缀的一个或多个链路。一个子网可以被内部子网路由器分为几个部分。

（8）网络：由路由器连接起来的两个或多个子网，也可以称做站点（Site）。

（9）邻节点（Neighbor）：连接到同一链路上的节点。这是一个非常重要的概念，因为 IPv6 的邻节点发现机制具有解析邻节点链路层地址的功能，并可以检测和监视邻节点是否可以到达（关于邻节点发现机制，后续章节将有详细描述）。

（10）地址：IPv6 地址，类似于 IPv4 中的地址，长度为 128 位。

（11）链路 MTU：可以在一个链路上发送的最大传输单元（Maximum Transmission Unit，MTU）。对于一个采用多种链路层技术的链路来说，链路 MTU 是这个链路上存在的所有链路层技术中最小的链路 MTU。

（12）路径 MTU（Path MTU，PMTU）：在 IPv6 网络中，从源节点到目标节点的一条路径上，在主机不实行数据分段的情况下可以发送的最大长度的 IPv6 数据报文。PMTU 是这条路径上所有链路的最小链路 MTU。

2.3.2　IPv6 报文结构

IPv6 网络模型和 IPv4 网络模型是一致的，主要包括两个角色：主机和路由器。IPv6 数据报文在网络中传输的过程和 IPv4 数据报文也相同，路由器根据报头中的信息将数据报文从发送方一跳一跳地转发到接收方。图 2-15 表示了 IP 数据在网络中的转发过程。

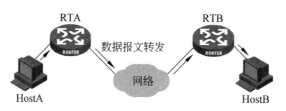

图 2-15　数据转发过程

IP 数据报文由两个基本组成部分：IP 报头和有效载荷。IP 报头包含有很多字段，这些字段标识了发送方、接收方和传输协议，并定义许多其他参数。路由器根据这些信息转发数据报文到最终目的地。IP 报头中的有效载荷就是发送方给接收方的信息（数据）。

IPv6 数据报文由一个 IPv6 报头、多个扩展报头和一个上层协议数据单元组成，结构如图 2-16 所示。

图 2-16　IPv6 数据报文结构

其中各字段含义如下。

（1）IPv6 报头（IPv6 Header）：每一个 IPv6 数据报文都必须包含报头，其长度固定为 40 字节。IPv6 报头也称为基本报头或固定报头，具体内容将在下一节中详细介绍。

（2）扩展报头（Extension Headers）：IPv6 扩展报头是跟在基本 IPv6 报头后面的可选报头。IPv6 数据报文可以包含一个或多个扩展报头，当然也可以没有扩展报头，这些扩展报头可以具有不同的长度。IPv6 报头和扩展报头代替了 IPv4 报头及其选项。新的扩展报头格式增强了 IPv6 的功能，使其具有极大的扩展性。与 IPv4 报头中的选项不同，IPv6 扩展报头没有最大长度的限制，因此可以容纳所有扩展数据。扩展报头的详细内容将在下一节中详细讲解。

（3）上层协议数据单元（Upper Layer Protocol Data Unit）：上层协议数据单元一般由上层协议报头和它的有效载荷构成，有效载荷可以是 ICMPv6 报文、TCP 报文、UDP 报文等。

2.3.3　IPv6 报头结构

IPv6 报头包含 8 个字段，总长度为 40 个字节。这 8 个字段分别为：版本、流量类型、流标签、有效载荷长度、下一个报头、跳限制、源 IPv6 地址和目的 IPv6 地址。

为了更好地理解这 8 个字段的具体含义，首先回顾一下 IPv4 报头的格式。图 2-17 是 IPv4 报头格式。

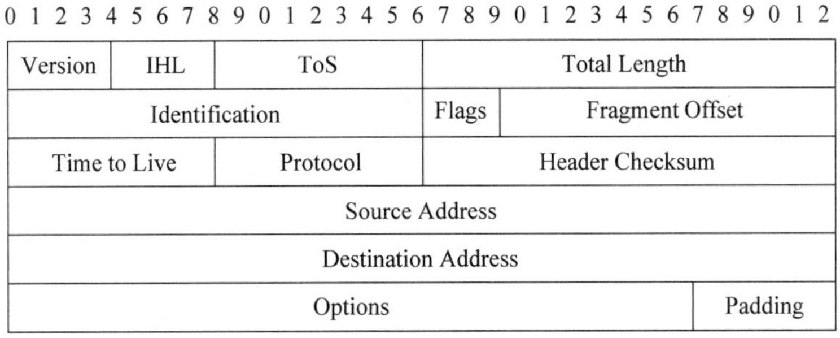

```
0 1 2 3 4 5 6 7 8 9 0 1 2 3 4 5 6 7 8 9 0 1 2 3 4 5 6 7 8 9 0 1 2
```

Version	IHL	ToS	Total Length		
Identification			Flags	Fragment Offset	
Time to Live		Protocol	Header Checksum		
Source Address					
Destination Address					
Options				Padding	

图 2-17　IPv4 报头格式

从图 2-17 中可以看出 IPv4 报头中的字段包括以下部分。

（1）版本（Version）：该字段规定了 IP 协议的版本，值为 4，长度为 4 位。

（2）Internet 报头长度（Internet Header Length，IHL）：该字段表示有效载荷之前的 4 字节块的数量。该字段长度为 4 位。因为 IPv4 报头的最小长度为 20 字节，所以其值最小为 5。

（3）服务类型（Type of Service，ToS）：该字段指定路由器在传送过程中如何处理数据报文，也即表示这个数据报文在由 IPv4 网络中的路由器转发时所期待的服务。该字段长度为 8 位。该字段也可以解释为区分业务编码点（Differentiated Services Codepoints，DSCP）。RFC2474 提供了关于 DSCP 的详细定义。

（4）总长度（Total Length）：该字段表示 IP 数据报文的总长度（单位为字节），包括报头和有效载荷。该字段长度为 16 位。

（5）标识（Identification）：该字段和后面提到的标志以及分段偏移量字段都是与分段有关的字段。标识字段由 IPv4 数据报文的源节点来选择，如果 IPv4 数据报文被拆分了，则所有的分段都保留标识字段的值,以使目标节点可以对片段进行重组。该字段长度为 16 位。

(6) 标志(Flags):该字段长度为 3 位,当前只定义了 2 位,一个用来表示是否可以对 IPv4 数据报文进行拆分;另一个用来表示在当前的分段之后是否还有分段。

(7) 片段偏移量(Fragment Offset):该字段表示相对于原始 IPv4 有效载荷起始位置的相对位置。该字段长度为 13 位。

(8) 生存时间(Time to Live):该字段指出了一个 IPv4 数据报文在被丢弃前,可以经过的链路的最大数量。该字段值每经过一个路由器时减去 1,当为 0 时,数据报文将被丢弃。该字段长度为 8 位。

(9) 协议(Protocol):该字段用于标识有效载荷中的上层协议。该字段长度为 8 位。

(10) 报头校验和(Header Checksum):表示 IP 报头的校验和,用于错误检查。该字段仅用于 IP 报头的校验和,有效载荷不包括在校验和计算中。数据报文沿途的每个中间路由器都重新计算和验证该字段(因为路由器转发数据报文时,TTL 值都会变化)。该字段长度为 16 位。

(11) 源地址(Source Address):发送方的 IP 地址,长度为 32 位。

(12) 目的地址(Destination Address):接收方的 IP 地址,长度为 32 位。

(13) 选项(Options):该字段是一个可选项。

下面再来分析一下 IPv6 报头,如图 2-18 所示。

```
0 1 2 3 4 5 6 7 8 9 0 1 2 3 4 5 6 7 8 9 0 1 2 3 4 5 6 7 8 9 0 1 2
┌──────────┬──────────────┬─────────────────────────────────┐
│ Version  │ Traffic Class│            Flow Label           │
├──────────┴──────────────┼──────────────────┬──────────────┤
│     Payload Length      │   Next Header    │  Hop Limit   │
├─────────────────────────┴──────────────────┴──────────────┤
│                                                            │
│                     Source Address                         │
│                                                            │
├────────────────────────────────────────────────────────────┤
│                                                            │
│                   Destination Address                      │
│                                                            │
└────────────────────────────────────────────────────────────┘
```

图 2-18　IPv6 报头格式

可以发现 IPv6 的报头简单了许多,所包含的字段少了不少,下面是各字段的具体描述。

(1) 版本(Version):该字段规定了 IP 协议的版本,值为 6,长度为 4 位。

(2) 通信流类别(Traffic Class):该字段功能和 IPv4 中的服务类型功能类似,表示 IPv6 数据报文的类或优先级。该字段长度为 8 位。RFC2460 中没有定义通信流类别字段的值。RFC2474 以区分服务(DS)字段的形式,为通信流类别提供了一个可替换的定义。

(3) 流标签(Flow Label):与 IPv4 相比,该字段是新增的。它用来标识该数据报文属于源节点和目标节点之间的一个特定数据报文序列,它需要由中间 IPv6 路由器进行特殊处理。该字段长度为 20 位。关于流标签字段使用的细节,还没有定义。

(4) 有效载荷长度(Payload Length):该字段表示 IPv6 数据报文有效载荷的长度。有效载荷是指紧跟 IPv6 报头的数据报文的其他部分(即扩展报头和上层协议数据单元)。该字段长度为 16 位。那么该字段只能表示最大长度为 65535 字节的有效载荷。如果有效载荷的长度超过这个值,该字段值会置 0,而有效载荷的长度用逐跳选项扩展报头中的超大有效载荷选项来表示。关于逐跳选项扩展报头在后面将会提及。

(5) 下一个报头(Next Header):该字段定义紧跟在 IPv6 报头后面的第一个扩展报头(如果存在)的类型,或者上层协议数据单元中的协议类型。该字段长度为 8 位。关于扩展报头的详细信息后面将会提及。

(6) 跳限制(Hop Limit):该字段类似于 IPv4 中的 Time to Live 字段。它定义了 IP 数据报文所能经过的最大跳数。每经过一个路由器,该数值减去 1,当该字段的值为 0 时,数据报文将被丢弃。该字段长度为 8 位。

(7) 源地址(Source Address):表示发送方的地址,长度为 128 位。

(8) 目的地址(Destination Address):表示接收方的地址,长度为 128 位。

图 2-19 表示了一个在实际网络中用报文分析软件捕获的 IPv6 报文。

在这个报文中,版本值为 6,通信流类别值为 0x00,流标签值为 0x00000,有效载荷长度为 40 字节,下一个报头值为 0x3a(表示上层协议为 ICMPv6),跳数限制值为 128

```
⊟ Ethernet II, Src: 00:0d:56:6d:6f:fc, Dst: 00:e0:fc:06:7a:d8
    Destination: 00:e0:fc:06:7a:d8 (HuaweiTe_06:7a:d8)
    Source: 00:0d:56:6d:6f:fc (DellPcba_6d:6f:fc)
    Type: IPv6 (0x86dd)
⊟ Internet Protocol Version 6
    Version: 6
    Traffic class: 0x00
    Flowlabel: 0x00000
    Payload length: 40
    Next header: ICMPv6 (0x3a)
    Hop limit: 128
    Source address: 1::7146:ab89:3e23:e38c
    Destination address: 1::1
⊟ Internet Control Message Protocol v6
    Type: 128 (Echo request)
    Code: 0
    Checksum: 0x9675 (correct)
    ID: 0x0000
    Sequence: 0x0001
    Data (32 bytes)
```

图 2-19　一个 IPv6 报文

跳,源地址为 1∷7146∶AB89∶3E23∶E38C,目的地址为 1∷1。

通过对 IPv6 报头和 IPv4 报头进行比较,可以发现 IPv6 中去掉了几个 IPv4 的字段:报头长度、标识、标志位、分段偏移量、报头校验和、选项和填充。为什么要去掉这几项呢?其实 IPv6 设计者是很有深意的。

首先分析一下报头长度字段。在 IPv4 报头中,报头长度指有效载荷之前的 4 字节块的数量,也就是数据报头的总长度,包括选项字段部分。如果有选项字段,IPv4 数据报头长度就要增加,所以 IPv4 报头长度的值不是固定的。IPv6 不使用选项字段,而是用扩展字段,基本 IPv6 报头长度是固定的 40 个字节,所以报头长度字段就不再需要了。

由于 IPv6 处理分段有所不同,所以标识、标志位和分段偏移量这 3 个和分段有关系的字段也被去掉。在 IPv6 网络中,中间路由器不再处理分段,而只在产生数据报文的源节点处理分段。去掉分段字段也就省却了中间路由器为处理分段而耗费的大量 CPU 资源。

报头校验和字段去掉的原因则是 IPv6 设计者们认为第 2 层、第 4 层都有校验和(UDP 校验和在 IPv4 中是可选的,在 IPv6 中则是必需的),因此第 3 层校验和是冗余的而非必需的,而且浪费中间路由器的资源。

由于 IPv6 从根本上改变了选项字段,在 IPv6 中选项由扩展报头处理,因此也去掉了选项字段,简化了报头,减少了转发路径上中间路由器的处理消耗。

表 2-5 对 IPv6 报头和 IPv4 报头中的字段进行了详细比较与总结。

表 2-5　IPv6 报头与 IPv4 报头字段比较

IPv4 报头的字段	IPv6 报头的字段	IPv6 报头与 IPv4 报头的比较
Version(4 位)	Version(4 位)	功能相同,但在 IPv6 中的值不同
IHL(4 位)	/	在 IPv6 中被去掉了。因为 IPv6 报头长度固定,总是 40 个字节
Type of Service(8 位)	Traffic Class(8 位)	在两种报头中具有相同的功能
/	Flow Label(20 位)	新增字段,用来标识 IPv6 数据流
Total Length(16 位)	Payload Length	在两种报头中具有相同的功能
Identification(16 位)	/	因为在 IPv6 中分段处理方式的不同,所以在 IPv6 中被去掉了
Flags(3 位)	/	因为在 IPv6 中分段处理方式的不同,所以在 IPv6 中被去掉了
Fragment Offset(13 位)	/	因为在 IPv6 中分段处理方式的不同,所以在 IPv6 中被去掉了
Time to Live(8 位)	Hop Limit(8 位)	在两种报头中具有相同的功能
Protocol(8 位)	Next Header(8 位)	在两种报头中具有相同的功能
Header Checksum(16 位)	/	在 IPv6 中被去掉了
Source Address(32 位)	Source Address(128 位)	在 IPv6 中,源地址被扩展到 128 位
Destination Address(32 位)	Destination Address (128 位)	在 IPv6 中,源地址被扩展到 128 位
Option(可变)	/	在 IPv6 中被去掉了。在 IPv4 中,处理该选项的方式是不同的
Padding(可变)	/	在 IPv6 中被去掉了。在 IPv4 中,处理该选项的方式是不同的

2.3.4　IPv6 扩展报头

IPv6 扩展报头是跟在 IPv6 基本报头后面的可选报头。在 IPv6 中设计扩展报头字段是由于在 IPv4 的报头中包含了所有的选项,因此每个中间路由器都必须检查这些选项是否存在,如果存在,就必须处理它们。这种设计方法会降低路由器转发 IPv4 数据报文的效率。为了解决这个问题,在 IPv6 中,相关选项被移到了扩展报头中。中间路由器就不必处理每一个可能出现的选项(在 IPv6 中,每个中间路由器必须处理的扩展报头只有逐跳选项扩展报头)。这种处理方式提高了路由器处理数据报文的速度,也提高了其转发性能。

下面列出的是扩展报头的类型。

(1) 逐跳选项报头(Hop-by-Hop Options Header)。

(2) 目的选项报头(Destination Options Header)。

(3) 路由报头(Routing Header)。

(4) 分段报头(Fragment Header)。

(5) 认证报头(Authentication Header)。

(6) 封装安全有效载荷报头(Encapsulating Security Payload Header)。

在典型的 IPv6 数据报文中,并不是每一个数据报文都包括所有的扩展报头。在中间路由器或目标需要一些特殊处理时,发送主机才会添加相应扩展报头(具体扩展报头内容下面会详细讲解)。

基本报头、扩展报头和上层协议的关系如图 2-20 所示。

IPv6 Header (Next Header=6)	TCP Header	Data		

IPv6 Header (Next Header=43)	Routing Header (Next Header=6)	TCP Header	Data	

IPv6 (Next Header=43)	Routing Header (Next Header=44)	Fragment Header (Next Header=6)	TCP Header	Data

图 2-20　基本报头、扩展报头和上层协议的关系

从图 2-20 可以看出,基本报头的下一个报头(Next Header)字段值指明上层协议类型。考虑图中第一个例子,基本报头的下一个报头字段值为 6,说明上层协议为 TCP。如果包括一个扩展报头,则基本报头的下一个报头(Next Header)字段值为扩展报头类型。考虑图中第二个例子,下一个报头字段指明紧跟在基本报头后面的扩展报头为 43,也就是路由扩展报头,而扩展报头的下一个报头字段指明上层协议类型。依此类推,如果数据报文中包括多个扩展报头,则每一个扩展报头的下一个报头指明紧跟着自己的扩展报头的类型,最后一个扩展报头的下一个报头字段指明上层协议。

扩展报头按照其出现的顺序被处理。当数据报文中有多个扩展报头时,扩展报头的排列顺序是有一定原则的,RFC2460 建议扩展报头按照如下顺序排列。

(1) 逐跳选项报头。

(2) 目的选项报头(当存在路由报头时,用于中间目标)。

(3) 路由报头。

(4) 分段报头。

(5) 认证报头。

(6) 封装安全有效载荷报头。

(7) 目的选项报头(用于最终目标)。

下面分析一下扩展报头的具体内容。

1. 逐跳选项报头(Hop-by-Hop Option Header)

该字段主要用于为在转发路径上的每次跳转指定发送参数,转发路径上的每台中间节点都要读取并处理该字段,它以 IPv6 报头中的下一个报头字段值 0 来标识。图 2-21 给出了该扩展报头的结构。

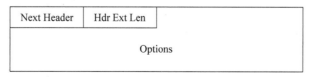

Next Header	Hdr Ext Len
Options	

图 2-21　逐跳选项扩展报头结构

其中各字段含义如下。

（1）下一个报头（Next Header）：指明上层协议类型或紧跟着自己的扩展报头的类型。

（2）报头扩展长度（Hdr Ext Len）：指示逐跳选项扩展报头中的 8 字节块的数量（也就是逐跳扩展报头的长度），其中不包括第一个 8 字节块。

（3）选项（Options）：一系列字段的组合，它可以描述用来数据报文转发方面的特性，也可以用作填充。一个逐跳选项报头可以包含一个或多个选项字段。选项字段不仅在逐跳选项报头中使用，目的选项报头中也有该字段。

每个选项以 TLV（Type-Length-Value，类型—长度—值）的格式编码，结构如图 2-22 所示。

Option Type	Opt Data Len	Option Data

图 2-22　选项结构

其中各字段含义如下。

（1）选项类型（Option Type）：表示选项的类型，同时也确定了节点如何处理该选项。

（2）选项长度（Opt Data Len）：表示选项中的字节数。其值不计入选项类型和选项长度字段的长度。

（3）选项数据（Option Data）：指与该选项相关的特定数据。

选项类型字段的高 3 位确定了节点如何处理该选项。其中最高的 2 位表示节点不能识别选项时，如何处理这个选项，其具体取值与含义如表 2-6 所示。

表 2-6　选项类型字段中高 2 位含义

选项类型字段中最高 2 位的值	节点如何处理
00	应该跳过这个选项
01	应该无声地丢弃数据报文
10	应该丢弃数据报文，并且不管数据报文的目的地址是否为一个组播地址，向发送方发出一个 ICMPv6 参数问题消息
11	应该丢弃数据报文，并且如果数据报文的目的地址不是一个组播地址，就向发送方发出一个 ICMPv6 参数问题消息

选项类型字段中的第 3 高位表示选项数据在转发过程中是否可以改变，其中 1 表示选项数据可以改变；0 表示选项数据不可以改变。

另外，在介绍具体选项之前，先介绍两个特别的选项：Pad1 选项和 PadN 选项。

Pad1 和 PadN 选项可以用来填充，使字段符合对齐要求。Pad1 的作用是插入一个填充字节，而 PadN 可以插入两个或多个填充字节。

图 2-23 和图 2-24 是 Pad1 和 PadN 选项的结构。

0

1	Opt Data Len	Option Data

图 2-23　Pad1 选项的结构　　　　　　图 2-24　PadN 选项的结构

Pad1 选项只有一个字节,选项类型值为 0,它非常特殊,没有长度字段和填充字节。

PadN 选项包括选项类型字段(类型值为 1)、长度字段(值为当前所有的填充字节数)和 0 或多个填充字节。

目前逐跳选项报头中有以下两个"有效"的选项。

（1）超大有效载荷选项

在 IPv6 中,将超过 65535 字节的数据报文称为巨包(Jumbo),又叫超长帧。逐跳选项报头的一个重要应用就是用于支持超长帧的转发,这就是超大有效载荷选项。

在 IPv6 的基本报头中,有效载荷长度字段占有 16 位,也就是说最多能表示 65535 字节。但在 MTU 非常大的网络上,有可能需要发送大于 65535 个字节的数据报文。超大有效载荷选项可用来解决这个问题。

如图 2-25 所示为超大有效载荷选项的结构。

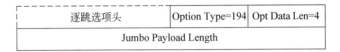

图 2-25　超大有效载荷选项结构

其中各字段含义如下。

① 选项类型(Option Type)：值为 194。

② 选项长度(Opt Data Len)：值为 4。

③ 超大有效载荷长度(Jumbo Payload Length)：表示帧长度。

如果有效载荷长度超过 65535 字节,则 IPv6 基本报头中的有效载荷长度字段的值被置 0,数据报文的真正有效载荷长度用超大有效载荷长度选项中的超大有效载荷长度字段来表示。该字段占有 32 位,最大能够表示 4294967295 字节。

（2）路由器告警选项

路由器告警选项被用于 RSVP 协议中,详见 RFC2711。其基本结构如图 2-26 所示。

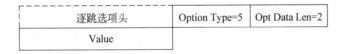

图 2-26　路由器告警选项

其中各字段含义如下。

① 选项类型(Option Type)：值为 5。

② 选项长度(Opt Data Len)：值为 2。

③ Value：表示实际信息。

2. 路由报头

在 IPv4 中,可以使数据报文经过指定的中间节点到达目的地。在 IPv6 中,通过运用路由报头,也能实现同样的功能。路由报头的结构如图 2-27 所示。

从图 2-27 中可以看出,路由报头由下一个报头、报头扩展长度、路由类型（Routing

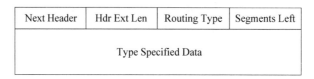

Next Header	Hdr Ext Len	Routing Type	Segments Left
Type Specified Data			

图 2-27 路由报头的结构

Type)、段剩余(Segments Left),以及路由特定类型数据(Type Specified Data)等字段构成。下一个报头字段和报头扩展长度字段的定义和逐跳选项扩展报头中的定义一样;路由类型是指特定的路由头变量;段剩余指的是在到达最终目标前还需要经过的中间目标数(指定需经过的路由器)。

RFC2460 正式定义的路由类型只有 0。路由类型为 0 的路由报头结构如图 2-28 所示。

Next Header	Hdr Ext Len	Routing Type=0	Segments Left
Reserved			
Address [1]			
⋮			
Address [n]			

图 2-28 路由类型为 0 的路由报头结构

从图 2-28 中可以看出,路由类型为 0 的路由报头中的路由特定类型数据由一个32 位保留字段(为了 64 位对齐)和一个中间目的地址的列表组成,列表包括最终目的地址。

数据报文最初发送时,目的地址为第一个中间目的地址(而不是原始的 IPv6 目的地址),路由特定类型数据的值为其他中间目的地址以及最终目的地址列表。段剩余字段的值为包含在路由特定类型数据中的地址总数。

当数据报文到达每一个中间目标节点时,路由报头会被处理,执行下列操作。

(1) 当前目的地址(IPv6 报头中的目的地址)和地址列表中的第"n 减去段剩余加 1"个地址相交换(n 是路由报头中的地址总数)。

(2) 段剩余字段的值减去 1。

(3) 数据报文被转发。

接收到有路由报头的数据报文之后,目标节点能够看到记录在路由报头中的中间路由器列表。目标节点还能够使用路由报头向源节点发送应答数据报文,并以逆序指定相同的路由列表。

如图 2-29 所示,源节点向目标节点发送数据报文,且强制数据报文经过路由报头指定的一系列中间路由器(RTA、RTB、RTC),最终到达目标节点。

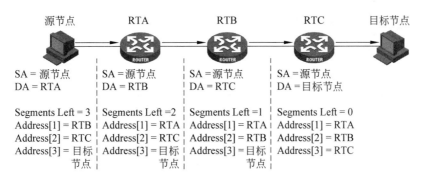

图 2-29　携带路由报头的数据报文转发过程

3．目的选项报头

该报头承载特别针对数据报文目的地址的可选信息，是数据报文目的地才需要处理的选项。

4．分段报头

分段报头用于 IPv6 数据报文的拆分和重组。在 IPv6 中，只有源节点才可以对有效载荷进行拆分。如果上层协议提交的有效载荷大于链路 MTU 或路径 MTU，源节点会对有效载荷进行拆分，并使用分段报头来提供重组信息。其结构如图 2-30 所示。

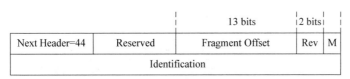

图 2-30　分段报头结构

其中各字段含义如下。

（1）Fregment Offset：表示起始字节在原始报文中的偏移量。

（2）M：取值为 1 表示后续还有分段；取值为 0 表示这是最后一个分段。

（3）Identification：32 位，用以标识分片属于的同一个原始数据报文。

5．认证报头

认证报头为 IPv6 数据报文和 IPv6 报头中那些经过 IPv6 网络传输后值不会改变的字段提供了数据验证（对发送数据报文的节点进行校验）、数据完整性（确认数据在传输中没有改变）和反重播（Replay）保护（确保所捕获的数据报文不会被重发，也不会被当做有效载荷接收）。该报头在 IPv4 和 IPv6 中是相同的。

6．封装安全有效载荷报头

封装安全有效载荷（ESP）报头和尾部提供了数据机密性、数据验证、数据完整性，以及对已封装有效载荷的重播保护服务。类似于认证报头，该报头在 IPv4 和 IPv6 中是相同的。

2.3.5 上层协议相关问题

IPv6 报文与 IPv4 报文相比有了很大变化,所以上层传输协议也需要做相应的修改。修改会涉及以下一些方面。

(1) 上层校验和问题。

(2) 最大报文生存时间问题。

(3) 最大上层协议载荷大小问题。

(4) 对携带路由报头的数据报文的回应问题。

下面对这些问题的具体内容,以及 IPv6 传输层协议的细微变化做一个总结。

1. 上层校验和

在 IPv4 中,TCP、UDP 都将包括 IPv4 源地址字段和目的地址字段等组成的伪报头加进了它们的校验和计算中。所以,IPv6 中的 TCP、UDP 必须进行相应的改进,以便在校验和计算中包括 IPv6 地址等内容。另一个很大的改变是,在 IPv4 中 UDP 的校验和是可选的,在 IPv6 中则是必需的;并且 ICMPv6 也将伪报头加入校验和计算中。图 2-31 显示了 IPv6 中的 TCP/UDP 伪报头结构。

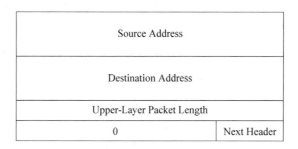

图 2-31　IPv6 中的 TCP/UDP 伪报头结构

需要注意的是,其中下一个报头字段指明的是上层协议(例如 TCP 是 6,UDP 是 17),这一点与 IPv6 报头中的该字段略有区别(在 IPv6 报头中,下一个报头字段有可能是指明紧跟它的扩展报头的类型)。

2. 最大报文生存时间

由于 IPv6 中没有了“Time to Live”字段(被类似的 Hop Limit 字段取代),所以 IPv6 的网络层不再能够记录报文在网上的生存时间。

3. 最大上层协议载荷大小

最大上层协议载荷大小就是最大数据段长度(MSS)。在 IPv6 中,当计算最大上层协议载荷大小时,应该考虑到 IPv6 报头比 IPv4 报头长的问题。

比如,在 IPv4 中 TCP 的 MSS 就是最大报文长度(默认值或者通过路径 MTU 发现获得)减去 40 字节(20 字节最小 IPv4 报头长度,20 字节最小 TCP 头长度)。在 IPv6 中,这种情况就要发生变化,MSS 值就是最大报文长度减去 60 字节,因为 IPv6 最小报头长度为

40 字节(如果没有任何扩展报头)。

4. 对携带路由头的数据报文的回应

对该问题的规定是基于安全性考虑的。在 RFC2460 中有以下规定:

当回应一个带有路由报头的数据报文时,上层协议发出的回应数据报文绝不允许携带相应的路由报头,除非收到的数据报文的源地址以及路由报头的完整性和真实性得到确认。

2.4　ICMPv6

在 IPv4 中,Internet 控制消息协议(Internet Control Message Protocol,ICMP)用于向源节点报告数据报文传输过程中的错误和信息。它为诊断、控制和管理目的定义了一些消息,如目的不可达、数据报文超长、超时、回送请求和回送应答等。在 IPv6 中使用的 ICMP 为 ICMPv6。ICMPv6 除了提供 ICMPv4 常用的功能之外,还定义了其他的一些 ICMPv6 消息,如邻居发现、无状态地址配置(包括重复地址检测)、路径 MTU 发现等。

所以 ICMPv6 是一个非常重要的协议,它是理解 IPv6 中很多相关机制的基础。本节首先讲述 ICMPv6 消息的分类和 ICMPv6 报头的通用格式,随后在此基础上分析常用的差错消息和信息消息,最后介绍 Ping、Tracert 的基本原理以及路径 MTU 发现。

2.4.1　ICMPv6 基本概念

ICMPv6 消息分为两类:一类为差错消息;另一类为信息消息。

差错消息用于报告在报文转发过程中出现的错误。常见的 ICMPv6 的差错消息包括目标不可达(Destination Unreachable)、数据报文超长(Packet Too Big)、超时(Time Exceeded)和参数问题(Parameter Problem)。

信息消息提供诊断功能和附加的主机功能,比如组播侦听发现(MLD)和邻居发现。常见的 ICMPv6 信息消息主要包括回送请求(Echo Request)和回送应答(Echo Reply)。

图 2-32 显示了 ICMPv6 报文结构。

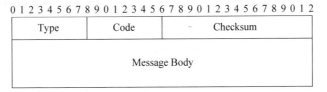

图 2-32　ICMPv6 报文结构

ICMPv6 差错消息的 8 位类型字段中的最高位都为 0;而 ICMPv6 信息消息的 8 位类型字段的最高位都为 1。因此 ICMPv6 差错消息的类型字段有效值范围为 0~127,而信息消息的类型字段有效值范围为 128~255。

2.4.2　ICMPv6 差错消息

目前共有以下 4 种差错消息。

1. 目标不可达

当数据报文无法被转发到目标节点或上层协议时,路由器或目标节点发送 ICMPv6 目标不可达差错消息。其消息结构如图 2-33 所示。

```
0 1 2 3 4 5 6 7 8 9 0 1 2 3 4 5 6 7 8 9 0 1 2 3 4 5 6 7 8 9 0 1 2
┌─────────────┬─────────────┬───────────────────────────────┐
│   Type=1    │    Code     │           Checksum            │
├─────────────┴─────────────┴───────────────────────────────┤
│                         Unused                            │
├───────────────────────────────────────────────────────────┤
│              填充,以满足 IPv6 报文最小的 MTU               │
└───────────────────────────────────────────────────────────┘
```

图 2-33 目标不可达消息结构

在目标不可达消息中,类型(Type)字段值为 1,代码(Code)字段值为 0~4,每一个代码值都定义了以下具体含义。

(1) 0:没有到达目标的路由。

(2) 1:与目标的通信被管理策略禁止。

(3) 2:未指定。

(4) 3:地址不可达。

(5) 4:端口不可达。

2. 数据报文超长

如果由于接口链路 MTU 小于 IPv6 数据报文的长度而导致数据报文无法转发,路由器就会发送数据报文超长消息。该报文被用于 IPv6 路径 MTU 发现的处理,数据报文超长消息结构如图 2-34 所示。

```
0 1 2 3 4 5 6 7 8 9 0 1 2 3 4 5 6 7 8 9 0 1 2 3 4 5 6 7 8 9 0 1 2
┌─────────────┬─────────────┬───────────────────────────────┐
│   Type=2    │   Code=0    │           Checksum            │
├─────────────┴─────────────┴───────────────────────────────┤
│                          MTU                              │
├───────────────────────────────────────────────────────────┤
│              填充,以满足 IPv6 报文最小的 MTU               │
└───────────────────────────────────────────────────────────┘
```

图 2-34 数据报文超长消息结构

数据报文超长消息的类型字段值为 2,代码字段值为 0。

3. 超时

当路由器接收到一个跳限制(Hop Limit)字段值为 1 的数据报文时,会丢弃该数据报文并向源发送 ICMPv6 超时消息。超时消息结构如图 2-35 所示。

在超时报文中,类型字段的值为 3。代码字段的值为 0 或 1,具体含义如下。

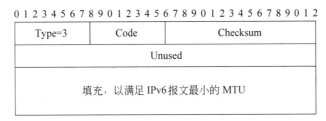

图 2-35　超时消息结构

（1）0：在传输中超过了跳限制。

（2）1：分片重组超时。

4．参数问题

当 IPv6 报头或者扩展报头出现错误，导致数据报文不能被节点进一步处理时，节点会丢弃该数据报文并向源发送参数问题消息，指明问题的发生位置和类型。参数问题消息结构如图 2-36 所示。

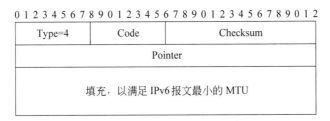

图 2-36　参数问题消息结构

在参数问题消息中，类型字段值为 4，代码字段值为 0～2，指针字段指出问题发生的位置。其中代码字段的定义如下。

（1）0：遇到错误的报头字段。

（2）1：遇到无法识别的下一个报头（Next Header）类型。

（3）2：遇到无法识别的 IPv6 选项。

2.4.3　ICMP 信息消息

ICMPv6 信息消息有很多，这里只介绍常用的两种：回送请求和回送应答。回送请求/回送应答机制提供了一个简单的诊断工具来协助发现和处理各种可达性问题。

1．回送请求

回送请求消息用于发送到目标节点，以触发目标节点立即发回一个回送应答消息。回送请求消息结构如图 2-37 所示。

回送请求消息的类型字段值为 128，代码字段值为 0。标识符和序列号字段由发送方主机设置，用于检查收到的回送应答消息与发送的回送请求消息是否匹配。

```
0 1 2 3 4 5 6 7 8 9 0 1 2 3 4 5 6 7 8 9 0 1 2 3 4 5 6 7 8 9 0 1 2
```

Type=128	Code=0	Checksum
Identifier		Sequence Number
Data...		

图 2-37　回送请求消息结构

2．回送应答

当收到一个回送请求消息时，ICMPv6 会用回送应答消息来响应。回送应答消息结构如图 2-38 所示。

```
0 1 2 3 4 5 6 7 8 9 0 1 2 3 4 5 6 7 8 9 0 1 2 3 4 5 6 7 8 9 0 1 2
```

Type=129	Code=0	Checksum
Identifier		Sequence Number
Data...		

图 2-38　回送应答消息结构

回送应答消息的类型字段值为 129，代码字段值为 0。标识符和序列号字段的值需与回送请求消息中的相应字段的值相同。

2.4.4　几个应用

上面介绍了 ICMPv6 的两种消息：差错消息和信息消息，使读者对 ICMPv6 有一个基本的认识。本节介绍几个常见的应用，以加深理解。

1．Ping

Ping 源于声呐定位操作，它通过发送一份 ICMPv6 回送请求给目标节点，并等待目标节点返回 ICMPv6 回送应答，来测试该目的节点是否可达。

图 2-39 显示的是一个节点执行 Ping 操作检查到另一节点的连通性的示意图。

图 2-39　Ping 的过程

图 2-40 和图 2-41 分别是回送请求和回送应答消息，从中可以看出整个过程。

2．Tracert

Tracert 是另一个必不可少的网络诊断工具，它可以让人们看到 IP 数据报文从一个节点传到另一个节点所经过的路径。图 2-42 显示了 Tracert 的工作过程。

图 2-40   回送请求消息   图 2-41   回送应答消息

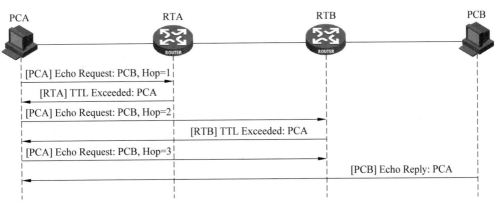

图 2-42   Tracert 工作过程

下面分析一下 Tracert 的工作原理。

（1）PCA 发送一个跳限制为 1 的 Echo Request，其目的地址是目标节点 PCB 的地址。

（2）处理该数据报文的第一个路由器 RTA 将跳限制值减去 1，丢弃数据报文，并发回一个 Time Exceeded 消息给 PCA，这样 PCA 就知道了路径上的第一个路由器 RTA 的地址。

（3）Tracert 发送一个跳限制为 2 的 Echo Request 给目标节点 PCB。

（4）第一个路由器 RTA 处理完后转发给第二个路由器 RTB，RTB 丢弃数据报文（由于跳限制值的原因），发回一个 Time Exceeded 消息，于是 PCB 就得到了第二个路由器地址。

（5）PCA 周而复始地执行类似过程，直到数据报文的跳限制值足够以到达目的节点 PCB，PCB 返回 Echo Reply 消息给 PCA，PCA 停止发送 Echo Request。

这样，PCA 就得到了到 PCB 的路径信息。

3. PMTU 发现

PMTU（Path MTU，路径最大传输单元）是在源节点和目的节点之间的路径上的任一链路所能支持的链路 MTU 的最小值。

在 IPv4 网络中，当数据报文的长度大于链路层 MTU 时，中间路由器会对数据报文进行分段。这会消耗中间路由器的资源。而且在某些特殊情况下,传送路径上的中间路由器可能会对已分段的报文进行再次分段,这会造成路由器性能更加下降。

在 IPv6 网络中,分段不在中间路由器上进行。当需要传送的数据报文长度比链路 MTU 大时,只由源节点本身对数据报文进行分段,中间路由器不对数据报文进行再次分段。这就要求源节点在发送数据报文前能够发现整个发送路径上的所有链路的最小 MTU,然后以该 MTU 值发送数据报文,这就是 PMTU 发现。

图 2-43 显示了 PMTU 发现过程。

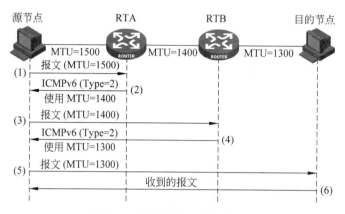

图 2-43 PMTU 发现过程示意图

图 2-43 所示各步骤含义如下。

(1) 源节点向目的节点发送一个 IPv6 数据报文,其长度为 1500 字节。

(2) 中间路由器 RTA 的链路 MTU 值为 1400 字节,所以它会用 ICMPv6 数据报文超长消息向源节点做应答,该消息会告诉源节点"路径上的 MTU 值为 1400 字节"。

(3) 源节点向目的节点发送一个 IPv6 数据报文,其长度为 1400 字节。

(4) 中间路由器 RTB 的链路 MTU 值为 1300 字节,所以它会用 ICMPv6 数据报文超长消息向源节点做应答,该消息中会告诉源节点"路径上的 MTU 值为 1300 字节"。

(5) 源节点向目的节点发送一个 IPv6 数据报文,其长度为 1300 字节。

(6) 目的节点收到数据报文。此后在它们之间发送的所有数据报文都使用 1300 字节作为 MTU 值。

2.5 总 结

本章重点学习了以下内容。

(1) IPv6 的地址类型。

(2) IPv6 地址结构和功能。

(3) IPv6 地址分配情况。

(4) IPv6 基本报文结构。

(5) IPv6 扩展报头结构。

（6）ICMPv6 消息类型。

（7）ICMPv6 报文结构。

（8）ICMPv6 相关应用。

以上的各种知识都是 IPv6 的基础知识，应用于后续的各个章节中，如邻居发现协议、路由协议等，所以读者应对它们有很好的掌握。

第 3 章

IPv6 邻居发现

学习完本章，应该能够：

- 了解邻居发现协议的基本功能
- 了解 IPv6 主机数据结构
- 了解邻居发现的报文结构
- 掌握地址解析过程
- 熟悉邻居状态机的变化过程
- 描述无状态地址自动配置的过程
- 掌握 IPv6 报文重定向原理

3.1　内　容　简　介

ND(Neighbor Discovery,邻居发现)协议是 IPv6 的一个关键协议,它综合了 IPv4 中的 ARP、ICMP 路由器发现和 ICMP 重定向等协议,并对它们做了改进。作为 IPv6 的基础性协议,ND 协议还提供了前缀发现、邻居不可达检测、重复地址检测、地址自动配置等功能。

ND 协议在 RFC2461——Neighbor Discovery for IP Version 6(IPv6)中定义。

通过本章的学习,应该掌握以下内容。

(1) IPv6 邻居发现协议的基本功能。

(2) IPv6 邻居发现协议的报文结构。

(3) IPv6 地址解析过程。

(4) IPv6 邻居状态机。

(5) 无状态地址自动配置过程。

(6) IPv6 报文重定向基本原理。

3.2　ND 协议概述

3.2.1　功能简介

IPv6 的 ND 协议实现了 IPv4 中的一些协议功能,如 ARP、ICMP 路由器发现和 ICMP 重定向等,并对这些功能进行了改进。同时,作为 IPv6 的一个基础性协议,ND 协议还提供了其他许多非常重要的功能,如前缀发现、邻居不可达检测、重复地址检测、无状态地址自动配置等,如图 3-1 所示。

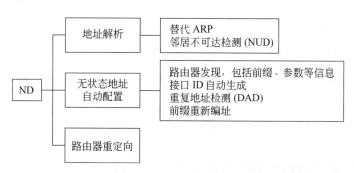

图 3-1　ND 协议功能组成

图 3-1 中提到的术语、概念解释如下。

(1) 地址解析:地址解析是一种确定目的节点的链路层地址的方法。ND 中的地址解析功能不仅替代了原 IPv4 中的 ARP 协议,同时还用邻居不可达检测(NUD)方法来维护邻居节点之间的可达性状态信息。

(2) 无状态地址自动配置:ND 协议中特有的地址自动配置机制,包括一系列相关功能,如路由器发现、接口 ID 自动生成、重复地址检测等。通过无状态自动配置机制,链路上的节点可以自动获得 IPv6 全球单播地址。

① 路由器发现：路由器在与其相连的链路上发布网络参数信息，主机捕获此信息后，可以获得全球单播 IPv6 地址前缀、默认路由、链路参数(链路 MTU)等信息。

② 接口 ID 自动生成：主机根据 EUI-64 规范或其他方式为接口自动生成接口标识符。

③ 重复地址检测(DAD)：根据前缀信息生成 IPv6 地址或手动配置 IPv6 地址后，为保证地址的唯一性，在这个地址可以使用之前，主机需要检验此 IPv6 地址是否已经被链路上其他节点所使用。

④ 前缀重新编址：当网络前缀变化时，路由器在与其相连的链路上发布新的网络参数信息，主机捕获这些新信息，重新配置前缀、链路 MTU 等地址相关信息。

(3) 路由器重定向：当在本地链路上存在一个到达目的网络的更好的路由器时，路由器需要通告节点来进行相应配置改变。

3.2.2　ND 协议报文

在 IPv4 的地址解析中，ARP 报文直接封装在以太帧中，其以太网协议类型为 0x0806，代表 ARP 报文。ARP 被看做是工作在 2.5 层的协议。而 ND 协议本身基于 ICMPv6 实现，因此 ND 协议是在第三层上实现的。ND 协议报文的以太网协议类型为 0x86DD，即 IPv6 报文。IPv6 的下一个报头协议类型为 58，表示是 ICMPv6 报文。上述两者的对比如图 3-2 所示。

IPv4 ARP 协议报文

MAC 帧头	ARP 头	协议数据

IPv6 ND 协议报文

MAC 帧头	IPv6 报头	ICMPv6 报头	协议数据

图 3-2　ARP 与 ND 协议报文封装

ND 协议定义了 5 种 ICMPv6 报文类型，包括 RS、RA、NS、NA 和 Redirect 报文，如表 3-1 所示。

表 3-1　ICMPv6 报文类型

ICMPv6 类型	消 息 名 称	ICMPv6 类型	消 息 名 称
Type=133	RS (Router Solicitation,路由器请求)	Type=136	NA(Neighbor Advertisement,邻居公告)
Type=134	RA(Router Advertisement,路由器公告)	Type=137	Redirect(重定向报文)
Type=135	NS(Neighbor Solicitation,邻居请求)		

NS/NA 报文主要用于地址解析，RS/RA 报文主要用于无状态地址自动配置，Redirect 报文用于路由器重定向。

3.2.3　重要概念

节点根据 IPv6 地址是否存在于指定链路的某个接口上，把这些地址划分为 on-link 或 off-link。同时，邻居之间对用于通信的 IPv6 地址，还维护一个可达性状态信息。在维护邻居可达性状态信息的交互报文中，使用了目标(target)地址的概念，来指明查询的对象。

1．on-link

on-link 表示这个 IPv6 地址存在于指定链路的某个接口上。在以下 4 种情况时，节点可以认为这样的 IPv6 地址是 on-link 的。

（1）这个地址中的前缀属于指定链路上的某个前缀。

（2）这个地址被邻居路由器指定，作为重定向报文中的目标（target）地址。

（3）节点收到了从这个地址发出的 NA 报文（这个地址是 NS 报文中的目标地址）。

（4）节点从这个地址收到了 ND 协议报文。

2．off-link

相对于 on-link，即表示这个地址不存在于指定链路的某个接口上。

3．可达性

表明邻居节点的 IP 层是否可达（reachability）。

4．目标（target）地址

在地址解析中，表示哪个地址寻求解析信息；在重定向中，表示报文被重定向到新的第一跳地址。此外，在 DAD 和 NUD 中也用到了目标地址。

3.2.4　主机数据结构

主机数据结构（Conceptual Data Structures）是在 RFC2461 中定义的。为使相邻节点间的交互更为方便，IETF 建议节点维护以下表项。

1．邻居缓存表

邻居缓存表（Neighbor Cache）是由近期发送过数据流的邻居信息组成的表项。邻居缓存表内记录了每个邻居的 IP 地址、相应的链路层地址、可达性状态等信息，类似于 IPv4 中的 ARP 表项。

邻居缓存表可以根据 RS、NS 和 NA 报文进行动态更新，同时也可以通过命令进行静态配置。

2．前缀列表

前缀列表（Prefix List）是主机根据接收到的 RA 报文中的前缀信息建立的表项，记录了与前缀相关的参数信息，如前缀地址、前缀长度、有效时间、优先时间等。

3．默认路由器表

默认路由器表（Default Router List）包含了本地链路上默认路由器的信息。表项的内容可从 RA 报文中提取，或者通过手动配置。

4．目的缓存表

目的缓存表（Destination Cache）是由已发送报文的目的地址所组成的表项，是主机发送报文时查找的第一张表。在数据转发初始阶段，节点会查询邻居缓存表、前缀列表和默认路由器表来建立该表，同时还根据重定向报文进行更新。目的缓存表记录了目的 IP 地址、对应下一跳地址、目的路径 MTU 等信息。

3.3　IPv6 地址解析

地址解析在报文转发过程中具有至关重要的作用。当一个节点需要得到同一链路上另外一个节点的链路层地址时，需要进行地址解析。IPv4 中使用 ARP 协议实现了这个功能，IPv6 使用 ND 协议实现了这个功能，但功能有所增强。

IPv6 的地址解析过程包括两部分：一部分解析了目的 IP 地址所对应的链路层地址；另一部分是邻居可达性状态的维护过程，即邻居不可达检测。

3.3.1　地址解析

1．IPv6 地址解析的优点

IPv6 地址解析技术在基本思想上仍然与 IPv4 的 ARP 类似，但是 IPv6 地址解析相比 IPv4 的 ARP 的最大的一个不同是，IPv6 地址解析工作在 OSI 参考模型的网络层，与链路层协议无关。这是一个很显著的优点，它的益处如下。

（1）加强了地址解析协议与底层链路的独立性。对每一种链路层协议都使用相同的地址解析协议，无须再为每一种链路层协议定义一个新的地址解析协议。

（2）增强了安全性。ARP 攻击、ARP 欺骗是 IPv4 中严重的安全问题。在第三层实现地址解析，可以利用三层标准的安全认证机制来防止这种 ARP 攻击和 ARP 欺骗。

（3）减小了报文传播范围。在 IPv4 中，ARP 广播必须泛滥到二层网络中每台主机。IPv6 的地址解析利用三层组播寻址限制了报文的传播范围，通过将地址解析请求仅发送到待解析地址所属的被请求节点（Solicited-Node）组播组，减小了报文传播范围，节省了网络带宽。

2．IPv6 地址解析过程

在 IPv6 中，ND 协议通过在节点间交互 NS 和 NA 报文完成 IPv6 地址到链路层地址的解析，解析后用得到的链路层地址和 IPv6 地址等信息来建立相应的邻居缓存表项。如图 3-3 所示，NodeA 的链路层地址为 00E0-FC00-0001，全局地址为 1∷1∶A；NodeB 的链路层地址为 00E0-FC00-0002，全局地址为 1∷2∶B。当 NodeA 要发送数据报文到 NodeB 时，如果不知道 NodeB 的链路层地址，则需要 ND 协议完成以下地址解析过程。

（1）NodeA 发送一个 NS 报文到链路上，目的 IPv6 地址为 NodeB 对应的被请求节点组播地址（FF02∷1∶FF02∶B），选项字段中携带了 NodeA 的链路层地址 00E0-FC00-0001。

（2）NodeB 接收到该 NS 报文后，由于报文的目的地址 FF02∷1∶FF02∶B 是 NodeB 的被请求节点组播地址，所以 NodeB 会处理该报文；同时，根据 NS 报文中的源地址和源链路层地址选项更新自己的邻居缓存表项。

（3）NodeB 发送一个 NA 报文来应答 NS，同时在消息的目标链路层地址选项中携带自

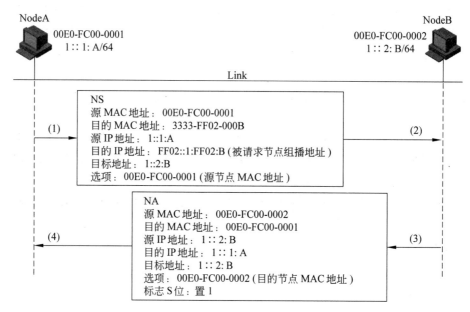

图 3-3　地址解析

已的链路层地址 00E0-FC00-0002。

（4）NodeA 接收到 NA 报文后，根据报文中携带的 NodeB 链路层地址，创建一个到目标节点 NodeB 的邻居缓存表项。

通过交互，NodeA 和 NodeB 就获得了对方的链路层地址，建立起到达对方的邻居缓存表项，从而可以相互通信。

当一个节点的链路层地址发生改变时，以所有节点组播地址 FF02::1 为目的地址发送 NA 报文，通知链路上的其他节点更新邻居缓存表项。

3.3.2　NUD（邻居不可达检测）

NUD（Neighbor Unreachability Detection，邻居不可达检测）是节点确定邻居可达性的过程。邻居不可达检测机制通过邻居可达性状态机来描述邻居的可达性。邻居可达性状态机之间满足一定的条件时，可相互迁移。

1. 邻居可达性状态机

邻居可达性状态机保存在邻居缓存表中，共有以下 5 种。

（1）INCOMPLETE（未完成）状态：表示正在解析地址，邻居的链路层地址尚未确定。当节点第一次发送 NS 报文到邻节点时，会同时在邻居缓存表中创建一个到此邻节点的新表项，此时表项状态就是 INCOMPLETE。

（2）REACHABLE（可达）状态：表示地址解析成功，该邻居可达。节点可以与处于 REACHABLE 状态的邻节点互相通信。不过 REACHABLE 状态伴随有一个 REACHABLE_TIME 定时器，它并不是一个稳定的状态。在 REACHABLE_TIME 定时器超时后，会转化到 STALE（失效）状态。

（3）STALE（失效）状态：表示未确定邻居是否可达。STALE 状态是一个稳定的状态。

（4）DELAY（延迟）状态：表示未确定邻居是否可达。DELAY 状态不是一个稳定的状态，而是一个延时等待状态。DELAY 状态下，节点需要收到"可达性证实信息"后，才能进入 REACHABLE 状态。

（5）PROBE（探测）状态：同样表示未确定邻居是否可达。节点会向处于 PROBE 状态的邻居持续发送 NS 报文，直到接收到"可达性证实信息"后，才能进入 REACHABLE 状态。

在 STALE 和 PROBE 状态时，节点需要收到"可达性证实信息"后，才能进入 REACHABLE 状态。"可达性证实信息"的来源有以下两种。

（1）来自上层连接协议的暗示：如果邻节点之间有 TCP 连接，且收到了对端节点发出的确认消息，则表明邻节点之间可达。

（2）来自不可达探测回应：节点发送 NS 报文后，收到邻节点回应的 S 置位的 NA 报文，则会认为邻节点可达。S 置位的 NA 报文表明这个 NA 报文是专门响应 NS 报文的。

图 3-4 表示了邻居缓存表项中状态机的变化。为描述方便，在 5 种状态的基础上再增加 EMPTY 状态，表示节点上没有相关邻节点的邻居缓存表项。

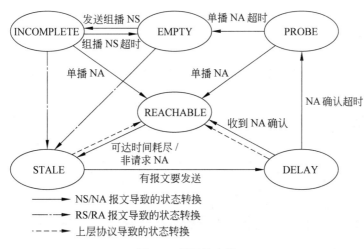

图 3-4　邻居状态机

图 3-4 中实线箭头表示由 NS/NA 报文交互导致的状态变化，各状态间的相互转换如下。

① 在 EMPTY 状态时，如果有报文要发送给邻节点，则在本地邻居缓存表建立关于该邻节点的表项，并将该表项置于 INCOMPLETE 状态，同时向邻节点以组播方式发送 NS 报文。

② 节点收到邻居回应的单播 NA 回应后，将处于 INCOMPLETE 状态的邻居缓存表项转化为 REACHABLE 状态。如果地址解析失败（发出的组播 NS 超时），则删除该表项。

③ 处在 REACHABLE 状态的表项，如果在 REACHABLE_TIME 时间内没有收到关于该邻居的"可达性证实信息"，则进入 STALE 状态。此外，如果该节点收到邻节点发出的非 S 置位 NA 报文，并且链路层地址有变化，相关表项会进入 STALE 状态。还有一种情

况,当节点在 EMPTY 状态时,收到某邻节点的初次 NS 报文时,会根据报文中的源链路层地址建立该邻节点的缓存表项,并将该表项置于 STALE 状态。

④ 处在 STALE 状态的表项,当有报文发往该邻居时,这个报文会利用缓存的链路层地址进行封装,并使该表项进入 DELAY 状态,并等待收到"可达性证实信息"。

⑤ 进入 DELAY 状态后,如果在 DELAY_FIRST_PROBE_TIME 时间之内还未能收到关于该邻居的"可达性证实信息",则该表项进入 PROBE 状态。

⑥ 在 PROBE 状态时,节点会周期性地用 NS 报文来探测邻居的可达性,探测最大时间间隔为 RETRANS_TIMER,在最多尝试 MAX_UNICAST_SOLICIT 次后,如果仍未收到邻居回应的 NA 报文,则认为该邻居已不可达,该表项将被删除。

图 3-4 中虚线箭头表示由上层协议决定的状态转换。只要上层协议报文交互仍在进行中,则相关表项就会始终保持 REACHABLE 状态。同时,每当上层协议表示要开始传输数据时,表项中的 REACHABLE_TIME 就会被刷新,并转到 REACHABLE 状态。

图 3-4 中点虚线箭头表示由 RS/RA 报文决定的状态转换。当在 EMTPY 或者 INCOMPLETE 状态时,节点只要收到 RS 或者 RA 报文,就会转到 STALE 状态。

需要说明的是,在协议实现中,任何时刻邻居缓存表项都可以从其他状态进入 EMTPY 状态。

2. NUD 检测过程

图 3-5 显示了 NUD 检测过程,该过程与图 3-3 所描述的地址解析过程类似。

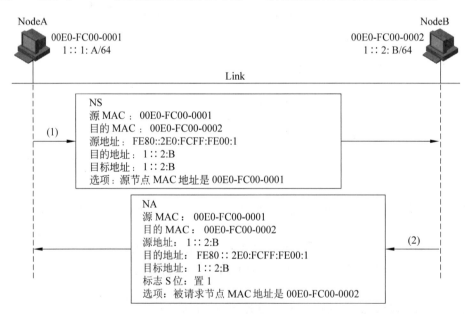

图 3-5 NUD 检测过程

在 NodeA 上,有关 NodeB 的表项在 REACHABLE 状态经过 REACHABLE_TIME (默认为 30 秒)后,变为 STALE 状态。此时,当 NodeA 有报文要发送给 NodeB 时,且没有上层协议能够提供到 NodeB 的"可达性证实信息"时,NodeA 需要重新验证到 NodeB 的可达性。

NUD 过程与地址解析过程的主要不同之处在于以下两点。

（1）NUD 的 NS 报文的目的 MAC 是目的节点的 MAC 地址；目的 IPv6 地址为 NodeB 的单播地址，而不是被请求节点组播地址。

（2）NA 报文中的 S 标记必须置位，表示是可达性确认报文，即这个 NA 报文是专门响应 NS 报文的。

需要注意的是，邻居的可达性仅代表了同一链路上相邻节点的可达性，并不能代表网络中端到端的可达性。如果源到目标之间的路径跨越了路由器等第三层设备，NUD 则仅仅验证了到目标路径上第一跳的可达性。

此外，邻居的可达性是单向的。在如图 3-5 所示的不可达性检测中，一个请求和应答的过程仅仅使 NodeA（请求发送者）得到了 NodeB（被请求者）的可达性信息，NodeB 并没有获得 NodeA 的可达性信息。此时如果要达到"双向"可达，还需 NodeB 发送 NS 探测报文，NodeA 给 NodeB 回应 S 标志置位的 NA 报文。

3.3.3　地址解析交互报文

1. NS 报文

NS 报文是 ICMPv6 中类型为 135 的报文，如图 3-6 所示。

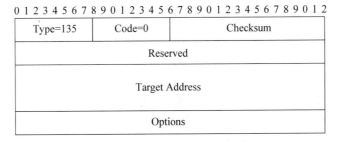

图 3-6　NS 报文

其中各字段含义如下。

（1）Target Address：待解析的 IPv6 地址，16 字节长。Target Address 不能是组播地址，可以是链路本地地址、站点本地地址和全球单播地址。

（2）Options：地址解析中只使用了链路层地址选项（Link-Layer Address Option），是发送 NS 报文的节点的链路层地址。链路层地址选项的格式如图 3-7 所示。

Type	Length	Link-Layer Address

图 3-7　链路层地址选项的格式

其中各字段含义如下。

（1）Type：选项类型，在链路层地址选项中包括如下两种。

① Type 值为 1，表明链路层地址为 Source Link-Layer Address（源链路层地址），在 NS、RS、Redirect 报文中使用。

② Type 值为 2，表明链路层地址为 Target Link-Layer Address（目标链路层地址），在

NA、Redirect 报文中使用。

（2）Length：选项长度，以 8 字节为单位。

（3）Link-Layer Address：链路层地址。长度可变，对于以太网为 6 字节。

2. NA 报文

NA 报文是 ICMPv6 中类型为 136 的报文，如图 3-8 所示。

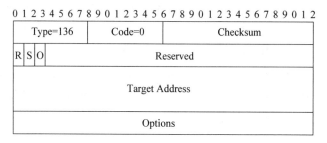

图 3-8　NA 报文

其中各字段含义如下。

（1）R：路由器标记（Router Flag）位，表示 NA 报文发送者的角色。置为"1"表示发送者是路由器，置为"0"表示发送者为主机。

（2）S：请求标记（Solicited Flag）位。置为"1"表示该 NA 报文是对 NS 报文的响应。

（3）O：覆盖标记（Override Flag）位。置为"1"表示节点可以用 NA 报文中携带的目标链路层地址选项中的链路层地址来覆盖原有的邻居缓存表项。置为"0"表示只有在链路层地址未知时，才能用目标链路层地址选项来更新邻居缓存表项。

（4）Target Address：待地址重复检测或地址解析的 IPv6 地址。如果 NA 报文是响应 NS 报文的，则该字段直接复制 NS 报文中的 Target Address。

（5）Options：只能是 Type 值为 2 的 Target Link-Layer Address，是被解析节点的链路层地址。

3.4　无状态地址自动配置

IPv6 同时定义了无状态与有状态地址自动配置机制。有状态地址自动配置使用 DHCPv6 协议来给主机动态分配 IPv6 地址，无状态地址自动配置通过 ND 协议来实现。在无状态地址自动配置中，主机通过接收链路上的路由器发出的 RA 消息，结合接口的标识符而生成一个全球单播地址。

无状态地址自动配置的优点如下。

（1）真正的即插即用。节点连接到没有 DHCP 服务器的网络时，无须手动配置地址等参数便可访问网络。

（2）网络迁移方便。当一个站点的网络前缀发生变化，主机能够方便地进行重新编址而不影响网络连接。

（3）地址配置方式选择灵活。系统管理员可根据情况决定使用何种配置方式——有状态、无状态还是两者兼有。

无状态自动配置涉及 3 种机制：路由器发现、DAD 检测和前缀重新编址。路由器发现可以使节点获得链路上可用的前缀及路由器信息；DAD 检测保证了配置的每个 IPv6 地址在链路上的唯一性；前缀重新编址则是在前面两个机制的基础上，重新通告前缀，完成网络前缀的切换。

3.4.1　路由器发现

路由器发现是指主机怎样定位本地链路上的路由器和确定其配置信息的过程，主要包含以下 3 方面的内容。

（1）路由器发现（Router Discovery）：主机发现邻居路由器以及选择哪一个路由器作为默认网关的过程。

（2）前缀发现（Prefix Discovery）：主机发现本地链路上的一组 IPv6 前缀，生成前缀列表。该列表用于主机的地址自动配置和 on-link 判断。

（3）参数发现（Parameter Discovery）：主机发现相关操作参数的过程，如链路最大传输单元（MTU）、报文的默认跳数限制（Hop Limit）、地址配置方式等信息。

在路由器通告报文 RA 中承载着路由器的相关信息，ND 协议通过 RS 和 RA 的报文交互完成路由器发现、前缀发现和参数发现三大功能。协议交互主要有两种情况：主机请求触发路由器通告和路由器周期性发送路由器通告。

1. 主机请求触发路由器通告

当主机启动时，会向本地链路范围内所有的路由器发送 RS 报文，触发链路上的路由器响应 RA 报文。主机接收到路由器发出的 RA 报文后，自动配置默认路由器，建立默认路由器列表、前缀列表和设置其他的配置参数。

图 3-9 显示了 RS 报文触发 RA 报文的过程。其中 NodeA 的链路层地址为 0014-22D4-91B7，链路本地地址为 FE80::214:22FF:FED4:91B7；路由器的链路层地址为 000F-E248-406A，链路本地地址为 FE80::20F:E2FF:FE48:406A。NodeA 以自己的链路本地地址作为源地址，发送一个 RS 报文到所有路由器的组播地址 FF02::2；路由器 RT 收到该报文

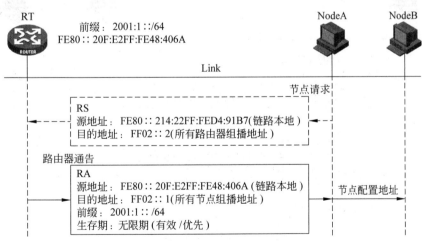

图 3-9　路由器通告过程

后,用它的链路本地地址作为源地址,发送 RA 报文到所有节点的组播地址 FF02∷1,NodeA 从而获得了路由器上的相关配置信息。

注意:为了避免链路上有过多的 RS 报文泛滥,启动时每个节点最多只能发送 3 个 RS 报文。

2．路由器周期性发送路由器通告

路由器周期性地发送 RA 报文,使主机节点发现本地链路上的路由器及其配置信息,主机节点根据这些内容来维护默认路由器列表、前缀列表和配置其他参数。

图 3-9 中,路由器 RT 用它的本地链路地址 FE80∷20F:E2FF:FE48:406A 作为源地址,所有节点的组播地址 FF02∷1 作为目的地址,周期性(默认值为 200 秒)地发送 RA 报文,通告自己的前缀(2001:1∷/64)等配置信息。然后,监听到该消息的 NodeA 和 NodeB 可以据此配置自己的 IPv6 全球单播地址或者站点本地地址。

3.4.2　重复地址检测

DAD(Duplicate Address Detection,重复地址检测)是节点确定即将使用的地址是否在链路上唯一的过程。所有的 IPv6 单播地址,包括自动配置或手动配置的单播地址,在节点使用之前必须要通过重复地址检测。

DAD 机制通过 NS 和 NA 报文实现。如图 3-10 所示,NodeA 发送的 NS 报文,其源地址为未指定地址,目的地址为接口配置的 IPv6 地址对应的被请求节点组播地址,NA 报文的目标地址字段为待检测的这个 IPv6 地址(图中为 2001:1∷1:A/64)。在 NS 报文发送到链路上(默认发送一次 NS 报文)后,如果在规定时间内没有收到应答的 NA 报文,则认为这个单播地址在链路上是唯一的,可以分配给接口;反之,如果收到应答的 NA 报文,则表明这个地址已经被其他节点所使用,不能配置到接口。节点所回应的 NA 报文的源地址为该节点的发送报文接口的链路本地地址,S 请求标记置为 0、O 覆盖标志置为 1。

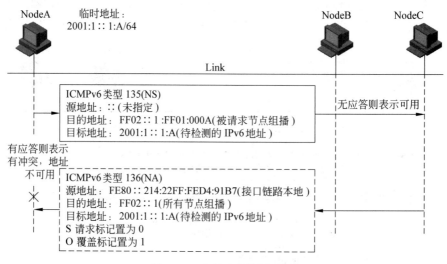

图 3-10　重复地址检测过程

需要注意的是,IPv6 节点对任播地址不进行 DAD 检测,因为任播地址可以被分配给多个接口使用。

3.4.3　前缀重新编址

前缀重新编址(Prefix Renumbering)允许网络从以前的前缀平稳地过渡到新的前缀,提供对用户透明的网络重新编址能力。路由器通过 RA 报文中的优先时间和有效时间参数来实现前缀重新编址。

(1) 优先时间(Preferred Lifetime):无状态自动配置得到的地址保持优先选择状态的时间。

(2) 有效时间(Valid Lifetime):地址保持有效状态的时间。

对于一个地址或前缀,优先时间小于或等于有效时间。当地址的优先时间到期时,该地址不能被用来建立新连接,但是在有效时间内,该地址还能用来保持以前建立的连接。

在前缀重新编址时,站点内的路由器会继续通告当前前缀,但是有效时间和优先时间被减小到接近于 0 值;同时,路由器开始通告新的前缀。这样,在每个链路上至少有两个前缀共存,RA 消息中包含一个旧的和一个新的 IPv6 前缀信息。

收到 RA 消息后,节点发现当前前缀具有短的生命周期从而废止使用,同时得到新的前缀。节点基于新的前缀,配置自己的接口 IPv6 地址,并进行 DAD 检测。在转换期间,所有节点使用以下两个单播地址。

(1) 旧的单播地址:基于旧的前缀,用以维持以前已建立的连接。

(2) 新的单播地址:基于新的前缀,用来建立新的连接。

当旧的前缀的有效时间递减为 0 时,旧的前缀完全被废止,此时 RA 报文中仅包括新的前缀,前缀重新编址完成。

3.4.4　无状态地址自动配置过程

ND 协议的无状态自动配置包含两个阶段:链路本地地址的配置和全球单播地址的配置。

当一个接口启用时,主机首先会根据本地前缀 FE80::/64 和 EUI-64 接口标识符,为该接口生成一个本地链路地址,如果在后续的 DAD 检测中发生地址冲突,则必须对该接口手动配置链路本地地址,否则该接口将不可用。需要说明的是,一个链路本地地址的优先时间和有效时间是无限的,它永不超时。

对于主机上全球单播地址的配置步骤如图 3-11 所示。

(1) 主机节点 NodeA 在配置好链路本地地址后,发送 RS 报文,请求路由器的前缀信息。默认情况下,最多发送 3 个 RS 报文。

(2) 路由器收到 RS 报文后,发送单播 RA 报文,携带着用于无状态地址自动配置的前缀信息,同时路由器也会周期性地发送组播 RA 报文。

(3) NodeA 收到 RA 报文后,根据前缀信息和配置信息生成一个临时的全球单播地址。同时 NodeA 启动 DAD 检测,发送 NS 报文验证临时地址的唯一性,此时该地址处于临时状态。

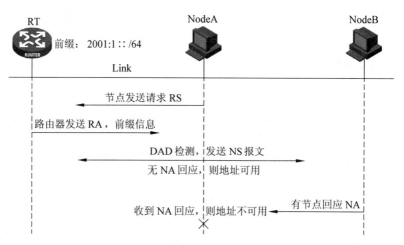

图 3-11　无状态地址配置基本过程

（4）链路上其他节点收到 DAD 检测的 NS 报文后，如果没有用户使用该地址，则丢弃报文；否则，产生应答 NS 的 NA 报文。

（5）NodeA 如果没有收到 DAD 检测的 NA 报文，说明地址是全局唯一的，则用该临时地址初始化接口，此时地址进入有效状态。

地址自动配置完成后，路由器可以启动 NUD 检测，周期性地发送 NS 报文，探测该地址是否可达。

3.4.5　地址的状态及生存周期

自动配置的 IPv6 地址在系统中有一个生存周期，在这个生存周期中，这个地址根据与优先时间和有效时间的关系，可以被划分为临时（Tentative）、优先（Preferred）、反对（Deprecated）和无效（Invalid）4 种状态，如图 3-12 所示。

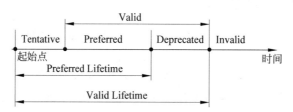

图 3-12　地址状态与生存周期的关系

图 3-12 中的优先时间和有效时间在 RA 报文的前缀信息选项字段中携带，时间轴起始点表示该 IPv6 地址初始生成的时间点。

1. 临时状态

临时状态（Tentative State）位于优先时间的前阶段，此时节点获得的地址正处在 DAD 检测过程中。节点不能接收发往处于临时状态的地址的单播报文，但可以接收并处理 DAD 检测过程中响应 NS 的 NA 报文。

2. 优先状态

当地址的唯一性通过了 DAD 检测后,就进入了优先状态(Preferred State)。在优先状态下,节点可以使用此地址接收和发送报文。

3. 反对状态

当地址的优先时间耗尽后,地址就从优先状态变为反对状态(Deprecated State),反对状态居于有效时间的最后阶段。在反对状态中,协议不建议使用这个地址去发起新的通信,但现有的通信仍然可以继续使用反对状态的地址。

反对状态和优先状态合称为有效状态。只有在有效状态中,地址才可用于发送和接收单播数据报文。

4. 无效状态

在有效时间耗尽后,地址进入无效状态(Invalid State),此时地址不能再用于发送和接收单播数据报文。

3.4.6　地址自动配置交互报文

1. 路由器请求报文

路由器请求报文是 ICMPv6 中类型为 133 的报文,其格式如图 3-13 所示。

```
0 1 2 3 4 5 6 7 8 9 0 1 2 3 4 5 6 7 8 9 0 1 2 3 4 5 6 7 8 9 0 1 2
┌──────────────┬──────────────┬─────────────────────────────────┐
│   Type=133   │   Code=0     │            Checksum             │
├──────────────┴──────────────┴─────────────────────────────────┤
│                           Reserved                             │
├────────────────────────────────────────────────────────────────┤
│                           Options                              │
└────────────────────────────────────────────────────────────────┘
```

图 3-13　路由器请求报文格式

其中字段含义如下。

Options(选项)字段:只能是源链路层地址选项,表明该报文发送者的链路层地址。不过如果 IPv6 报头的源地址为未指定地址,则不能包括该选项。

2. 路由器通告报文

路由器通告报文是 ICMPv6 中类型为 134 的报文,其格式如图 3-14 所示。

```
0 1 2 3 4 5 6 7 8 9 0 1 2 3 4 5 6 7 8 9 0 1 2 3 4 5 6 7 8 9 0 1 2
┌──────────────┬──────────────┬─────────────────────────────────┐
│   Type=134   │   Code=0     │            Checksum             │
├──────────────┬─┬─┬─┬─┬─┬────┼─────────────────────────────────┤
│Cur Hop Limit │M│O│H│P│P│Rsvd│         Router Lifetime         │
├──────────────┴─┴─┴─┴─┴─┴────┴─────────────────────────────────┤
│                        Reachable Time                          │
├────────────────────────────────────────────────────────────────┤
│                         Retrans Timer                          │
├────────────────────────────────────────────────────────────────┤
│                           Options                              │
└────────────────────────────────────────────────────────────────┘
```

图 3-14　路由器通告报文格式

路由器通告报文中各字段含义如表 3-2 所示。

表 3-2　路由器通告报文中各字段含义

字　段	描　述
Cur Hop Limit	跳数限制。协议规定默认为 IPv6 头中 Hop Limit 数值。若为 0,表示路由器不使用该字段。设备实现中该值可配置,默认为 64
M	管理地址配置标识(Managed Address Configuration)。置为 0 表示无状态地址分配,客户端通过无状态协议(如 ND)获得 IPv6 地址;置为 1 表示有状态地址分配,客户端通过有状态协议(如 DHCPv6)获得 IPv6 地址
O	其他有状态配置标识(Other Stateful Configuration)。置为 0 表示客户端通过无状态协议(如 ND)获取除地址外的其他配置信息;置为 1 表示客户端通过有状态协议(如 DHCPv6)获取除地址外的其他配置信息,如 DNS、SIP 服务器信息。协议规定,若 M 标记置为 1,则 O 标记也应置为 1,否则无意义
H	家乡代理标识(Home Agent)。移动 IPv6 中定义的字段
Prf	默认路由器优先级(Default Router Preference)。RFC 4191 中定义的字段,表示发送 RA 报文的路由器作为主机默认路由器的优先级。用二进制表示为 01(High)、00 (Medium)、11(Low)、10(Reserved),当报文中 Prf 为 10 时,接收者作为 00 处理。如果有多个路由器通告自己为默认路由器,则可以通过配置这些路由器,使它们在通告为默认路由器时带有不同的优先级。协议规定,当 Router Lifetime 字段值为 0 时,发送者也应该把 Prf 字段设为 00,并且接收者忽略该字段。Prf 默认值为 00
P	代理标识(Proxy),RFC 4389 定义的字段,用于 ND proxy
Router Lifetime	默认路由器的生命周期(单位为秒),表示发送该 RA 报文的路由器作为默认路由器的生命周期。Router Lifetime 最长 18.2 小时,默认值 30 分钟。如果该字段值为 0,表示该路由器不能作为默认路由器,但 RA 报文的其他信息仍然有效
Reachable Time	可达时间(单位为毫秒)。路由器在接口上通过发送 RA 报文,让同一链路上的所有节点都使用相同的可达时间。若 Reachable Time 为 0,表示路由器不使用该字段参数。该值可配置,RA 报文中默认值为 0
Retrans Timer	重传定时器(单位为毫秒),重传 NS 报文的时间间隔,用于邻居不可达检测和地址解析。若该值为 0,表示路由器不使用该字段参数。该值可配置,RA 报文默认值为 0
Options	选项字段。包含有源链路层地址选项、MTU 选项、前缀信息选项、通告间隔选项、家乡代理信息选项、路由信息选项等

选项字段中各选项的含义如下。

(1) 源链路层地址选项:路由器发送 RA 报文的接口的链路层地址。

(2) MTU 选项:包含了在链路上运行的链路层协议所能支持的 MTU 最大值。

(3) 前缀信息选项(Prefix Information Option):用于地址自动配置的前缀信息,可包含多个。前缀信息选项在 RFC2461 中定义,用于标识地址前缀和有关地址自动配置的信息,只用于 RA 报文中;在其他的消息中,此选项应该被忽略。其格式如图 3-15 所示。

前缀信息选项各字段含义如表 3-3 所示。

Type=3	Length=4	Prefix Length	L	A	R	Reserved
Valid Lifetime						
Preferred Lifetime						
Reserved						
Prefix						

图 3-15　前缀信息选项格式

表 3-3　前缀信息选项各字段含义

字　段	描　述
Type	选项类型,其值为 3
Length	选项长度,以 8 字节为单位,值为 4
Prefix Length	前缀长度,值为 0~128
L	直连标记(on-link flag)。当取值为 1 时表示该前缀可以用作 on-link 判断;否则表示该前缀不用作 on-link 判断,前缀本身也不包含 on-link 或 off-link 属性。默认值为 1
A	自动配置标记(Autonomous Address-configuration Flag)。当取值为 1 时,表示该前缀用于无状态地址配置;否则为有状态地址配置。默认值为 1
R	路由器地址标记(Router Address Flag)。用于移动 IPv6(RFC 3775),当取值为 1 时,表示 Prefix 字段不仅包含了前缀信息,同时也包含了发送该 RA 报文的路由器地址
Valid Lifetime	有效时间,表示由该前缀产生的 on-link 地址处于有效状态的时间(相对于包的发送的时间)。单位为秒,全 F 表示无限值,默认值为 30 天
Preferred Lifetime	优先时间,表示由该前缀通过无状态地址自动配置产生的地址处于优先状态的时间。单位为秒,全 F 表示无限值,默认值为 7 天,有效时间需要大于或等于优先时间
Prefix	前缀地址,长度 16 字节。该字段和 Prefix Length 字段一起明确定义了一个 IPv6 地址前缀

（4）通告间隔选项:用于移动 IPv6。

（5）家乡代理信息选项:用于移动 IPv6。

（6）路由信息选项(Route Information Option):用于主机生成默认路由。路由信息选项在 RFC 4191 中定义,取代了原前缀信息选项的功能。接收 RA 报文的主机将选项中的信息添加到自己的本地路由表中,以便在发送报文时做出更好的转发决定。其格式如图 3-16 所示。

Type=24	Length	Prefix Length	Rsvd	Prf	Rsvd
Route Lifetime					
Prefix (Variable Length)					

图 3-16　路由信息选项格式

路由信息选项各字段含义如表 3-4 所示。

表 3-4　路由信息选项各字段含义

字　　段	描　　述
Type	选项类型,其值为 24
Length	选项长度,以 8 字节为单位。根据 Prefix Length 的长度,可取 1、2、3 这 3 值。如果 Prefix Length 大于 64,取值为 3;如果大于 0,取值 2 或 3;如果为 0,则取值 1、2 或 3
Prefix Length	前缀长度,表示对路由有意义的前缀位数,值为 0～128
Prf	路由优先级(Route Preference)。表示包含在路由信息选项中的路由优先级,取值范围与 RA 报文字段 Prf 相同,默认为 00。如果多个路由器使用路由信息选项通告同一个前缀,则可以通过配置路由器,使它们通告的路由具有不同的优先级。如果接收者收到的选项中的 Prf 为保留值 10,必须忽略该选项
Route Lifetime	路由生命周期(单位:秒)。表示用于路由信息选项的前缀处于有效状态的时间,全 F 表示无穷大。当 RA 中的 Router Lifetime 为 0 时,Route Lifetime 也应该为 0
Prefix	前缀地址,表示有效的路由前缀,其长度由 Prefix Length 决定

3.5　路由器重定向

3.5.1　重定向过程

在重定向过程中,路由器通过发送重定向报文来通知链路上的报文发送节点,在同一链路上存在一个更优的转发数据报文的路由器。接收到该消息的节点据此修改它的本地路由表项。路由器仅为单播数据流发送重定向报文,而重定向报文也仅仅是以单播的形式发送到始发主机,并且只会被始发节点处理。

如图 3-17 所示,NodeA 的默认路由器为 RTA,现在 NodeA 想发送数据报文到 NodeB,路由器重定向机制需要经过以下过程。

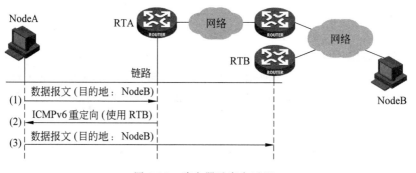

图 3-17　路由器重定向过程

(1) NodeA 首先传送第一个数据报文到它的默认路由器 RTA,当该报文经过 RTB 到达 NodeB 后,RTA 知道 RTB 是链路上转发报文的更好选择。

(2) RTA 向始发报文的 NodeA 发送一个 ICMPv6 重定向报文,目标地址中含 RTB 的

IPv6 地址,报文选项字段中目标链路层地址中含有 RTB 的链路层地址。

(3) NodeA 获悉 RTB 是到 NodeB 的更好路径后,修改自己的目的缓存表,当再发送到 NodeB 的报文时优先发送到 RTB,重定向完成。

如果报文要触发重定向机制,需满足以下条件。

(1) 经过路由器的数据报文的源地址是链路上的邻居,目的地址不能是组播地址。

(2) 转发路径上的某路由器发现对于该报文的目的地址而言存在更好的下一跳,并且位于同一链路上。需要注意的是,重定向报文仅由始发节点与目的节点间的路径上的第一个路由器来发送,主机决不会发送重定向报文,路由器也决不会根据收到的重定向报文来更新它的路由表项。

3.5.2　重定向报文

路由器通过重定向报文通知主机到目的地有更好的下一跳地址,或者通知主机目的地址为链路上的邻居。重定向报文是 ICMPv6 中类型为 137 的报文,其格式如图 3-18 所示。

```
0 1 2 3 4 5 6 7 8 9 0 1 2 3 4 5 6 7 8 9 0 1 2 3 4 5 6 7 8 9 0 1 2
```

Type=137	Code=0	Checksum
Reserved		
Target Address		
Destination Address		
Options		

图 3-18　重定向报文格式

其中各字段含义如下。

(1) Target Address(目标地址):到达目的地址的更好的下一跳地址,长度为 16 字节。如果目标为路由器,必须使用路由器的链路本地地址;如果目标是主机,目标地址和目的地址必须一致。

(2) Destination Address (目的地址):IPv6 数据报文头部的目的地址,长度为 16 字节。

(3) Options(选项字段):包含如下两种。

① 目标链路层地址选项:更好的下一跳的链路层地址。

② 重定向头选项:触发重定向报文的数据报文的摘要,取报文中尽可能多的部分进行填充。

根据目标地址和目的地址的不同,重定向报文可分为以下两种。

(1) Target Address 等同于 Destination Address:如果重定向报文的目标地址和目的地址相同,表示默认路由器将下一跳重定向到链路上的另一个节点,也就是目的地就在本链路上。

(2) Target Address 不等同于 Destination Address:如果目标地址和目的地址不同,表示默认路由器将下一跳重定向到另一个路由器。

3.6 总　　结

本章重点学习了以下内容。

(1) ND 协议的基本概念和基本功能。

(2) IPv6 的地址解析过程和交互报文的结构。

(3) IPv6 地址无状态自动配置的过程和交互报文的结构。

(4) IPv6 路由器重定向的基本过程和交互报文的结构。

通过本章学习,深入理解了 IPv6 中 ND 协议的基本架构和工作原理。本章为全书重点的章节之一,读者应该对其有很好的掌握,为后续章节的学习打下坚实的基础。

第 4 章

DHCPv6 和 DNS

学习完本章，应该能够：

- 描述 DHCPv6 消息交互流程
- 了解 DHCPv6 消息类型、格式
- 了解 DHCPv6 中的常用选项
- 知道在 IPv6 中 DNS 功能的扩展

4.1 内 容 简 介

DHCPv6(Dynamic Host Configuration Protocol for IPv6,IPv6 中的动态主机配置协议)属于有状态 IPv6 地址自动配置协议。相对于 IPv6 的无状态地址自动配置功能,DHCPv6 可以实现更好的地址管理,同时也可以提供更为丰富的配置信息。

本章将对 DHCPv6 的消息交互流程进行详细的分析,并介绍 DHCPv6 的消息类型、消息格式、常用选项等内容。另外,本章还将对 IPv6 中 DNS 功能的扩展进行简要的介绍。

通过本章的学习,应该掌握以下内容。

(1) DHCPv6 消息交互流程。

(2) DHCPv6 消息类型、消息格式、常用选项。

(3) IPv6 中 DNS 功能的扩展。

4.2 IPv6 中的 DHCP

4.2.1 DHCPv6 概述

在 IPv6 网络中,主机可以在没有 DHCP 服务器的情况下,通过无状态自动配置动态获取地址。管理员需要做的仅仅是在 IPv6 路由器上配置前缀等信息。这大大提高了网络的灵活性,减少了网络配置的工作量,DHCP 似乎已经不再需要了。

然而,作为有状态地址自动配置的方式之一,DHCP 依旧有着无状态地址自动配置所不能比拟的诸多优势。当需要动态指定 DNS 服务器时,当不希望 MAC 地址成为 IPv6 地址一部分时,当需要良好的可扩展性时,DHCP 仍然是最好的选择。

IPv6 中的 DHCP 为 DHCPv6,在 RFC3315 中定义。相对于 DHCPv4,DHCPv6 在交互过程、消息格式和消息类型上都有所改变。

由于 IPv6 取消了广播,所以 DHCPv6 消息采用组播方式进行发送。在消息交互过程中,客户端使用 UDP 端口 546 接收 DHCP 消息,而服务器和中继代理使用 UDP 端口 547 接收 DHCP 消息。当客户端获取地址后,不同于 DHCPv4 中使用的免费 ARP,DHCPv6 通过 ND 协议中的 DAD 进行地址冲突检测。DHCPv6 使用 Solicit 消息和 Advertise 消息取代了 DHCPv4 中的 Discover 消息和 Offer 消息,使用 Reply 消息对各种请求进行回复,并采用状态编码来通知消息交互的结果。另外,DHCPv6 采用了更为灵活的消息结构,消息中只有少数的固定字段,绝大多数信息都置于选项中,提高了处理效率。

下面对 DHCPv6 的消息交互流程进行详细介绍。

4.2.2 DHCPv6 交互过程

DHCPv6 消息交互包括客户端与服务器之间的交互过程以及中继与服务器之间的交互过程。

客户端与服务器交互过程分为客户端发起的交互过程和服务器发起的重配置过程。其中客户端发起的交互过程又包括:地址和配置信息获取过程、地址延期过程、地址有效性确认过程、地址冲突通告过程等,下面分别对这些交互过程进行介绍和分析。

1. 地址和配置信息获取过程

和 DHCPv4 相似,IPv6 中客户端和服务器通过一系列 DHCPv6 消息,实现地址配置和参数获取。典型的地址和参数获取过程如图 4-1 所示。

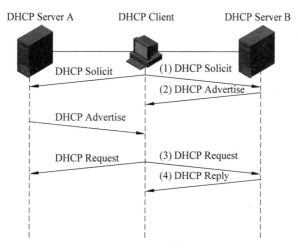

图 4-1　典型的地址和参数获取过程

由图 4-1 可知,这个过程需要 4 个消息来完成。首先,DHCP 客户端发送 DHCP Solicit 消息来发现网络中的 DHCP 服务器。由于 IPv6 取消了广播,所以该消息采用组播方式进行发送,目的 IPv6 地址为所有 DHCP 服务器和中继代理组播地址(FF02::1:2),源地址为客户端链路本地地址,该消息还可以包含客户端希望获取的一些参数信息。服务器收到 DHCP Solicit 消息后回复 DHCP Advertise 消息,向客户端表明自己的可用性。由于网络中可能存在不止一台 DHCP 服务器,所以客户端可能会收到多个 DHCP Advertise 消息。客户端通过分析 DHCP Advertise 消息,选择最合适的服务器并发送 DHCP Request 消息,请求地址或其他一些参数。最后,被客户端选择的服务器通过发送 DHCP Reply 消息对客户端的请求进行回复。

在某些情况下,客户端和服务器可以只通过只有两个消息的交互实现快速的地址配置。比如当服务器上以前已经记录了客户端的地址和配置信息的时候,或当客户端并不需要服务器为其分配 IP 地址,而只需要获取诸如 DNS Server、NTP Server 等信息的时候,客户端和服务器可以只通过只有两个消息的交互,实现快速的地址配置和参数获取。

如图 4-2(a)所示,Server A 以前已经为 Client A 指定了地址和配置信息。这时,当 Server A 收到 Client A 发送的 DHCP Solicit 消息,并且该消息包含选项,表明 Client A 想要接收一个快速回应消息,则 Server A 不必发送 DHCP Advertise 消息,而直接发送 DHCP Reply 消息进行应答。应答消息中的配置和地址信息可以被 Client A 立即使用。

如图 4-2(b)所示,客户端 B 已经拥有 IPv6 地址,只需要获取其他一些参数信息。Client B 向服务器 B 发送 DHCP Information-Request 消息,而 Server B 回复 DHCP Reply 消息,其中携带了 Client B 所需的配置信息。

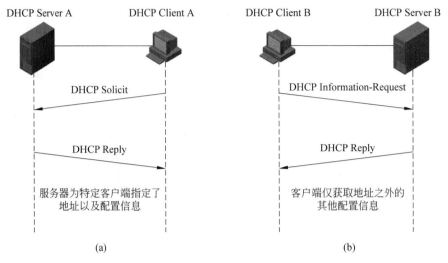

图 4-2 包含两个消息的地址和参数获取过程

2. 客户端发起的其他交互过程

除地址获取外,客户端和服务器之间还可以通过其他一些交互过程来实现地址延期、地址释放等功能。

当客户端获取的 IPv6 地址即将到期时,客户端可以通过发送 Renew/Rebind 消息来延长地址的使用期;当客户端切换了链路或从休眠模式恢复时可以向服务器发送 Confirm 消息来确认自己的地址是否仍然有效;当客户端不再使用某地址时可以发送 Release 消息给相应的服务器释放该地址;当客户端通过 DAD 检测,发现服务器分配给自己的地址已经被其他节点使用时,客户端向服务器发送 Decline 消息通知该地址不可用,服务器通过 Reply 消息对客户端的上述消息进行回复。图 4-3 简要描述了各消息交互过程。

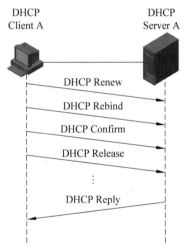

图 4-3 其他 DHCPv6 交互过程

3. 服务器发起的重配置过程

重配置是 DHCPv6 中的一个重要交互过程。当网络中增加新的 DHCPv6 服务器或部署新的应用时,服务器通过发送 Reconfigure 消息发起重配置过程,触发客户端更新地址或相应参数,从而提高网络灵活性。

Reconfigure 消息中包含 Reconfigure Message 选项,该选项用来确定客户端应该回应 Renew 消息还是 Information-Request 消息。重配置交互过程如图 4-4 所示。

图 4-4(a)中,Server A 以前为 Client A 指定了地址和配置信息,配置信息中指定有地址使用期。因为某种原因,Server A 需要增加 Client A 的地址使用期。这时,Server A 会发送一个 DHCP Reconfigure 消息,并在选项中指定客户端应该回应 Renew 消息。当

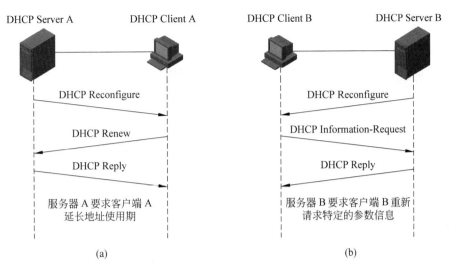

图 4-4　DHCPv6 重配置过程

Client A 收到这个 Reconfigure 消息后,则回应 Renew 消息,然后 Server A 会发送 DHCP Reply 消息,Client A 根据 DHCP Reply 消息中的内容更新自己的地址配置信息。

图 4-4(b)中,Server B 想要改变 Client B 的某些地址配置参数,所以会发送 DHCP Reconfigure 消息,并在选项中指定客户端应该回应 Information-Request 消息。Client B 向 Server B 发送 DHCP Information-Request 消息后,Server B 回复 DHCP Reply 消息,其中携带了想要 Client B 改变的配置信息。

4. 中继和服务器之间的交互过程

当服务器和客户端不在同一网段时,为了使它们之间可以正常交互,需要使用 DHCP 中继代理。

对于服务器和客户端而言,中继代理的存在是透明的。中继代理可以中继客户端发出的消息以及其他中继代理发出的 Relay-forward 消息。当中继代理收到合法的需要中继的消息时,它会构建一个新的 Relay-forward 消息,将收到的数据报文的源 IP 地址填写在 Relay-forward 消息的 Peer-address 字段中,将收到的 DHCP 消息内容放在 Relay Message 选项中。

中继代理发给 DHCP 服务器的 DHCP 消息的目的 IPv6 地址为所有 DHCP 服务器组播地址(FF05∷1∷3)。

典型的中继处理过程如图 4-5 所示。图 4-5 中客户端 C 发送了一个消息 Message1,这个消息被中继代理 A 使用 Relay-forward 消息中继给中继代理 B,然后 B 又中继给服务器。

服务器生成回复 Message2 置于 Relay-reply 消息中,并最终按照相同的路径,传递给客户端 C,如图 4-6 所示。

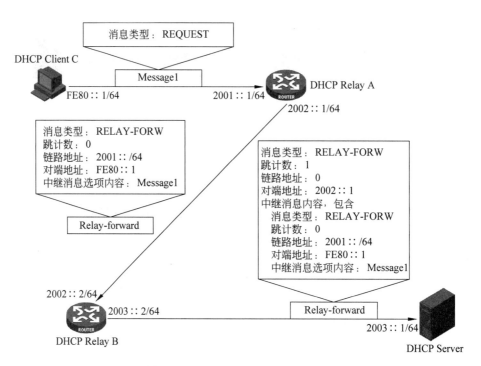

图 4-5　DHCPv6 Relay-forward 过程

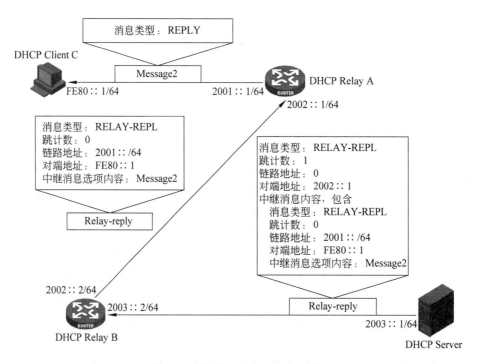

图 4-6　DHCPv6 Relay-reply 过程

5．DHCPv6 消息类型

如表 4-1 所示为 DHCPv6 交互过程中使用到的各种消息类型。

表 4-1　DHCPv6 消息类型

消 息 类 型	描　　述
SOLICIT(类型 1)	客户端用来发现服务器
ADVERTISE(类型 2)	服务器用来宣告自己能够提供 DHCP 服务
REQUEST(类型 3)	客户端用来请求 IP 地址和其他配置信息
CONFIRM(类型 4)	客户端用来检查自己目前获得的 IP 地址是否依然有效
RENEW(类型 5)	客户端用来延长地址的生存周期并更新配置信息
REBIND(类型 6)	如果 Renew 消息没有得到应答,客户端向任意可达的服务器发送 Rebind 消息来延长地址的生存周期并更新配置信息
REPLY(类型 7)	服务器用来回应客户端的请求
RELEASE(类型 8)	客户端用来表明自己不再使用一个或多个地址
DECLINE(类型 9)	客户端用来声明服务器为其分配的一个或多个地址已经被使用了
RECONFIGURE(类型 10)	服务器用来提示客户端更新配置信息
INFORMATION-REQUEST(类型 11)	客户端用来请求配置信息,但是不请求 IP 地址
RELAY-FORW(类型 12)	中继代理用来向服务器发送要中继的信息
RELAY-REPL(类型 13)	服务器通过中继代理向客户端进行回复

6．状态编码

DHCPv6 使用表 4-2 中的状态编码来通告客户端和服务器之间的消息交互是否成功,并且提供了附加的信息来通知导致消息交互失败的可能原因。

表 4-2　DHCPv6 消息状态编码

参　　数	值	描　　述
Success	0	成功
UnspecFail	1	失败,原因未知
NoAddrsAvail	2	服务器没有可用地址供分配
NoBinding	3	客户端和指定地址没有绑定关系
NotOnLink	4	地址前缀标识的地址和客户端不在同一链路
UseMulticast	5	强制客户端使用组播进行发送

4.2.3　DHCPv6 消息格式

DHCPv6 消息格式和 DHCPv4 有所不同,它只有少数几个固定字段,绝大多数信息都存在选项字段。所有的 DHCP 消息都包含一个固定的消息头部和一个变长的选项部分。
所有选项在消息的选项域中按顺序存储,且选项之间没有填充。

1. 客户端/服务器间消息格式

客户端/服务器间消息格式如图 4-7 所示。

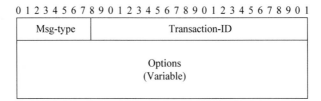

图 4-7　DHCPv6 客户端/服务器间消息格式

其中各字段含义如下。

(1) Msg-type:DHCP 消息类型。

(2) Transaction-ID:消息 ID,用来匹配请求/回复消息。

(3) Options:消息携带的选项。

2. 中继代理/服务器间消息格式

中继代理/服务器间消息格式如图 4-8 所示。

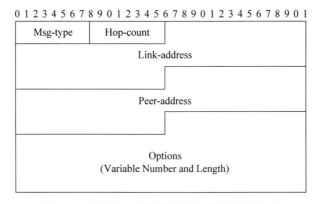

图 4-8　DHCPv6 中继代理/服务器间消息格式

(1) Relay-forward 消息

如果该消息为 Relay-forward 消息,则各字段含义如下。

① Msg-type:消息类型为 RELAY-FORW。

② Hop-count:消息已经经过的中继个数。

③ Link-address:全球单播或站点本地地址,服务器用来标识客户端所处链路。

④ Peer-address:发送或转发中继消息的客户端或中继代理的地址。

⑤ Options:选项域,其中必须包含 Relay Message 选项。

(2) Relay-reply 消息

如果该消息是一个 Relay-reply 消息,则各字段含义如下。

① Msg-type：消息类型为 RELAY-REPL。

② Hop-count：和 Relay-forward 消息中的对应值相同。

③ Link-address：和 Relay-forward 消息中的对应值相同。

④ Peer-address：和 Relay-forward 消息中的对应值相同。

⑤ Options：选项域,其中必须包含 Relay Message 选项。

3．常用选项

由 DHCPv6 消息格式可以看出选项在 DHCP 交互过程中是不可或缺的。所有配置信息以及标识信息都位于相应的选项中,DHCPv6 选项通用格式如图 4-9 所示。

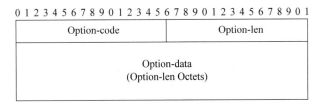

图 4-9　DHCPv6 选项通用格式

其中各字段含义如下。

① Option-code：选项类型值。

② Option-len：Option-data 域的长度,单位为字节。

③ Option-data：选项内容,内容格式分别由各选项定义。

如表 4-3 所示为 DHCPv6 中的一些常用选项。

表 4-3　DHCPv6 常用选项

选项名	选项值	描　　述
Client Identifier	1	Client Identifier 选项包含客户端的 DUID 值,用来唯一标识一个客户端
Server Identifier	2	Server Identifier 选项包含一个 DUID 值,用来唯一标识一个 DHCP 服务器
IA 地址选项	5	IA 地址选项包含获取的 IPv6 地址
Option Request 选项	6	在客户端和服务器交互时,用来标识客户请求的选项
中继消息选项	9	中继消息选项用来承载 DHCP Relay-forward 消息或 Relay-reply 消息
状态编码选项	13	状态编码选项标识各 DHCP 消息的状态
Rapid Commit 选项	14	Rapid Commit 选项用来表明本次地址分配将使用包含两个消息的交互方式

DHCPv6 中还包含其他一些选项,如 IA_NA 选项、IA_TA 选项、Preference 选项、Elapsed Time 选项、Authentication 选项、Server Unicast 选项、User Class 选项、Vendor Class 选项、Vendor-specific Information 选项、Interface-Id 选项、Reconfigure Message 选项、Reconfigure Accept 选项等,今后根据实际应用需求可能还会定义一些新的选项。

4.2.4　DHCP 唯一标识

每个 DHCPv6 客户端和服务器都有一个标识符 DUID(DHCP Unique Identifier,

DHCP 唯一标识）。服务器使用 DUID 来识别不同的客户端,客户端则使用 DUID 来识别服务器。DUID 存在于 Client Identifier 选项和 Server Identifier 选项中,它的生成方式有3 种:由链路层地址结合时间生成、由厂商定义、由链路层地址生成。

1. 由"链路层地址＋时间"组成的 DUID(DUID-LLT)

DUID-LLT 包括两字节的类型字段,值为 1;两字节的硬件类型字段;四字节的时间字段和不定长度的链路层地址字段。其中时间值是 DUID 的产生时间距 2000 年 1 月 1 日 0 时 0 分 0 秒的秒数对 2^{32} 取模的结果。DUID-LLT 格式如图 4-10 所示。

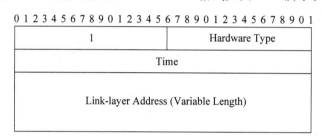

图 4-10　DUID-LLT 格式

链路层地址取自设备的某一个接口,这个接口的选择是任意的,只要该接口有唯一的链路层地址即可。

DUID 一旦生成,将用于设备上所有接口。使用此类 DUID 的设备必须将 DUID 稳定地保存起来,即使生成此 DUID 的接口被移除,DUID 必须仍然保持可用。不具备稳定存储能力的设备不能使用这种 DUID。一般建议台式计算机、笔记本电脑使用这种 DUID,对于打印机、路由器等具有非易失性内存的设备,也可以使用这种 DUID。

2. 由厂商定义的唯一标识生成的 DUID(DUID-EN)

这种 DUID 是由 IANA 维护的私有企业号码连同厂商定义的标识符组成的,其格式如图 4-11 所示。

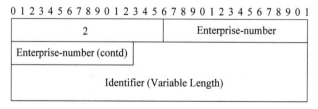

图 4-11　DUID-EN 格式

其中的 Identifier 字段交给厂商自己定义,厂商必须保证自己出产的设备的 Identifier 互不相同。并且 Identifier 字段必须在设备生产的时候就要确定并写入设备的非易失存储介质中。Enterprise-number 字段是 IANA 维护的厂商代码。

3. 由链路层地址生成的 DUID(DUID-LL)

这种 DUID 的结构比较简单,链路层地址来自设备的某一个接口,这个接口的选择是任意的,只要该接口有唯一的链路层地址,且是固定在设备上不能移除的即可。其格式如图 4-12 所示。

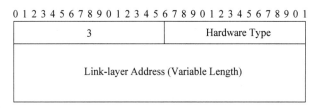

图 4-12　DUID-LL 格式

这种 DUID 适用于带有固定的链路层地址的接口,且没有非易失性存储介质的设备,对于没有固定接口的设备,这种 DUID 不适用。

4.2.5　IA

IA(Identity Association,身份联盟)是使服务器和客户端能够识别、分组和管理一系列相关 IPv6 地址的数据结构。每个 IA 包括一个 IAID(Identity Association Identifier,IA 标识)和相关联的配置信息。客户端必须为它的每一个接口关联至少一个 IA 并利用 IA 从服务器获取配置信息。IA 信息位于 IA_NA、IA_TA 和 IA 地址选项中。

IA 的身份由 IAID 唯一确定,同一个客户端的 IAID 不能出现重复。IAID 不能因为设备的重启等因素发生丢失或改变。客户端必须通过将 IAID 保存在非易失性存储介质或使用可以产生相同输出的特定算法来维持 IAID 的一致性。

IA 中的配置信息由一个或多个 IPv6 地址以及用来触发 Renew 和 Rebind 消息的定时器组成。

4.2.6　无状态 DHCP

通常可以通过无状态自动配置和有状态自动配置这两种方式为客户端动态配置地址。当使用无状态自动配置方式时,无法为客户端配置 DNS 和其他一些选项信息。RFC3736 为 IPv6 提出了一种新的服务:无状态 DHCP 服务。无状态 DHCP 不负责为客户端分配 IPv6 地址,它主要用来对客户端的 Information Request 消息进行回复。

无状态 DHCP 服务器还可以在为客户端提供无状态 DHCP 服务的同时,提供 DHCP 中继服务。

4.3　IPv6 中 DNS 功能的扩展

在 IPv4 中,DNS 用来实现域名到地址以及地址到域名的映射,IPv6 中也是如此,并且由于 IPv6 地址长度的增加,要记忆一个 IPv6 地址变得更加困难,所以 DNS 在 IPv6 中显得更加重要。在 IPv4/v6 并存的环境中,DNS 服务器上需要为双栈主机至少保存两条 DNS 记录,分别记录主机 IPv4 地址到域名的映射和 IPv6 地址到域名的映射。IETF 为 IPv6 的 DNS 定义了两种新的记录类型:AAAA 记录类型和 A6 记录类型。其中 A6 记录仅在实验环境中使用,这里不再进行介绍。

在 IPv4 的 DNS 中,用 A 记录来存储 IPv4 地址。由于 IPv6 地址长度为 IPv4 地址长度的 4 倍,所以将记录 IPv6 地址的这种记录取名为 AAAA 记录。这种类型记录的 DNS 值为 28。一台主机可以拥有多个 IPv6 地址,此时每一个地址会对应一个 AAAA 记录。该记录对应的反向解析域为 IP6.APPA,反向解析记录是类型为 12 的 PTR 记录。

一个 AAAA 记录的例子如下所示:

```
blog.campus.net   IN   AAAA   1234:0:1:2:3:4:567:89AB
```

对于反向解析,IP6.ARPA 域下的每一个子域为 128 位 IPv6 地址中的 4 个比特,并且按照和 IPv6 地址相反的顺序进行显示,在这种显示方式下,省略的前导 0 必须补回,所以对于上面的 AAAA 记录,它的 PTR 为:

```
B.A.9.8.7.6.5.0.4.0.0.0.3.0.0.0.2.0.0.0.1.0.0.0.0.0.0.0.4.3.2.1.IP6.ARPA.IN
PTR blog.campus.net
```

4.4 总　　结

本章系统介绍了 DHCPv6,并简要介绍了 IPv6 中 DNS 功能的扩展,主要讨论了如下内容。

(1) DHCPv6 协议、报文以及数据交互流程。

(2) DNS 扩展,介绍了 AAAA 记录。

第 5 章

IPv6 路由协议

学习完本章，应该能够：

- 掌握 IPv6 路由表的构成
- 掌握 IPv6 路由协议的分类
- 掌握 RIPng 协议的工作原理
- 掌握 OSPFv3 的工作原理
- 掌握 BGP4＋的工作原理
- 掌握 IPv6-IS-IS 的工作原理

5.1 内 容 简 介

在互联网中进行路由选择要使用路由器,路由器根据所收到的报文的目的地址选择一条合适的路由,并将报文传送到下一个路由器。路径中最后的路由器负责将报文送交目的主机。路由信息保存在路由表中,它可以通过链路层直接发现生成,可以通过手动静态配置生成,也可以通过路由协议动态生成。

本章首先对 IPv6 中的路由表进行介绍,并对路由的各种生成方式以及路由协议的分类进行概述,然后分别对 RIPng、OSPFv3、BGP4+和 IPv6-IS-IS 进行详细讲解。

通过学习本章,应该掌握以下内容。

(1) IPv6 路由表的构成。

(2) IPv6 路由的生成方式以及路由协议的分类。

(3) 各种路由协议的运行机制以及同 IPv4 中对应协议的比较。

5.2 IPv6 路由协议概述

5.2.1 IPv6 路由表

IPv6 网络中每一台路由器都维护一个 IPv6 路由表,它是路由器进行 IPv6 报文转发的基础。

对于每一个接收的 IPv6 报文,路由器都会根据报文的目的地址,在路由表中查询报文转发的下一跳以及出接口等信息。典型的 IPv6 路由表如下所示。

```
[RTA]display ipv6 routing-table

Routing Table:
      Destinations: 9       Routes: 9

Destination : ::1/128                           Protocol  : Direct
NextHop    : ::1                               Preference : 0
Interface  : InLoop0                           Cost      : 0

Destination : 1::/64                            Protocol  : Direct
NextHop    : 1::1                              Preference : 0
Interface  : Eth0/1                            Cost      : 0

Destination : 3::/64                            Protocol  : RIPng
NextHop    : FE80::20F:E2FF:FE43:1136          Preference : 100
Interface  : Eth0/0                            Cost      : 1

Destination : 1::1/128                          Protocol  : Direct
NextHop    : ::1                               Preference : 0
Interface  : InLoop0                           Cost      : 0

Destination : 4::1/128                          Protocol  : OSPFv3
```

```
NextHop     : FE80::20F:E2FF:FE50:4430        Preference : 10
Interface   : Eth0/1                          Cost       : 10

Destination : 5::1/128                        Protocol   : BGP4+
NextHop     : 1::1                            Preference : 255
Interface   : Eth0/1                          Cost       : 0

Destination : 6::/64                          Protocol   : ISISv6
NextHop     : FE80::20F:E2FF:FE43:113C        Preference : 15
Interface   : Eth0/2                          Cost       : 20

Destination : 2::/64                          Protocol   : Static
NextHop     : 1::2                            Preference : 80
Interface   : Eth0/1                          Cost       : 0

Destination : FE80::/10                       Protocol   : Direct
NextHop     : ::                              Preference : 0
Interface   : NULL0                           Cost       : 0
```

路由表中的每条路由都包含如下信息。

（1）目的地址和前缀长度：用来和接收报文的目的地址进行匹配。

（2）下一跳：到达目的地址的路径上的下一跳 IPv6 地址。

（3）接口：到达下一跳地址的本地接口。

（4）优先级：标识生成本条路由的协议的优先级。数值越小优先级越高。其中直连路由优先级最高为 0，静态路由优先级为 60，而每一种动态路由协议都有其对应的优先级。

（5）开销：通过本路由到达对应目的地址所需的路径开销。不同的路由协议有不同的开销衡量标准，它们之间不能进行比较。直连路由和静态路由的开销值为 0。

（6）协议：用来表明该路由是通过哪种方式生成的。

5.2.2　路由分类

IPv6 路由可以通过 3 种方式生成，分别是通过链路层协议直接发现而生成的直连路由、通过手动配置生成的静态路由，以及通过路由协议计算生成的动态路由。

1. 直连路由

直连路由主要是指路由器自身接口的主机路由和所属前缀的路由（也可能包括链路层协议，如 PPP 发现的对端主机路由等），在路由表中这类路由的 Preference 为 0，即会被最优先使用，其类型被标识为 Direct 路由。

2. 静态路由

静态路由是指手动配置的路由，在路由器上配置一条 IPv6 静态路由的命令为：

```
[RTA]ipv6 route-static ipv6-address prefix-length [ interface-type interface-
number ] nexthop-address [ preference preference-value ]
```

例如，配置命令：ipv6 route-static 2::1 64 1::1 preference 80，会在路由表中生成如下

表项。

```
Destination : 2::/64           Protocol    : Static
NextHop    : 1::2              Preference : 80
Interface  : Eth0/1            Cost        : 0
```

3．动态路由

动态路由由各种路由协议生成。根据其作用范围,路由协议可分为以下两种。

(1) 内部网关协议(Interior Gateway Protocol,IGP):在一个自治系统内部运行,常见的 IGP 协议包括 RIPng、OSPFv3 和 IPv6-IS-IS。

(2) 外部网关协议(Exterior Gateway Protocol,EGP):运行于不同自治系统之间,如BGP4+。

根据所使用的算法,路由协议又可分为以下两种。

(1) 距离矢量协议(Distance-Vector):包括 RIPng 和 BGP4+。其中,BGP 也被称为路径矢量协议(Path-Vector)。

(2) 链路状态协议(Link-State):包括 OSPFv3 和 IPv6-IS-IS。

本章后续部分将对 IPv6 中的这几种路由协议进行详细的介绍。

5.3   RIPng

5.3.1   RIPng 简介

RIPng(RIP next generation,下一代 RIP)是 RIP 协议针对 IPv6 网络而做的修改和增强。它与 RIPv2 同样是基于距离矢量(Distance Vector,D-V)算法的路由协议,具有典型距离矢量路由协议的所有特点。为了在 IPv6 网络中应用,RIPng 对原有的 RIP 协议进行了如下修改。

(1) UDP 端口号:使用 UDP 的 521 端口发送和接收路由信息。

(2) 组播地址:使用 FF02::9 作为链路本地范围内的 RIPng 路由器组播地址。

(3) 前缀长度:目的地址使用 128 位的前缀长度。

(4) 下一跳地址:使用 128 位的 IPv6 地址。

(5) 源地址:使用链路本地地址 FE80::/10 作为源地址发送 RIPng 路由信息更新报文。

5.3.2   RIPng 工作机制

RIPng 的工作机制与 RIPv2 基本相同,在此简要阐述一下。

相邻的 RIPng 路由器彼此通过 UDP 端口 521 交换路由信息报文。与 RIP 一样,RIPng 使用跳数来衡量到达目的地址的距离。在 RIPng 中,从一个路由器到其直连网络的跳数为 0,通过与其相连的路由器到达另一个网络的跳数为 1,其余依次类推。当跳数大于或等于 16 时,目的网络或主机就被认为不可达。

默认情况下,RIPng 每 30 秒发送一次路由更新报文。如果在 180 秒内没有收到网络邻居的路由更新报文,RIPng 将从邻居学到的所有路由标识为不可达。如果再过 120 秒内仍没有收到邻居的路由更新报文,RIPng 将从路由表中删除这些路由。

为了提高性能并避免形成路由环路,RIPng 既支持水平分割也支持毒性逆转。此外,RIPng 还可以从其他的路由协议引入路由。

每个运行 RIPng 的路由器都管理一个路由数据库,该路由数据库包含了到所有可达目的地的路由项,这些路由项包含下列信息。

(1) 目的地址:主机或网络的 IPv6 地址。

(2) 下一跳地址:为到达目的地,需要经过的相邻路由器的接口 IPv6 地址。

(3) 出接口:转发 IPv6 报文通过的出接口。

(4) 度量值:本路由器到达目的地的开销。

(5) 路由时间:从路由项最后一次被更新到当前时刻所经过的时间,路由项每次被更新时,其路由时间重置为 0。

(6) 路由标记(Route Tag):用于标识外部路由,以便在路由策略中根据 Tag 对路由进行灵活的控制。

但因为 RIPng 的运行机制与 RIPv2 基本相同,所以也有与 RIPv2 一样的限制。RIPng 规定,目标网络的跳数大于或等于 16 即为不可达,所以运行 RIPng 的网络直径不能超过 15 台路由器;并且 RIPng 交互路由信息是周期性的,所以它的协议收敛时间较长;RIPng 仅仅以跳数衡量到达目的地址的距离,没有反映链路的带宽。上述这些特点决定了 RIPng 仅适合于对路由协议性能要求不高的小型 IPv6 网络中。

5.3.3　RIPng 的报文

RIPng 属于应用层协议,承载在 UDP 之上,端口号是 521。其格式如图 5-1 所示。

IPv6 报文头	UDP 报文头	RIPng 报文头	RIPng 报文

图 5-1　RIPng 的报文格式

1. RIPng 报文的基本格式

RIPng 报文由头部(Header)和若干路由表项(Route Table Entry,RTE)组成,每个路由表项的长度为 20 字节。与 RIPv2 协议中一个报文仅能携带最多 25 条 RTE 不同的是,在同一个 RIPng 报文中,RTE 的最大条数只受限于发送接口的 MTU 值。

RIPng 报文的基本格式如图 5-2 所示。

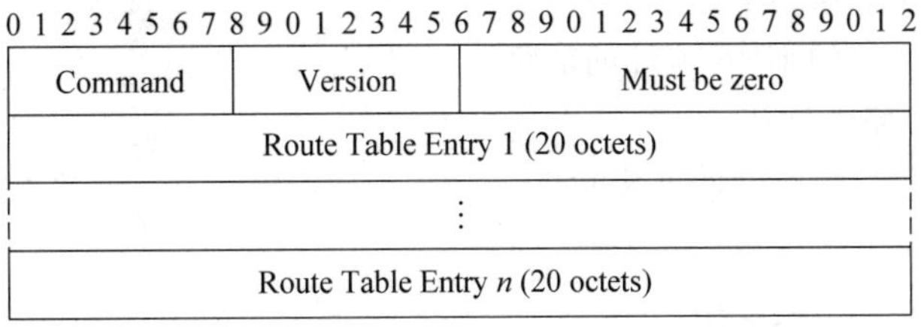

```
0 1 2 3 4 5 6 7 8 9 0 1 2 3 4 5 6 7 8 9 0 1 2 3 4 5 6 7 8 9 0 1 2
```

Command	Version	Must be zero
Route Table Entry 1 (20 octets)		
⋮		
Route Table Entry *n* (20 octets)		

图 5-2　RIPng 报文的基本格式

其中各字段的含义如下。

（1）Command：定义报文的类型。0x01 表示 Request 报文，0x02 表示 Response 报文。

（2）Version：RIPng 的版本，目前其值只能为 0x01。

（3）RTE（Route Table Entry）：路由表项，每项的长度为 20 字节。

2．RTE 的格式

在 RIPng 里有两类 RTE，分别是下一跳 RTE 和 IPv6 前缀 RTE，它们的作用不同，如图 5-3 所示。下一跳 RTE 携带下一跳 IPv6 地址信息，它位于一组具有相同下一跳的 IPv6 前缀 RTE 的前面；而 IPv6 前缀 RTE 用来描述 RIPng 路由表项中的目的 IPv6 地址、路由标记、前缀长度以及度量值等路由属性。

RIPng 报文头	下一跳 RTE1	前缀 RTE1	前缀 RTE2	下一跳 RTE2	前缀 RTE3	前缀 RTE4

图 5-3　RTE 的格式

（1）下一跳 RTE 的格式如图 5-4 所示。

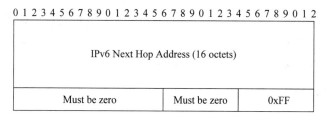

图 5-4　下一跳 RTE 的格式

其中，IPv6 Next Hop Address 表示下一跳的 IPv6 地址。

（2）IPv6 前缀 RTE 的格式如图 5-5 所示。

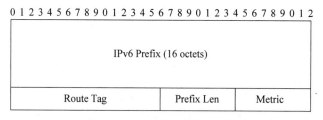

图 5-5　IPv6 前缀 RTE 的格式

报文中各字段的解释如下。

① IPv6 Prefix：目的 IPv6 地址的前缀。

② Route Tag：路由标记。

③ Prefix Len：IPv6 地址的前缀长度。

④ Metric：路由的度量值。

5.3.4　RIPng 报文处理过程

如前所述，RIPng 报文包含 Request 与 Response 报文。为了增强 RIPng 协议的安全性，路由器发出 RIPng 报文时，把承载 RIPng 的 IPv6 报文头中的跳数的值置为 255；路由器在收到 RIPng 报文后会对跳数值进行检查,如果跳数值不是 255 则认为是非法报文。通过这种方法,能够保证接收到的 RIPng 报文一定是从邻居发来的。

启用 RIPng 协议的路由器会对这两种报文做相应的处理,从而更新路由表。

1. Request 报文

当 RIPng 路由器启动后或者需要更新部分路由表项时,便会发出 Request 报文,向邻居请求需要的路由信息。通常情况下以组播方式发送 Request 报文,但在 NBMA(非广播性多点访问)网络中,管理员可配置为单播方式发送。收到 Request 报文的 RIPng 路由器会对其中的 RTE 进行处理,但并不对本机路由表进行更新。

Request 报文有两种类型:通用 Request 报文和指定 Request 报文。通用 Request 报文通常在路由器启动时,需要快速获得网络中的路由信息时发出。通用 Request 报文中只有一项 RTE,且 IPv6 前缀和前缀长度都为 0,度量值为 16,表示请求邻居发送全部路由信息。被请求路由器收到后会将当前路由表中的全部路由信息以 Response 报文形式发回给请求路由器。

指定 Request 报文用于特殊用途,如监视工作站想要获得全部或部分路由信息时。指定 Request 报文有多项 RTE,被请求路由器将对报文中的 RTE 逐项处理。首先路由器将检查每条 RTE 中的前缀信息,看是否在本地路由数据库中有相应的前缀。如果有,则用本地路由数据库中相应前缀的度量值替换 RTE 中的度量值;如果没有,则在 RTE 中写入一个无穷大的度量值(16),最后将此 Request 报文改写成 Response 报文,发送回请求路由器。可以看到,在这种情况下,水平分割规则是没有生效的,因为路由器认为此时的 Request 报文的用途是网络诊断。

2. Response 报文

Response 报文是对 Request 报文的回应,但路由器也会主动发出 Response 报文。Response 报文中包含了本地路由表的信息。

对 Request 报文回应 Response 报文时,Response 报文的目的地址是 Request 报文的源地址,报文中包含全部路由信息或 Request 报文请求的路由信息。

路由器在两种情况下会主动发出 Response 报文:作为更新报文周期性地发出,或在路由发生变化时触发更新。此时 Response 报文的目的地址是 FF02::9,报文中包含了除水平分割过滤掉的路由之外的其他全部路由信息。

为了保证路由的准确性,RIPng 路由器会对收到的 Response 报文进行有效性检查,比如源 IPv6 地址是否是链路本地地址,端口号是否正确等。如果报文没有通过检查,则不会被路由器用于路由更新。

有效性检查通过后,路由器会更新自己的 RIPng 路由表。包括添加新的前缀到自己的路由表中、重新计算度量值、更新下一跳、重置路由时间等。

5.3.5　RIPng 配置

下面举例说明 RIPng 协议的相关配置。

图 5-6 中 RTA 的配置如下。

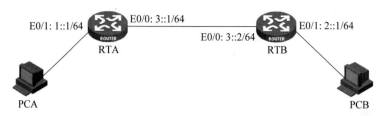

图 5-6 配置案例组网图

♯ 全局使能 IPv6 功能、RIPng 协议。

```
[RTA] ipv6
[RTA] ripng 1
```

♯ 在接口上配置 IPv6 地址，并使能 RIPng 协议。

```
[RTA] interface ethernet 0/0
[RTA-Ethernet0/0] ipv6 address 3::1 64
[RTA-Ethernet0/0] ripng 1 enable
[RTA] interface ethernet 0/1
[RTA-Ethernet0/1] ipv6 address 1::1 64
[RTA-Ethernet0/1] ripng 1 enable
```

♯ 在连接 PC 的接口上使能 ND 协议的 RA 报文发布功能。

```
[RTA-Ethernet0/1] undo ipv6 nd ra halt
```

RTB 的配置与 RTA 类似，具体如下。

```
[RTB] ipv6
[RTB] ripng 1
[RTB] interface ethernet 0/0
[RTB-Ethernet0/0] ipv6 address 3::2 64
[RTB-Ethernet0/0] ripng 1 enable
[RTB] interface ethernet 0/1
[RTB-Ethernet0/1] ipv6 address 2::1 64
[RTB-Ethernet0/1] undo ipv6 nd ra halt
[RTB-Ethernet0/1] ripng 1 enable
```

完成以上配置后，可以用相关命令查看到 RIPng 协议学习到的如下 IPv6 路由信息。

```
[RTB]display ipv6 routing- table
Routing Table :
        Destinations : 7          Routes : 7

Destination : ::1/128                    Protocol  : Direct
NextHop    : ::1                         Preference : 0
Interface  : InLoop0                     Cost      : 0

Destination : 1::/64                      Protocol  : RIPng
NextHop    : FE80::20F:E2FF:FE43:1136    Preference : 100
Interface  : Eth0/0                       Cost      : 1
```

```
        Destination : 2::/64              Protocol    : Direct
        NextHop     : 2::1               Preference  : 0
        Interface   : Eth0/1             Cost        : 0
        ...
```

在路由表中,可以看到 RTB 学习到了 RTA 发来的路由 1::/64,注意其下一跳是 RTA 的链路本地地址,跳数为 1,默认的优先级与 RIP 同样为 100。

```
[RTB]display ripng
    RIPng process : 1
        Preference : 100
        Checkzero : Enabled
        Default Cost : 0
        Maximum number of balanced paths : 8
        Update time    :   30   sec(s) Timeout time        :   180 sec(s)
        Suppress time  :  120  sec(s) Garbage-Collect time :   120 sec(s)
        Number of periodic updates sent : 43
        Number of trigger updates sent : 2
```

如上面所示,RIPng 协议有 4 个定时器,分别是 Update、Timeout、Suppress 和 Garbage-Collect。其具体意义如下。

(1) Update 定时器定义了发送路由更新的时间间隔。

(2) Timeout 定时器定义了路由老化时间。如果在老化时间内没有收到关于某条路由的更新报文,则该条路由在路由表中的度量值将会被设置为 16。

(3) Suppress 定时器定义了 RIP 路由处于抑制状态的时长。当一条路由的度量值变为 16 时,该路由将进入抑制状态。在被抑制状态,只有来自同一邻居且度量值小于 16 的路由更新才会被路由器接收,取代不可达路由。

(4) Garbage-Collect 定时器定义了一条路由从度量值变为 16 开始,直到它从路由表里被删除所经过的时间。在 Garbage-Collect 时间内,RIP 以 16 作为度量值向外发送这条路由的更新,如果 Garbage-Collect 超时,该路由仍没有得到更新,则该路由将从路由表中被删除。

5.4　OSPFv3

OSPFv2(Open Shortest Path First version 2,开放式最短路径优先协议版本 2)在报文格式、运行机制等方面与 IPv4 地址联系紧密,这大大制约了它的可扩展性。为了使 OSPF 能够很好地应用于 IPv6 同时保留其众多优点,IETF 在 1999 年制定了应用于 IPv6 的 OSPF,即 OSPFv3(Open Shortest Path First version 3,开放式最短路径优先协议版本 3)。本节对 OSPFv3 进行介绍,内容着重于 OSPFv3 相对于 OSPFv2 的不同点。

5.4.1　运行机制的变化

OSPFv3 沿袭了 OSPFv2 的协议框架,其网络类型、邻居发现和邻接建立机制、协议状态机、协议报文类型和 OSPFv2 基本一致,下面对这两个版本运行机制的不同之处进行介绍。

1．协议基于链路运行

在 OSPFv2 中，协议的运行是基于子网的，路由器之间形成邻居关系的条件之一就是两端接口的 IP 地址必须属于同一网段。

OSPFv3 基于链路运行，同一个链路上可以有多个 IPv6 子网。OSPFv2 中的网段、子网等概念在 OSPFv3 中都被链路所取代。由于 OSPFv3 不受网段的限制，所以两个具有不同 IPv6 前缀的节点可以在同一条链路上建立邻居关系。

2．独立于网络层协议

OSPFv3 中，IPv6 地址信息仅包含在部分 LSA 的载荷中。其中 Router-LSA 和 Network-LSA 中不再包含地址信息，仅用来描述网络拓扑；Router ID、Area ID 和 Link State ID 仍保留为 32 位，不以 IPv6 地址形式赋值；Transit 链路（穿越链路，包括广播链路和 NBMA 链路）中的 DR（Designated Router，指定路由器）和 BDR（Backup Designated Router，备份指定路由器）也只通过 Router ID 来标识，不通过 IPv6 地址进行标识。

通过取消协议报文和 LSA 头中的地址信息，OSPFv3 可以独立于网络层协议运行，大大提高了协议的扩展性。针对特定的网络层协议，仅需要定义与之相适应的 LSA 即可满足要求，而不需要对协议基本框架进行修改。

3．LSA 的变化

由于 OSPFv3 中 Router-LSA 和 Network-LSA 不再包含地址信息，所以增加了一种新的 LSA——Intra-Area-Prefix-LSA 来携带 IPv6 地址前缀，用于发布区域内的路由。Intra-Area-Prefix-LSA 在区域范围内泛滥。

OSPFv3 还新增了一种 LSA——Link-LSA，用于路由器向链路上其他路由器通告自己的链路本地地址以及本链路上的所有 IPv6 地址前缀。该 LSA 还可以在 Transit 链路上为 DR 提供 Network-LSA 中 Options 字段的取值。Link-LSA 只在本地链路范围内泛滥。

除了新增加两种 LSA 外，OSPFv3 还对 Type-3 LSA 和 Type-4 LSA 的名称进行了修改。在 OSPFv3 中，Type-3 LSA 更名为 Inter-Area-Prefix-LSA，Type-4 LSA 更名为 Inter-Area-Rouer-LSA。

4．使用链路本地地址

在 OSPFv2 中，每一个运行 OSPF 的接口都必须配置一个全局的 IPv4 地址，协议的运行和路由的计算都依赖于它。在这点上 OSPFv3 有所不同。

在 IPv6 中，每个接口都会分配链路本地地址，这种地址只会在本地链路发布，不会传播到整个网络。OSPFv3 使用了链路本地地址作为协议报文的源地址（虚连接除外，虚连接使用全球单播地址或站点本地地址作为报文的源地址），所有路由器都会学习本链路上其他路由器的链路本地地址，并将它们作为路由的下一跳。此时，网络中只负责转发报文的路由器可以不用配置全局的 IPv6 地址，这样既可以节省大量的全局 IPv6 地址资源，又便于 IPv6 地址的分配和管理。

5. 明确 LSA 泛滥范围

OSPFv3 对 LSA 中的 LS Type 字段做了扩展,其不再仅仅标识 LSA 的类型,还指明路由器对该 LSA 的处理方式和该 LSA 的泛滥范围。LS Type 字段格式如图 5-7 所示。

```
0 1 2 3 4 5 6 7 8 9 0 1 2 3 4 5
┌─┬─┬─┬─────────────────────────┐
│U│S│S│      LSA Function Code    │
│ │2│1│                          │
└─┴─┴─┴─────────────────────────┘
```

图 5-7　LS Type 字段格式

其中 U 位表示对 LSA 的处理方式,其具体取值含义如下所示。

(1) U 位为 0:该 LSA 当做 Link-local 泛滥范围的 LSA 来处理。

(2) U 位为 1:当做已知 LSA 处理,按照 S1 位和 S2 位所定义的泛滥范围泛滥该 LSA。

S 位定义了 LSA 的泛滥范围,具体含义如表 5-1 所示。

表 5-1　S 位取值与泛滥范围

S1	S2	泛 滥 范 围
0	0	Link-local 范围
0	1	Area 范围
1	0	AS 范围
1	1	保留

具有 Link-local 范围的 LSA 仅在本地链路上泛滥,如 Link-LSA;具有 Area 范围的 LSA 在单个 OSPF 域内泛滥,包括 Router-LSA、Network-LSA、Inter-Area-Prefix-LSA、Inter-Area-Router-LSA 和 Intra-Area-Prefix-LSA;具有 AS 范围的 LSA 在整个 OSPF 路由域内泛滥,如 AS-External-LSA。

通过明确规定 LSA 的泛滥范围,OSPFv3 可以支持将未知类型的 LSA 在规定的范围内进行泛滥,而不是简单地做丢弃处理。

6. Stub 区域支持的变化

OSPFv3 同样支持 Stub 区域,用于减少区域内路由器的 LSDB 和路由表的规模。但是由于 OSPFv3 中允许发布未知类型的 LSA,如果不对这些 LSA 进行控制,可能会使具有 AS 泛滥范围的 LSA 发布到 Stub 区域,使得 Stub 区域的 LSDB 过大,超出路由器的处理能力。

为了避免上述问题,未知类型 LSA 在 Stub 区域发布时必须满足条件:该 LSA 具有 Area 或 Link-local 泛滥范围,并且该 LSA 的 U 位设置为 0。这样,对于一个具有 AS 泛滥范围的未知类型 LSA,即使其 U 位为 1,也不能被发布到 Stub 区域,而必须被丢弃。

7. 验证方式改变

OSPFv3 取消了报文中的验证字段,改为使用 IPv6 中的扩展头 AH 和 ESP 来保证报文的完整性和机密性。这在一定程度上简化了 OSPF 协议的处理。

5.4.2　功能的扩展

OSPFv3 在 OSPFv2 基础上还对一些功能进行了扩展。

1. 单链路上支持多个实例

OSPFv3 在协议报文中增加了 Instance ID 字段,用于标识不同的实例。路由器在报文接收时对该字段进行判断,只有报文中的实例号与接口配置的实例号相匹配时报文才会处理,否则丢弃。这样,一条链路可以运行多个 OSPF 实例,且各实例独立运行,相互之间不受影响。

如图 5-8 所示,RTA 和 RTB 属于 AS100,RTC 和 RTD 属于 AS200,且各路由器连接在同一链路。配置 RTA 和 RTB 在链路上接口的 OSPF 实例号为 50,配置 RTC 和 RTD 在链路上接口的 OSPF 实例号为 100。此时,RTA 和 RTB 只会接收处理实例号为 50 的 OSPF 报文,当收到实例号为 100 的 OSPF 报文时会丢弃。

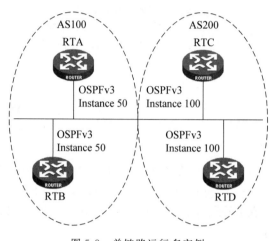

图 5-8　单链路运行多实例

2. 支持未知 LSA 类型的处理

在 OSPFv2 中,当路由器收到自己不支持的 LSA 时,仅仅做简单的丢弃处理。这样,当处理能力不同的路由器一起工作时,整个网络的能力就被处理能力最低的路由器限制了。最为典型的就是在 Transit 链路上,如果 DR 不支持某种类型的 LSA,则 DR-Other 路由器之间就不能交互这些 LSA 了,因为 DR-Other 路由器是通过 DR 实现 LSDB 同步的。

在 OSPFv3 中,通过对 LSA 处理方式和泛滥范围的明确定义,可以支持对未知类型 LSA 的处理。当未知类型 LSA 的 U 位为 0 时,该 LSA 会作为 Link-local 泛滥范围的 LSA 处理;其 U 位为 1 时,该 LSA 会作为已知类型的 LSA 处理并根据其 S2 位和 S1 位定义的范围进行泛滥。这样一来,即使网络中的某些路由器能力有限也不会影响一些特殊 LSA 的泛滥,使得协议具备了更好的适用性。

5.4.3　OSPFv3 协议报文格式

OSPFv3 运行机制的改变和功能的扩展直接反映在协议报文和 LSA 的格式的变化中。本小节对 OSPFv3 协议报文的格式进行介绍。

1．IPv6 报文封装

OSPFv3 协议号为 89，对应 IPv6 报文的 Next Header 字段为 0x59。OSPFv3 协议报文的源 IPv6 地址除了虚连接外，一律使用链路本地地址。虚连接使用全球单播地址或站点本地地址作为协议报文的源地址。

目的 IPv6 地址则根据不同应用场合选择 AllSPFRouters、AllDRouters 以及邻居路由器 IPv6 地址这 3 种地址中的一种。AllSPFRouters 为 IPv6 组播地址 FF02::5，所有运行 OSPFv3 的路由器都需要接收目的地址为该地址的 OSPFv3 协议报文，如 Hello 报文。AllDRouters 为 IPv6 组播地址 FF02::6，DR 和 BDR 都需要接收目的地址为该地址的 OSPFv3 协议报文，如由于链路发生变化导致 DR-Other 发送的 LSU 报文。

2．OSPFv3 报文头格式

OSPF 有 5 种协议报文，分别为 Hello、Database Description、LSR、LSU 和 LSAck。这 5 种报文都以一个 16 字节的头部作为报文的开始。图 5-9 为 OSPFv3 和 OSPFv2 报文头格式的对比。

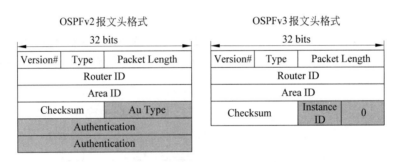

图 5-9　OSPFv3 和 OSPFv2 报文头格式的对比

由图 5-9 可知，OSPFv3 取消了 OSPFv2 中的验证字段，增加了 Instance ID 字段用于区分同一链路上的不同 OSPF 实例。此外，OSPFv3 的 Version 字段的值为 3，表示该报文是一个 OSPFv3 报文，其他字段和 OSPFv2 中的对应字段保持一致。

3．Hello 报文

Hello 报文用来发现邻居以及维护邻居间的邻接关系，在 Transit 链路上 Hello 报文还负责 DR/BDR 的选举。OSPFv3 Hello 和 OSPFv2 Hello 报文格式的对比如图 5-10 所示。

由图 5-10 可以看到，OSPFv3 的 Hello 报文取消了掩码字段，增加了 Interface ID 字段用于标识同一路由器上的不同接口。OSPFv3 Hello 报文中的 DR、BDR 和邻居路由器都使用 Router ID 进行标识，彻底取消了 IPv6 地址信息。

Hello 报文中保留了 Options 字段，并将其扩展到 24 位，其格式和 OSPFv2 中的 Options 字段有所不同，下面对 OSPFv3 协议报文中的 Options 字段进行介绍。

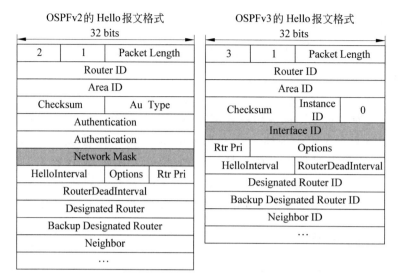

图 5-10　Hello 报文格式

4. Options 字段

OSPFv3 协议报文的 Options 字段存在于 Hello、Database Description、Router-LSA、Network-LSA、Inter-Area-Router-LSA 和 Link-LSA 中，用来描述路由器可支持的能力，其格式如图 5-11 所示。

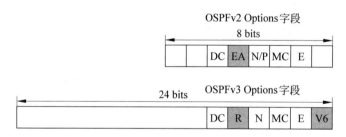

图 5-11　Options 字段格式

相对于 OSPFv2 中的 Options 字段，OSPFv3 中的 Options 字段取消了 EA 位，增加了 R 位和 V6 位。

R 位用于标识通告者是否为 Active Router，如果该位为 0，说明通告者不能参与数据转发。该位主要用在通告者需要建立路由表，但不负责转发报文的情况下，如通告者为多宿主机时。V6 位用于标识通告者是否参与 IPv6 路由计算，如果该位为 0，表明通告者不参加 IPv6 路由计算。

5. 其他协议报文

OSPFv3 中除 Hello 报文外，其他报文的结构和字段含义基本与 OSPFv2 中的保持一致，这里不再进行介绍。其中 DD 报文中的 Options 字段同样扩展为 24 位。

5.4.4　OSPFv3 LSDB

LSDB(Link-State Database,链路状态数据库)是 OSPF 协议中最为重要的组件,它包含 AS 区域内交互的各种 LSA,用于描述整个自治系统的网络拓扑结构。由于 OSPFv3 的部分运行机制和 OSPFv2 有所不同,所以 OSPFv3 中 LSDB 的结构和 LSA 的格式也相应有所变化。下面对 OSPFv3 中 LSDB 的结构和组成 LSDB 的各种 LSA 进行介绍。

1. LSDB 的结构

根据 LSA 泛滥范围的不同,OSPFv3 对 LSDB 的结构做了扩展,将 LSDB 划分为 3 种类型,每种类型包含一种泛滥范围的 LSA。这 3 种 LSDB 分别如下。

(1) 链路 LSDB:包含了泛滥范围为链路本地的 LSA 以及类型未知且 U 位为 0 的 LSA。Link-LSA 就包含在其中。

(2) 区域 LSDB:包含了泛滥范围为 Area 的 LSA。Router-LSA、Network-LSA、Inter-Area-Prefix-LSA、Inter-Area-Router-LSA 和 Intra-Area-Prefix-LSA 就在其中。

(3) AS LSDB:包含了泛滥范围为 AS 的 LSA。AS-External-LSA 就在其中。

2. LSA 头格式

LSDB 中的每一个 LSA 都由 LSA 头和 LSA 载荷组成。OSPFv3 中的 LSA 头长度为 20 字节,其格式如图 5-12 所示。

OSPFv2 LSA 头格式			OSPFv3 LSA 头格式		
32 bits			32 bits		
LS Age	Options	LS Type	LS Age	LS Type	
Link State ID			Link State ID		
Avertising Router			Advertising Router		
LS Sequence Number			LS Sequence Number		
LS Checksum	Length		LS Checksum	Length	

图 5-12　LSA 头格式

由图 5-12 可以看到,OSPFv3 中的 LSA 头去掉了 Options 字段,Options 字段被置于某些 LSA 的载荷中。OSPFv3 LSA 中的 Link State ID 的含义也有所变化,它不再包含地址信息。对于不同的 LSA 类型,该字段的含义如表 5-2 所示。除 Network-LSA 和 Link-LSA 外,其他类型 LSA 中的 Link State ID 仅用来区分同一个路由器产生的多个 LSA。

LS Type 字段在前面介绍 LSA 泛滥范围的时候已经讲到,它从 8 位扩展到 16 位,并增加了 U 位、S2 位和 S1 位用于明确 LSA 的处理方式和泛滥范围,这里不再重复。LS Type 中的 LSA Function Code 字段和 OSPFv2 中相应字段功能相同,用于区分不同类型的 LSA。OSPFv3 共定义了 9 种 LSA 类型,如表 5-3 所示。

下面对各种 LSA 进行详细介绍。由于 OSPFv3 中 Group-membership-LSA 格式没有变化,而 Type-7-LSA 的格式和 AS-External-LSA 的格式基本相同,所以下述介绍不包含这两种 LSA。

表 5-2 OSPFv3/v2 中 Link State ID 含义的对比

LSA	OSPFv2 Link State ID	OSPFv3 Link State ID
Router-LSA	Router ID	本地唯一的 32 位整数
Network-LSA	DR 的 IPv4 地址	DR 的接口 ID
Type 4 LSA	Router ID	本地唯一的 32 位整数
Type 3、5、7 LSA	IPv4 网段	本地唯一的 32 位整数
Link-LSA	—	路由器在本链路上的接口 ID
Intra-Area-Prefix-LSA	—	本地唯一的 32 位整数

表 5-3 OSPFv3 中 LSA 的类型

LS Function Code	LS Type	Description
1	0x2001	Router-LSA
2	0x2002	Network-LSA
3	0x2003	Inter-Area-Prefix-LSA
4	0x2004	Inter-Area-Router-LSA
5	0x4005	AS-External-LSA
6	0x2006	Group-membership-LSA
7	0x2007	Type-7-LSA
8	0x0008	Link-LSA
9	0x2009	Intra-Area-Prefix-LSA

3．Router-LSA

Router-LSA 具有 Area 泛滥范围，用于描述路由器在某个区域内的所有链路连接情况。OSPFv3 中 Router-LSA 描述的链路类型有 3 种：点到点、虚连接和 Transit 链路。Stub 链路不在 Router-LSA 中进行描述，它作为前缀信息在 Intra-Area-Prefix-LSA 中发布。

OSPFv3 的 Router-LSA 中不再包含地址前缀信息，仅仅描述路由器周围的拓扑连接情况。OSPFv3 中的 Router-LSA 和 OSPFv2 中的 Router-LSA 格式对比如图 5-13 所示。

由图 5-13 可以看到，OSPFv3 中的 Router-LSA 中增加了 W 位，该位为组播标识位，当该位置 1 时表示路由器是一个组播接收者，当运行 MOSPF（Multicast OSPF，组播 OSPF）时，路由器会接收所有的组播路由数据。

OSPFv3 中的 Router-LSA 取消了长度不确定的附加 TOS 字段，每个链路描述的长度都是固定的，因此通过 LSA 头中的长度字段就可以确定 Router-LSA 中的链路描述个数，

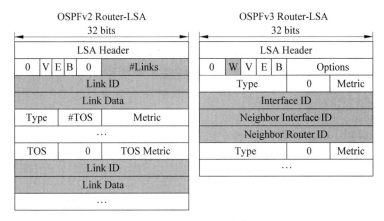

图 5-13　Router-LSA 格式对比

而不再需要通过 OSPFv2 中的♯Links 字段来指明接口链路描述的个数。

OSPFv3 中的 Router-LSA 使用 Interface ID 区分接口链路,使用 Neighbor Interface ID 和 Neighbor Router ID 来描述 Interface ID 标识的接口所对应的邻居。对于不同的链路类型,这两个字段取值不同,具体内容见表 5-4。

表 5-4　不同接口类型下 Neighbor Interface ID 和 Neighbor Router ID 的取值

链路类型	描　　述	Neighbor Router ID	Neighbor Interface ID
1	点到点连接到另一台路由器	邻居的 Rouer ID	邻居的接口 ID
2	连接到 Transit 网	DR 的 Router ID	DR 的接口 ID
3	保留	—	—
4	虚连接	邻居的 Router ID	邻居的 V-link 接口 ID

4. Network-LSA

Network-LSA 具有 Area 泛滥范围,由 DR 生成,记录了 Transit 链路上的所有路由器,包括 DR 本身。DR-Other 通过 Network-LSA 可以很方便地了解 Transit 链路上的拓扑情况。OSPFv3 中的 Network-LSA 和 OSPFv2 中的 Network-LSA 格式对比如图 5-14 所示。

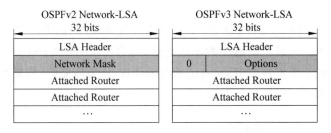

图 5-14　Network-LSA 格式对比

OSPFv3 的 Network-LSA 取消了掩码字段,增加了 Options 字段,它不再包含地址前缀信息,仅仅用来描述 Transit 链路上的拓扑连接情况。

5. Link-LSA

Link-LSA 是 OSPFv3 中新增加的一种 LSA,它具有 Link-local 泛滥范围。路由器通过 Link-LSA 向链路上的其他路由器通告自己的链路本地地址,作为它们路由时的下一跳地址,并通告本链路上的所有 IPv6 前缀,在 Transit 链路上还可以为 DR 提供 Options 取值。Link-LSA 格式如图 5-15 所示。

Link-LSA 通过 Link-local Interface Address 字段通告自己的链路本地地址,链路本地地址仅在本地链路有效,所以它仅允许在 Link-LSA 中发布,其他 LSA 中不得包含链路本地地址信息。

Link-LSA 通过前缀选项通告本链路上的 IPv6 前缀,♯Prefixes 字段表示该 Link-LSA 中包含的所有 IPv6 前缀个数。下面介绍如何通过前缀选项携带地址信息。

在 OSPFv2 中,使用"IP 网段+掩码"来表示地址信息,而且这两段信息在不同 LSA 中的位置各不相同,结构不够清晰。在 OSPFv3 的 LSA 中,使用三元组(PrefixLength,PrefixOptions,Prefix)来表示前缀信息。其中,PrefixLength 表示以位为单位的 IPv6 地址前缀长度,对于默认路由该字段取值为 0;Prefix 表示具体的 IPv6 地址前缀信息,其长度不定,为 4 字节的倍数,它的长度可以是 0、4、8、12、16 字节;PrefixOptions 为前缀选项,用来描述前缀的某些特殊属性,其格式如图 5-16 所示。

OSPFv3 Link-LSA

32 bits
LSA Header
Rtr Pri	Options
Link-local Interface Address
#Prefixes
PrefixLength	PrefixOptions	0
Address Prefix ...
...
PrefixLength	PrefixOptions	0
Address Prefix ...

图 5-15　Link-LSA 格式

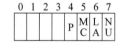

图 5-16　PrefixOptions 格式

其中,NU 为非单播位,如果该位为 1 表示该前缀将不参加 IPv6 的单播路由计算;LA 为本地地址位,如果为 1 表示该地址为本地地址,对应的 Prefix-Length 为 128;MC 为组播位,如果为 1 表示该地址将参加 IPv6 的组播路由计算;P 为传播位,如果为 1 表示 NSSA 区域的 ABR 需要向其他区域传播该前缀。

6. 新增 Intra-Area-Prefix-LSA

OSPFv2 中使用 Router-LSA 和 Network-LSA 来发布区域内路由,在 OSPFv3 中这两类 LSA 不再包含地址信息,而使用新增的 Intra-Area-Prefix-LSA 发布区域内路由。一个路由器可以生成多个 Intra-Area-Prefix-LSA,通过 Link state ID 进行区分。Intra-Area-

Prefix-LSA 格式如图 5-17 所示。

Intra-Area-Prefix-LSA 中的♯Prefixes 字段表示该 LSA 包含的前缀个数,具体前缀通过三元组(Prefix-Length,PrefixOptions,Prefix)表示。

Referenced LS Type、Referenced Link State ID 和 Referenced Advertising Router 字段表示该 LSA 中所包含的地址前缀和 Router-LSA 相关联还是和 Network-LSA 相关联。当 Referenced LS Type 为 0x2001 时表示该 LSA 和 Router-LSA 相关联,对应的 Referenced Link State ID 为 0,Referenced Advertising Router 为生成该 LSA 的路由器的 Router ID;当 Referenced LS Type 为 0x2002 时表示该 LSA 和 Network-LSA 相关联,对应的 Referenced Link State ID 为链路上 DR 的接口 ID,Referenced Advertising Router 为 DR 的 Router ID。

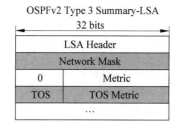

图 5-17　Intra-Area-Prefix-LSA 格式

7. Inter-Area-Prefix-LSA

在 OSPFv2 中,Type-3 LSA 称为 Type 3 Summary-LSA。在 OSPFv3 中,更名为 Inter-Area-Prefix-LSA,用于描述其他区域的地址前缀信息。Type-3 LSA 格式对比如图 5-18 所示。

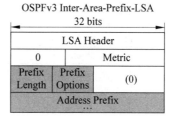

图 5-18　Type-3 LSA 格式对比

Inter-Area-Prefix-LSA 具有 Area 泛滥范围,由 ABR 生成。每个 Inter-Area-Prefix-LSA 包含一条地址前缀信息,且不能包含链路本地地址信息。Inter-Area-Prefix-LSA 中不再包含掩码信息,地址前缀通过三元组(Prefix-Length,PrefixOptions,Prefix)表示。Inter-Area-Prefix-LSA 中不再包含附加 ToS 信息。

8. Inter-Area-Router-LSA

在 OSPFv2 中,Type-4 LSA 称为 Type 4 Summary-LSA。在 OSPFv3 中,更名为 Inter-Area-Router-LSA,用于描述到达 ASBR 的路由信息。OSPFv2 中的 Type-4 LSA 与 Inter-Area-Router-LSA 的对比如图 5-19 所示。

Inter-Area-Router-LSA 具有 Area 泛滥范围,由 ABR 生成。每个 Inter-Area-Router-LSA 包含一条目的 ASBR 信息。OSPFv2 Type-4 LSA 的 Link StateID 字段为 ASBR 的 Router ID,用来标识其他区域的 ASBR。OSPFv3 的 Inter-Area-Router-LSA 中,Link

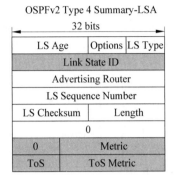

图 5-19　Type-4 LSA 格式对比

StateID 不再有具体含义,它通过 Destination Router ID 字段来标识 ASBR。

9. AS-External-LSA

AS-External-LSA 具有 AS 泛滥范围,由 ASBR 生成,描述到 AS 外部的路由信息。每个 AS-External-LSA 包含一条地址前缀信息,且不能包含本地链路地址信息。OSPFv3 中的 AS-External-LSA 和 OSPFv2 中的 AS-External-LSA 格式对比如图 5-20 所示。

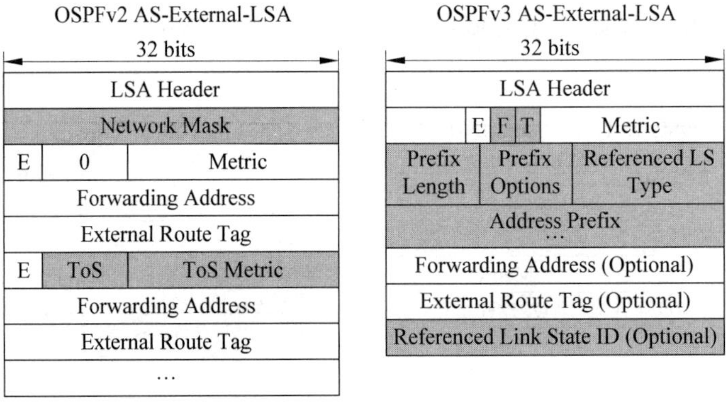

图 5-20　AS-External-LSA 格式对比

OSPFv3 的 AS-External-LSA 中不再包含掩码信息,地址前缀通过三元组(Prefix-Length,PrefixOptions,Prefix)表示。AS-External-LSA 中不再包含附加 ToS 信息。

在 OSPFv3 的 AS-External-LSA 中,增加了两个标识位:F 和 T。F 位如果置 1,表示该 LSA 中包含 Forwarding Address;T 位如果置 1,表示该 LSA 中包含 External Route Tag。

OSPFv3 的 AS-External-LSA 中的 Refereced LS Type 和 Refereced Link State ID 用来表示该 LSA 参考的 LSA。这两个字段是可选字段,被 AS 边界路由器用来传递路由信息,其具体细节在此不进行讨论。

5.4.5　OSPFv3 路由的生成

当网络中路由器的 LSDB 同步之后,就可以开始进行 SPF(Shortest Path First,最短路径优先)计算并生成 OSPF 路由了。

OSPFv3 路由生成步骤和 OSPFv2 中路由生成的步骤相同,但是由于 OSPFv3 中一些运行机制的变动,使得路由生成的一些细节发生了变化。OSPFv3 路由生成分为以下 3 个步骤。

(1) 区域内路由的生成。

(2) 区域间路由的生成。

(3) 外部路由的生成。

下面用一个例子来介绍 OSPFv3 路由的生成过程,网络结构如图 5-21 所示,N1、N2、N3 和 N4 代表包含 IPv6 地址前缀的网络。

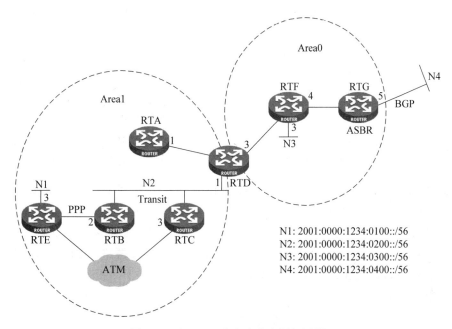

N1: 2001:0000:1234:0100::/56
N2: 2001:0000:1234:0200::/56
N3: 2001:0000:1234:0300::/56
N4: 2001:0000:1234:0400::/56

图 5-21　OSPFv3 路由生成案例组网图

1. 区域内路由的生成

通过 5.4.4 小节介绍的 Router-LSA 的格式可以看到,每个 Router-LSA 都描述了发布该 LSA 的路由器周围的链路拓扑情况,包括点到点连接到另一台邻居路由器或是连接到 Transit 链路或通过虚连接连接到另一台 ABR 路由器。而从 Network-LSA 的格式,可以了解到某个 Transit 链路上连接了哪些路由器。

通过将区域内的 Router-LSA 和 Network-LSA 相结合,就可以得到区域内网络的完整拓扑。图 5-22 为计算得到的 Area1 的逻辑拓扑图,显然 Area1 中每台路由器得到的拓扑图都是相同的。

得到区域内网络的逻辑拓扑后,路由器以自己为根,结合各路径上的开销值进行 SPF 计算,可以得出到达区域内各节点的最短路径树。最短路径树的节点由路由器和 Transit 链路组成,其中路由器通过 Router ID 标识,Transit 链路通过 DR 的 Router ID 和 DR 在该链路上的接口 ID 进行标识。由于 Router-LSA 和 Network-LSA 不再包含地址前缀信息,所以此时只能得到去往区域内某台路由器或某个 Transit 链路的最佳路径,而得不到去往区域内具体地址的路由。以 RTA 为例,以其为根的 Area1 内的最短路径树如图 5-23 所示,各路由器得到的最短路径树是不同的。

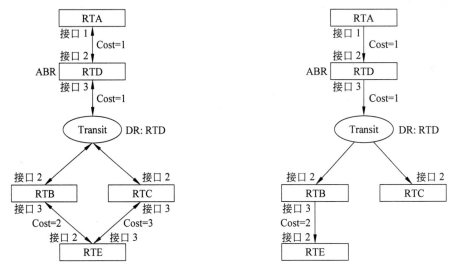

图 5-22　Area1 的拓扑结构　　　　图 5-23　以 RTA 为根的最短路径树

区域内的地址信息保存在了 Link-LSA 和 Intra-Area-Prefix-LSA 中。计算出最短路径树后,路由器将 Link-LSA 和 Intra-Area-Prefix-LSA 中包含的地址前缀信息添加到最短路径树上。由于 Link-LSA 有发布者的 Router ID 信息,而 Intra-Area-Prefix-LSA 通过察看其 Referenced 信息也可以得到发布者的 Router ID 或 Transit 链路上 DR 的相关信息,所以这些地址前缀可以准确无误地添加到最短路径树的对应节点上。图 5-24 为 RTA 计算得到的 Area1 内的路由。

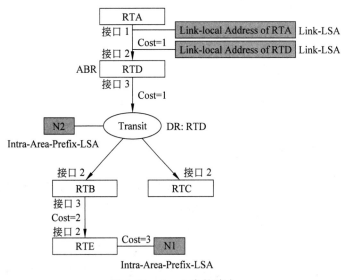

图 5-24　Area1 内的路由

计算出去往节点的最短路径,并清楚该节点上拥有哪些地址前缀,此时,区域内到达某地址的最短路径或路由就确定了。需要指出的是,通过路由计算,可能得到去往某节点的等价路由,这些路由都会被保存下来。

最后,通过 Link-LSA 中的 Link-local Interface Address 可以得到路径上的下一跳路由器也就是直连路由器的地址,该地址为链路本地地址。

2. 区域间路由的生成

区域内路由生成之后,本区域的 ABR 通过生成 Inter-Area-Prefix-LSA 向其他区域发布本区域的路由,其中发布者 ID 为 ABR 的 Router ID。这样其他区域的路由器就会学习到本区域的地址前缀信息并将其添加到最短路径树上生成相应的路由,此时到达区域外某地址的最短路径必然经过 ABR。路由下一跳地址计算方式和区域内相同。

本例中,RTD 将 N3 的地址前缀信息生成 Inter-Area-Prefix-LSA 向 Area1 中发布,RTA 会收到这个 LSA 并将其添加到自己生成的最短路径树上。由于 RTD 发布该 LSA 时将发布者 ID 设置为自己的 Router ID,所以在 RTA 的最短路径树上,到达 N3 的前一站为 RTD,如图 5-25 所示。

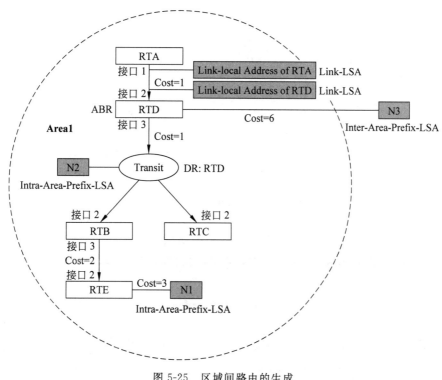

图 5-25　区域间路由的生成

3. 外部路由的生成

区域内的路由器通过 ABR 发送的 Inter-Area-Router-LSA 可以获得 ASBR 的路由信息,并将其添加到最短路径树上。ASBR 负责将 AS 外部地址前缀信息包含在 AS-External-LSA 中,并将其在 AS 内发布。AS-External-LSA 会在整个 AS 内泛滥,AS 中每个区域内的路由器都会收到这些 LSA,并将这些 LSA 中包含的地址信息添加到最短路径树上,此时到达 AS 外部某地址的最短路径必然经过 ASBR。路由下一跳地址计算方式和区域内相同。本例中,RTA 通过 RTD 发布的 Inter-Area-Router-LSA,学习到 ASBR 即 RTG 的路由,并将其添加到自己的最短路径树上,然后将 AS-External-LSA 中包含的 N4 网络的地址前缀信息添加到自己的最短路径树上。此时,RTA 的完整的最短路径树以及完整的路由信息就建立起来了,如图 5-26 所示。

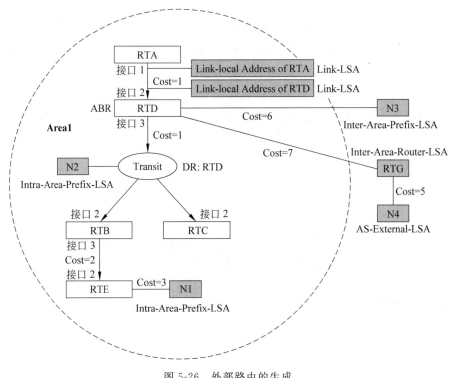

图 5-26 外部路由的生成

至此,OSPFv3 路由计算就完成了,生成的路由信息会被路由器加入 IPv6 路由表。有关 OSPFv3 的相关配置,在后面实验章节中将进行详细介绍。

5.5 BGP4+

传统的 BGP-4(Border Gateway Protocol version 4,边界网关协议版本 4)只能管理和发布 IPv4 路由信息,对于使用其他网络层协议(如 IPv6 等)的应用,在跨自治系统时会受到一定限制。为了提供对多种网络层协议的支持,IETF 对 BGP-4 进行了扩展,提出了 BGP4+(Multiprotocol Extensions for BGP-4,BGP-4 多协议扩展)。BGP4+可以提供对 IPv6、IPX 和 MPLS VPN 的支持,本节重点介绍 BGP4+针对 IPv6 的扩展。

5.5.1 BGP 能力协商

BGP 对等体在建立 BGP 连接、发布 IPv6 路由之前,首先需要发送 OPEN 消息进行 BGP 能力协商。OPEN 消息格式如图 5-27 所示。

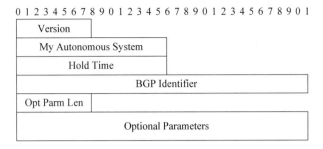

图 5-27　OPEN 消息格式

BGP 能力协商由 RFC3392 中定义的一种新的 Optional Parameter（可选参数）——
Capabilities Advertisement（能力通告）实现。

Capabilities Advertisement 使用 CLV（Code，
Length，Value）格式，用于通告本路由器支持的多
种能力，其格式如图 5-28 所示。

| Capability Code (1 octet) |
| Capability Length (1 octet) |
| Capability Value (Variable) |

其中，Capability Code 用于表明 BGP 通告者支持
什么能力，值为 1 表示支持 BGP4 ＋；Capability　　图 5-28　Capabilities Advertisement 格式
Length 指明 Capability Value 字段的长度；Capability
Value 用来具体解释所支持的能力。针对 BGP4 ＋能力，Capability Value 字段包含 AFI
（Address Family Identifier，地址族标识）、RES（预留）和 SAFI（Subsequent Address Family
Identifier，次级地址族标识）共 3 部分信息。其中，AFI 用来指明网络层协议类型，例如是
IPv4 还是 IPv6；SAFI 用来指明 NLRI 携带的是单播路由还是组播路由；RES，预留，设置
为 0。

BGP 对等体交互 OPEN 消息完成能力协商，并通过 KEEPALIVE 消息确认连接后，
BGP 连接就建立了。BGP 连接建立之后，BGP 对等体通过 UPDATE 消息通告路由。为了
使 BGP 能够通告 IPv6 路由，BGP4 ＋新增加了两种属性，下面对这两种属性进行介绍。

5.5.2　BGP4 ＋属性扩展

在 BGP-4 中，只有 3 部分信息和 IPv4 地址相关，分别如下。

（1）NLRI（Network Layer Reachable Information，网络层可达信息）。

（2）NEXT_HOP。

（3）AGGREGATOR 和 OPEN 消息中的 BGP 标识。

为了实现对 IPv6 的支持，BGP4 ＋需要将 IPv6 地址信息反映到 NLRI 及 NEXT_HOP 属
性中。由于 BGP4 ＋中的 BGP 标识仍然使用 32 位的 IPv4 地址格式，所以 AGGREGATOR 属
性和 OPEN 消息不需要进行改动。

针对上述目标，BGP4 ＋引入两个新的属性：MP_REACH_NLRI（Multiprotocol
Reachable NLRI，多协议可达 NLRI）属性和 MP_UNREACH_NLRI（Multiprotocol
Unreachable NLRI，多协议不可达 NLRI）属性。其中 MP_REACH_NLRI 属性用于发布可
达路由及下一跳信息，MP_UNREACH_NLRI 属性用于撤销不可达路由。

由于 NEXT_HOP 属性只在发布可达性信息时使用，所以在 BGP4 ＋中将 IPv6 路由的

NEXT_HOP 信息和 MP_REACH_NLRI 属性结合在一起。而没有单独定义 IPv6 中的
NEXT_HOP 属性。

BGP4+中,BGP 协议原有的消息机制和路由机制并没有改变。

1. MP_REACH_NLRI

MP_REACH_NLRI 位于 BGP4+ Update 消息的路径属性字段,属于可选非过渡属
性,用于携带可达目的网络信息以及相应的下一跳信息。

MP_REACH_NLRI 属性的格式如图 5-29 所示。

Address Family Identifier (2 octets)
Subsequent Address Family Identifier (1 octet)
Length of Next Hop Network Address (1 octet)
Network Address of Next Hop (variable)
Number of SNPAs (1 octet)
Length of First SNPA (1 octet)
First SNPA (variable)
Length of Second SNPA (1 octet)
Second SNPA (variable)
...
Length of Last SNPA (1 octet)
Last SNPA (variable)
Network Layer Reachability Information (variable)

图 5-29   MP_REACH_NLRI 属性的格式

IPv6 中没有使用 SNPA(Subnetwork Points of Attachment),所以 SNPA 个数字段值
为 0。其他字段含义如下。

(1) Address Family Identifier:地址族标识,表示网络层协议类型,值为 1 表示为
IPv4;值为 2 表示为 IPv6。

(2) Subsequent Address Family Identifier:次级地址族标识,用于指明本属性中的
NLRI 用于单播转发还是组播转发或是同时用于单播和组播转发。

(3) Length of Next Hop Network Address:下一跳地址的长度。

(4) Network Address of Next Hop:到达目的网络的下一跳地址信息。

(5) Network Layer Reachability Information:NLRI 信息,包含可达地址前缀以及前
缀长度信息。

2. MP_UNREACH_NLRI

MP_UNREACH_NLRI 位于 BGPv4 Update 消息的路径属性字段,属于可选非过渡属
性,用于撤销不可达的路由。

MP_UNREACH_NLRI 属性的格式如图 5-30 所示。

| Address Family Identifier (2 octets) |
| Subsequent Address Family Identifier (1 octet) |
| Withdrawn Routes (variable) |

图 5-30　MP_UNREACH_NLRI 属性的格式

其中，AFI 字段和 SAFI 字段含义与 MP_REACH_NLRI 中对应字段含义相同；Withdrawn Routes 字段包含被撤销路由的信息。MP_UNREACH_NLRI 不包含下一跳等相关信息。

5.5.3　BGP4＋扩展属性在 IPv6 网络中的应用

下面用一个典型的组网来分析 BGP4＋扩展属性在 IPv6 网络中的应用。其网络拓扑如图 5-31 所示。

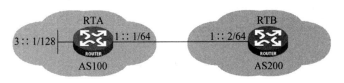

图 5-31　BGP4＋网络拓扑

在 RTA 和 RTB 上进行如下 BGP4＋配置。
（1）RTA 上配置

```
[RTA]ipv6
[RTA]interface Ethernet 5/0
[RTA-Ethernet5/0]ipv6 address 1::1 64
[RTA-Ethernet5/0]undo ipv6 nd ra halt
[RTA]interface LoopBack 1
[RTA-LoopBack1]ipv6 address 3::1 128
[RTA]bgp 100
[RTA-bgp]router-id 1.1.1.1
[RTA-bgp]ipv6-family
[RTA-bgp-af-ipv6] network 3::1 128
[RTA-bgp-af-ipv6] peer 1::2 as-number 200
[RTA-bgp-af-ipv6] quit
```

（2）RTB 上配置

```
[RTB]ipv6
[RTB]interface Ethernet 0/0
[RTB-Ethernet0/0]ipv6 address 1::2 64
[RTB-Ethernet0/0]undo ipv6 nd ra halt
[RTB]bgp 200
[RTB-bgp]router-id 2.2.2.2
[RTB-bgp]ipv6-family
[RTB-bgp-af-ipv6] peer 1::1 as-number 100
```

```
[RTB-bgp-af-ipv6] quit
```

下面对 BGP4＋运行过程中的协议报文进行分析。

首先，RTA 和 RTB 会发送 OPEN 消息，图 5-32 为 RTB 发给 RTA 的 OPEN 消息。

```
⊞ Ethernet II, Src: Hangzhou_43:11:36 (00:0f:e2:43:11:36), Dst: Hangzhou_42:f3:4b (00:0f:e2:42:f3:4b)
⊞ Internet Protocol Version 6
⊞ Transmission Control Protocol, Src Port: 1036 (1036), Dst Port: bgp (179), Seq: 1, Ack: 1, Len: 39
⊟ Border Gateway Protocol
  ⊟ OPEN Message
      Marker: 16 bytes
      Length: 39 bytes
      Type: OPEN Message (1)
      Version: 4
      My AS: 200
      Hold time: 180
      BGP identifier: 2.2.2.2
      Optional parameters length: 10 bytes
    ⊟ Optional parameters
      ⊟ Capabilities Advertisement (10 bytes)
          Parameter type: Capabilities (2)
          Parameter length: 8 bytes
        ⊟ Multiprotocol extensions capability (6 bytes)
            Capability code: Multiprotocol extensions capability (1)
            Capability length: 4 bytes
          ⊟ Capability value
              Address family identifier: IPv6 (2)
              Reserved: 1 byte
              Subsequent address family identifier: Unicast (1)
        ⊟ Route refresh capability (2 bytes)
            Capability code: Route refresh capability (2)
            Capability length: 0 bytes
```

图 5-32　OPEN 消息

可以看到 OPEN 消息的可选参数字段使用能力通告和 BGP 对端协商所支持的 BGP 扩展能力。本例中，能力通告包括两部分内容：多协议扩展能力以及路由刷新能力。其中多协议扩展能力中的能力编码为 1，表示该路由器支持 BGP4＋。

RTA 和 RTB 的 BGP 连接建立后，通过发送 UPDATE 消息通告路由信息。图 5-33 为 RTA 向 RTB 通告目的地 3::1/128 可达且到达该目的地的下一跳为 1::1。

```
⊟ Border Gateway Protocol
  ⊟ UPDATE Message
      Marker: 16 bytes
      Length: 83 bytes
      Type: UPDATE Message (2)
      Unfeasible routes length: 0 bytes
      Total path attribute length: 60 bytes
    ⊟ Path attributes
      ⊞ ORIGIN: INCOMPLETE (4 bytes)
      ⊞ AS_PATH: 100 (7 bytes)
      ⊞ MULTI_EXIT_DISC: 0 (7 bytes)
      ⊟ MP_REACH_NLRI (42 bytes)
        ⊞ Flags: 0x90 (Optional, Non-transitive, Complete, Extended Length)
          Type code: MP_REACH_NLRI (14)
          Length: 38 bytes
          Address family: IPv6 (2)
          Subsequent address family identifier: Unicast (1)
        ⊟ Next hop network address (16 bytes)
            Next hop: 1::1 (16)
          Subnetwork points of attachment: 0
        ⊟ Network layer reachability information (17 bytes)
          ⊟ 3::1/128
              MP Reach NLRI prefix length: 128
              MP Reach NLRI prefix: 3::1
```

图 5-33　UPDATE 消息通告可达路由

从图 5-33 可以看到该 UPDATE 消息的路径属性中包含 ORIGIN、AS_PATH、MED 和 MP_REACH_NLRI 属性。MP_REACH_NLRI 属性中 Address Family 字段显示地址

族为 IPv6；SAFI 字段表明本消息中的 NLRI 用于单播转发；NLRI 字段显示可达目的地前缀为 3::1 以及前缀长度为 128；Next hop 字段显示到达目的地所经过的下一跳地址为 1::1。

当某条路由不可用时，路由器会发送包含 MP_UNREACH_NLRI 属性的 UPDATE 消息撤销该路由。图 5-34 为 RTA 向 RTB 通告 3::1 不可达，该消息中不包含下一跳字段。

```
□ Border Gateway Protocol
  □ UPDATE Message
      Marker: 16 bytes
      Length: 56 bytes
      Type: UPDATE Message (2)
      Unfeasible routes length: 0 bytes
      Total path attribute length: 33 bytes
    □ Path attributes
      □ MP_UNREACH_NLRI (33 bytes)
        ⊞ Flags: 0x90 (Optional, Non-transitive, Complete, Extended Length)
          Type code: MP_UNREACH_NLRI (15)
          Length: 29 bytes
          Address family: IPv6 (2)
          Subsequent address family identifier: Unicast (1)
        □ Withdrawn routes (26 bytes)
          ⊞ 1::/64
          □ 3::1/128
              MP Unreach NLRI prefix length: 128
              MP Unreach NLRI prefix: 3::1
```

图 5-34　UPDATE 消息撤销路由

从图 5-34 中可以看到该 UPDATE 消息的路径属性中只包含 MP_UNREACH_NLRI 属性。MP_REACH_NLRI 属性中 Withdrawn Routes 字段显示本 UPDATE 消息要撤销 1::/64 和 3::1/128 两条路由。

5.6　IPv6-IS-IS

5.6.1　IPv6-IS-IS 简介

IS-IS（Intermediate System-to-Intermediate System intra-domain routing information exchange protocol，中间系统对中间系统域内路由信息交换协议）是一种采用链路状态算法的内部网关路由协议。IS-IS 协议最初通过 OSI 移植到 IP，因此和 IP 协议的关联并不紧密。再加上 IS-IS 采用了 TLV（Type-Length-Value）结构，所以它能够很容易地支持多种网络层协议，其中包括 IPv6 协议。支持 IPv6 协议的 IS-IS 路由协议又称为 IPv6-IS-IS 动态路由协议。IETF 的 draft-ietf-isis-ipv6-05 中规定了 IS-IS 为支持 IPv6 所新增的内容，主要是新添加了支持 IPv6 协议的两个 TLV 和一个 NLPID（Network Layer Protocol Identifier，网络层协议标识符）值。

5.6.2　IPv6-IS-IS 报文

所有的 IS-IS 报文都是直接封装在数据链路层的帧结构中的，称为 PDU（Protocol Data Unit，协议数据单元）。PDU 由通用报头、专用报头和变长字段部分组成，其格式如图 5-35 所示。对于所有 PDU 来说，通用报头都是相同的，但专用报头根据 PDU 类型的不同而有所差别，由通用报头中的 PDU Type（PDU 类型）字段值来指明。

而 PDU 中的变长字段部分又是由多个 TLV（Type-Length-Value）三元组组成的。其格式如图 5-36 所示。

通用报头	专用报头	变长字段

图 5-35 PDU 格式

Type	Length	Value

图 5-36 TLV 格式

在 IS-IS 中，仅有少量 TLV 是与地址相关的。比如，在 IPv4-IS-IS 中，仅有 IP 接口地址 TLV（IP Interface Address，Code 值为 132）、IP 内部可达性 TLV（IP Internal Reachability Information，Code 值为 128）和 IP 外部可达性 TLV（IP External Reachability Information，Code 值为 130）携带了 IPv4 地址信息。其他的 TLV 用来完成建立邻居关系、交换链路状态信息等功能，具有地址无关性。所以，只要定义新的带有 IPv6 地址信息的 TLV，IS-IS 就能够很好地支持 IPv6。

新的能够支持 IPv6 的 TLV 有两个，分别如下。

（1）IPv6 Reachability：Code 值为 236，通过定义路由信息前缀、度量值等信息来表示网络的可达性。

（2）IPv6 Interface Address：Code 值为 232，它对应于 IPv4 中的 IP Interface Address TLV，只不过把原来的 32 位的 IPv4 地址改为 128 位的 IPv6 地址。

另外，为了支持 IPv6，IS-IS 定义了新的 NLPID 值 142(0x8E)。NLPID 是标识网络层协议报文的一个 8 位字段，又称为 Protocols Supported 域，用来指明 IS-IS 能够支持何种网络层协议。支持 IPv6-IS-IS 的路由器进行邻居关系建立及交换链路状态信息时，必须在相关协议报文中携带此信息。

启动了 IS-IS 的路由器在链路上接收到对端路由器发出的 IS-IS 协议报文后，会检查 NLPID 字段值并与自己的值进行比较，如果相同，则认为双方所能支持的网络层协议相同，则正常建立邻居关系并交换链路状态信息；如果不同，则不会建立邻居关系，也不交换链路状态信息。

5.6.3 IPv6-IS-IS 相关 TLV 格式

1. IPv6 Reachability TLV

IPv6 Reachability TLV 格式如图 5-37 所示。

0 1 2 3 4 5 6 7 8 9 0 1 2 3 4 5 6 7 8 9 0 1 2 3 4 5 6 7 8 9 0 1 2

Type=236	Length	Metric				
Metric		U	X	S	Reserve	Prefix Len
Prefix …						
Sub-TLV Len(*)	Sub-TLV Len(*) …					

* 表示如果存在

图 5-37 IPv6 Reachability TLV 格式

其中各字段含义如下。

（1）Type：TLV 类型。236 表示此 TLV 是 IPv6 Reachability TLV。

（2）Length：TLV 长度。

（3）Metric：度量值。

（4）U：上行/下行（up/down）位。取值为 1 表示从高 Level 引入到低 Level，例如 L2 引入到 L1 的路由，或者路由从两个 Area 的同一 Level 引入。用于避免环路。

（5）X：外部起源（external original）位。表示此前缀是否从其他路由协议引入到 IS-IS。

（6）S：子 TLV 存在位。

2. IPv6 Interface Address TLV

IPv6 Interface Address TLV 格式如图 5-38 所示。

```
0 1 2 3 4 5 6 7 8 9 0 1 2 3 4 5 6 7 8 9 0 1 2 3 4 5 6 7 8 9 0 1 2
```

Type=232	Length	Interface Address 1(*)…
Interface Address 1(*)…		
Interface Address 1(*)…		
Interface Address 1(*)…		
Interface Address 1(*)…	Interface Address 2(*)…	

图 5-38　IPv6 Interface Address TLV 格式

其中各字段含义如下。

（1）Type：TLV 类型，232 表示此 TLV 是 IPv6 Interface Address TLV。

（2）Length：TLV 长度。

（3）Interface Address：接口地址，可携带多个。

5.6.4　IPv6-IS-IS 配置

下面举一个例子来说明 IPv6-IS-IS 的基本配置，如图 5-39 所示。

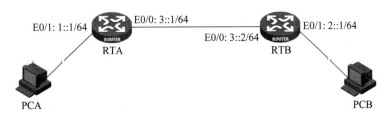

图 5-39　IPv6-IS-IS 配置案例组网图

图 5-39 中 RTA 的配置如下。

＃全局使能 IPv6 功能、IS-IS 协议。

```
[RTA] ipv6
[RTA] isis 1
```

＃在 IS-IS 视图下配置路由器的类型、网络实体名称（NET），并使能 IPv6 能力。

```
[RTA-isis-1] is-level level-1
[RTA-isis-1] network-entity 10.0000.0000.0001.00
[RTA-isis-1] ipv6 enable
```

＃在接口视图下配置 IPv6 地址,并使能 IPv6-IS-IS 能力。

```
[RTA] interface ethernet 0/0
[RTA-Ethernet0/0] ipv6 address 3::1 64
[RTA-Ethernet0/0] isis ipv6 enable 1
[RTA] interface ethernet 0/1
[RTA-Ethernet0/1] ipv6 address 1::1 64
[RTA-Ethernet0/1] isis ipv6 enable 1
```

＃在连接 PC 的接口上使能 ND 协议的 RA 报文发布功能。

```
[RTA-Ethernet0/1] undo ipv6 nd ra halt
```

RTB 的配置与 RTA 类似。

```
[RTB] ipv6
[RTB] isis 1
[RTB-isis-1] is-level level-1
[RTB-isis-1] network-entity 10.0000.0000.0002.00
[RTB-isis-1] ipv6 enable
[RTB] interface ethernet 0/0
[RTB-Ethernet0/0] ipv6 address 3::2 64
[RTB-Ethernet0/0] isis ipv6 enable 1
[RTB] interface ethernet 0/1
[RTB-Ethernet0/1] ipv6 address 2::1 64
[RTB-Ethernet0/1] undo ipv6 nd ra halt
[RTB-Ethernet0/1] isis ipv6 enable 1
```

完成以上配置后,两端的路由器通过交互 IS-IS 的 Hello 报文从而知道对端设备使能了 IPv6 能力,所以建立起来 IPv6-IS-IS 的邻居关系。

```
[RTB]display isis peer verbose

                    Peer information for ISIS(1)
                    -----------------------------------


    System Id: 0000.0000.0001
    Interface: Ethernet0/0        Circuit Id: 0000.0000.0002.01
    State: Up    HoldTime: 23s    Type: L1    PRI: 64
    Area Address(es):10
    Peer IPV6 Address(es): FE80::20F:E2FF:FE43:1136
    Uptime: 00:02:56
    Adj Protocol: IPV6
```

并且顺利地通过 IPv6-IS-IS 协议学习到了对端的 IPv6 路由。

```
[RTB]display ipv6 routing-table
Routing Table :
        Destinations : 7        Routes : 7


Destination : ::1/128                      Protocol   : Direct
NextHop     : ::1                          Preference : 0
Interface   : InLoop0                      Cost       : 0
```

```
Destination : 1::/64                          Protocol   : ISISv6
NextHop     : FE80::20F:E2FF:FE43:1136        Preference : 15
Interface   : Eth0/0                          Cost       : 20

Destination : 2::/64                          Protocol   : Direct
NextHop     : 2::1                            Preference : 0
Interface   : Eth0/1                          Cost       : 0
...
```

　　RTB 通过 IPv6-IS-IS 学习到了 RTA 发来的路由 1::/64,其下一跳是 RTA 的链路本地地址,其默认的优先级为 15,Cost 值为 20。

　　关于 IPv6-IS-IS 的工作机制、报文类型、交互流程等,是 IS-IS 协议中的通用部分,无论是 IPv6-IS-IS 还是 IPv4-IS-IS 都是一样的,所以在本章中不再详述。读者想要了解此方面内容,可参见 H3CSE 教材中相关章节。

5.7　总　　结

　　本章主要学习了 IPv6 路由协议,包括 RIPng、OSPFv3、BGP4＋和 IPv6-IS-IS。通过学习本章内容,读者可以了解各种路由协议在 IPv6 网络中的运行机制,及其与 IPv4 路由协议的不同。读者可以发现,在 IPv6 网络中配置路由协议其实并不复杂。

第 6 章

IPv6 安全技术

学习完本章，应该能够：

- 了解 IPv6 中的安全实现
- 掌握 IPv6 访问控制列表的分类
- 掌握 IPv6 访问控制列表的功能
- 掌握 IPv6 中使用的安全协议

6.1　内容简介

网络安全的实现包含多个方面内容。从信息管理的角度来看,网络安全侧重于对网络的访问进行控制;从通信管理的角度来看,则主要侧重报文的加密、防篡改以及身份验证。本章结合安全的两个方面对 IPv6 中的访问控制列表以及安全协议进行详细的介绍。

通过本章的学习,应该掌握以下内容。

(1) IPv6 访问控制列表的功能及分类。

(2) IPv6 安全协议。

6.2　IPv6 安全概述

IPv4 的开发者在设计之初并没有系统地考虑安全性,这是因为当时的网络还仅仅是由一些互相信任的人来使用,在网络层面并不需要考虑身份的验证以及数据的加密,对信息进行访问控制通常是通过应用层的验证和授权(如在 FTP 中使用用户名和密码)来实现的。

随着网络规模不断扩大,通信双方不可避免地要跨越一些不安全的网络,此时网络通信过程中的安全问题渐渐暴露出来。网络中的安全威胁主要来自各种网络攻击,常见的攻击手段如下。

(1) 地址扫描。

(2) 数据报头及内容的篡改。

(3) 碎片报文攻击。

(4) 网络层和传输层欺骗。

(5) 拒绝服务攻击(DoS)。

(6) ARP 和 DHCP 攻击。

(7) 路由攻击。

(8) 病毒及其他攻击。

在 IPv6 网络中,通信服务同样面临着网络攻击的威胁。IPv6 中网络攻击的原理和特征与 IPv4 中的基本相同,但是由于 IPv6 地址的扩展以及内嵌了安全协议,一些攻击的行为特点随之发生了改变,此类攻击包括地址扫描、报文篡改等。

地址扫描通常是黑客在网络中搜索攻击目标的首选方法,是网络攻击的第一步。在 IPv4 网络中地址扫描比较容易实现,因为在大多数网段中主机数量只有几百台。但在 IPv6 网络中,情况发生了变化。由于 IPv6 地址扩展到 128 位,通常情况下接口 ID 占用 64 位,任何一个网段中都可能有 2^{64} 台主机,这是一个天文数字。假设使用地址扫描软件 NMAP 每秒可以完成 100 万台主机的扫描,那么对于 IPv6 一个网段的扫描大概需要 5 万年。从这个角度看地址扫描在 IPv6 中已经不再适用。

但是和 IPv4 一样,IPv6 网络中必须存在 DNS 服务器,而 DNS 服务器是相对容易找到的。如果 DNS 服务器被攻占,攻击者就可以获取大量在线的 IPv6 地址信息,从而完成下一步的攻击。要防止这种攻击,必须在网络边界过滤掉不信任的 IPv6 地址,此外,还要过滤掉不需要的服务,因为任何这些服务都可能会成为攻击的目标,此时需要用到访问控制技术。

6.3 节会对 IPv6 中的访问控制列表技术进行介绍。

由于 IPv4 是一个开放式的协议,设计之初并没有涉及安全、加密等内容,这使得网络中的攻击者较容易做到报文拦截、内容篡改和身份欺骗。IETF 在 1998 年着手制定了一套用于保护 IP 通信的协议——IPSec(IP Security),作为 IPv4 网络部署时的可选组件。但由于是可选组件,很多没有部署 IPSec 的网络仍然会面临上述各种威胁,IPv6 在这一点进行了改善。IPv6 内嵌了 IPSec,用于身份验证、完整性检查、数据加密和防重放(Anti-Replay),可以说在 IPv6 网络中报文传输的安全性得到很大加强。本章后续内容将会对 IPv6 中的 IPSec 安全协议进行详细分析。

6.3　IPv6 的 ACL

ACL(Access Control List,访问控制列表)是用来实现流识别功能的。ACL 根据一系列的匹配条件对报文进行分类,这些条件可以是报文的源地址、目的地址、端口号等。由 ACL 定义的报文匹配规则,可以被其他需要对流量进行区分的场合引用,如 QoS 中流分类规则的定义、对特定流进行 IPSec 加密传输、路由策略中过滤路由信息等。

网络设备可以使用 ACL 来实现网络中的数据报文过滤,部署了 ACL 实现数据报文过滤的设备可称为包过滤防火墙。为了过滤报文,需要配置一系列的匹配规则,以识别出特定的报文,然后根据预先设定的策略,允许或禁止该报文通过,如图 6-1 所示。

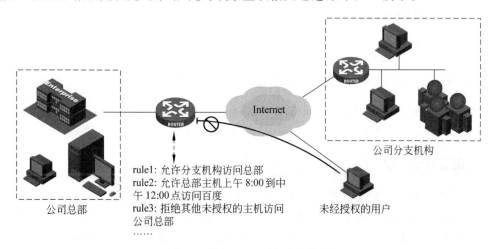

rule1: 允许分支机构访问总部
rule2: 允许总部主机上午 8:00 到中午 12:00 点访问百度
rule3: 拒绝其他未授权的主机访问公司总部
……

图 6-1　使用 ACL 进行访问控制

在 H3C 网络设备中,ACL 中的每条匹配规则都可选择一个生效时间段。在配置时间段后,这条 ACL 规则只在该指定的时间段内生效。

IPv6 和 IPv4 中的 ACL 使用方法基本相同,本节对 IPv6 中的 ACL 分类以及规则匹配顺序进行介绍。

6.3.1　IPv6 ACL 分类

IPv6 ACL 根据序号来区分不同种类的 ACL,在 H3C 的通信产品中,IPv6 ACL 分为 3 种类型。

1. 基本 IPv6 ACL

基本 IPv6 ACL 只根据源 IPv6 地址信息来进行规则匹配。基本 IPv6 ACL 序号为 2000～2999，和 IPv4 中的基本 ACL 序号范围相同，但在配置的时候需要显式地指定是 IPv6 ACL。下面用一个例子来介绍基本 IPv6 ACL 的使用。

如图 6-2 所示，要求源 IPv6 地址前缀为 2001::/64 的主机可以访问公司内部网络，源 IPv6 地址前缀为 2002::/64 的主机禁止访问公司内部网络。

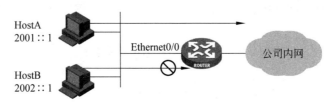

图 6-2　基本 IPv6 ACL

根据要求创建基本 IPv6 ACL，序号为 2000，配置如下：

```
[H3C] acl ipv6 number 2000
[H3C-acl6-basic-2000] rule permit source 2001::/64
[H3C-acl6-basic-2000] rule deny source 2002::1/64
```

在路由器接口 Ethernet0/0 上应用 IPv6 ACL 2000，并指明对入接口方向的报文进行过滤：

```
[H3C] interface Ethernet 0/0
[H3C-Ethernet1/0] firewall packet-filter ipv6 2000 inbound
```

此时 IPv6 地址为 2001::1 的 HostA 可以通过防火墙访问公司内部网络；而 IPv6 地址为 2002::1 的 HostB 将无法通过防火墙访问公司内部网络。

2. 高级 IPv6 ACL

高级 IPv6 ACL 根据报文的源 IPv6 地址信息、目的 IPv6 地址信息、IP 承载的协议类型、协议的特性等三层、四层信息来进行规则匹配。高级 IPv6 ACL 序号为 3000～3999，和 IPv4 中的高级 ACL 序号范围相同，也需要在配置的时候显式地指定是 IPv6 ACL。下面用一个例子来介绍高级 IPv6 ACL 的使用。

如图 6-3 所示，要求源 IPv6 地址前缀为 2001::/64 的主机可以访问 IPv6 地址前缀为 2002::/64 的主机，但禁止访问 IPv6 地址前缀为 2003::/64 的主机。

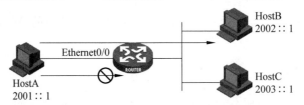

图 6-3　高级 IPv6 ACL

根据要求创建高级 IPv6 ACL,序号为 3000,配置如下:

```
[H3C] acl ipv6 number 3000
[H3C-acl6-adv-3000] rule permit source 2001::/64 destination 2002::/64
[H3C-acl6-adv-3000] rule deny source 2001::1/64 destination 2003::/64
```

在路由器接口 Ethernet0/0 上应用 IPv6 ACL 3000,并指明对入接口方向的报文进行过滤:

```
[H3C] interface Ethernet 0/0
[H3C-Ethernet1/0] firewall packet-filter ipv6 3000 inbound
```

此时 IPv6 地址为 2001::1 的 HostA 可以通过防火墙访问 IPv6 地址为 2002::1 的 HostB,但是无法访问 IPv6 地址为 2003::1 的 HostC。

通过使用高级 IPv6 ACL,还可以对具体的应用层数据流进行过滤,例如允许 HostA 和 HostB 之间建立 FTP 连接,禁止 HostA 访问 HostC 提供的 HTTP 服务等。

3. 简单 IPv6 ACL

简单 IPv6 ACL 根据报文的源 IPv6 地址信息、目的 IPv6 地址信息、IPv6 地址组合标记、IP 承载的协议类型、协议的特性等三层、四层信息来进行规则匹配。另外,简单 IPv6 ACL 还可以实现更丰富的匹配规则,如对 TCP 标志报文、分片报文进行规则匹配。简单 IPv6 ACL 序号为 10000~42767,下面用一个例子来介绍简单 IPv6 ACL 的使用。

如图 6-4 所示,在路由器上配置一个 IPv6 ACL 10000,匹配来源于 HostA 的带有 TCP RST 标志的 TCP 报文。

```
[H3C] acl ipv6 number 10000
[H3C-acl6-simple-10000] rule tcp addr-flag 4 source 2001∶∶1/ 64 tcp-type tcprst
```

图 6-4　简单 IPv6 ACL

6.3.2　IPv6 ACL 的匹配顺序

访问控制列表可能会包含多个匹配规则,每个规则都指定不同的报文匹配选项。这样,在匹配报文时就会出现匹配顺序的问题。IPv6 ACL 支持两种匹配顺序:按配置顺序匹配和按深度优先方式匹配。

按配置顺序匹配时,直接按照用户配置规则的先后顺序进行匹配。按深度优先方式匹配时,把指定报文地址范围最小的规则排在最前面。这一点可以通过比较前缀长度来实现,越长的前缀指定的地址范围越小。例如,2050∶6070∶∶/96 比 2050∶6070∶∶/64 指定的地址范围小,按深度优先方式,2050∶6070∶∶/96 范围优先匹配。

基本 IPv6 ACL 和高级 IPv6 ACL 深度优先判断的原则有所不同。

基本 IPv6 ACL 进行深度优先判断时,先比较源 IPv6 地址范围,源 IPv6 地址范围小(前缀长)的规则优先;如果源 IPv6 地址范围相同,则先配置的规则优先。

高级 IPv6 ACL 进行深度优先判断时,先比较协议范围,指定了 IPv6 协议承载的协议类型的规则优先;如果协议范围相同,则比较源 IPv6 地址范围,源 IPv6 地址范围小(前缀长)的规则优先;如果协议范围、源 IPv6 地址范围相同,则比较目的 IPv6 地址范围,目的 IPv6 地址范围小(前缀长)的规则优先;如果协议范围、源 IPv6 地址范围和目的 IPv6 地址范围相同,则比较四层端口号(TCP/UDP 端口号)范围,四层端口号范围小的规则优先;如果上述范围都相同,则先配置的规则优先。

如果同一个 IPv6 ACL 中有两个或两个以上的规则包含相同的前缀,就要根据它们的配置顺序来进行匹配。在匹配报文时,一旦有一条规则被匹配,报文就不再继续匹配其他规则了,设备将对该报文执行第一次匹配的规则指定的动作。

简单 IPv6 ACL 只能定义一条规则,因此不涉及匹配顺序。

6.4 IPSec

IPSec 是 IETF 制定的三层隧道加密协议,它为 Internet 上传输的数据提供了高质量、可互操作、基于密码学的安全保证。IPSec 为通信双方提供了下述的安全服务。

(1) 数据机密性(Confidentiality)。

(2) 数据完整性(Data Integrity)。

(3) 数据来源认证(Data Origin Authentication)。

(4) 防重放(Anti-Replay)。

IPSec 是一个协议套件,在它的框架中包含:安全协议、认证和加密算法、工作模式、安全策略、安全联盟和密钥管理。相对于 IPv4 中的 IPSec,IPv6 中 IPSec 处理流程基本没有变化,但是由于 IPv6 采用全新的报文结构,增加了扩展头部,这使得安全协议的封装格式相对于 IPv4 中有所不同,本节将对 IPv6 中 IPSec 安全协议的封装进行分析。

6.4.1 ESP 在 IPv6 中的封装

ESP 在 RFC4303 中定义,协议号为 50。ESP 可以工作在传输模式和隧道模式,通过这两种模式,ESP 可以用来保护 TCP、UDP 等上层协议数据,也可以保护整个 IPv6 报文。

ESP 头位于 IPv6 头和上层协议头之间,如果存在扩展头,则 ESP 头必须位于逐跳选项头、路由头、分段扩展头和认证头(如果有)之后。由于 ESP 只对 ESP 头之后的数据加密,所以通常将目的地选项头置于 ESP 头之后。图 6-5 为传输模式下报文封装格式以及 ESP 加密、验证范围。

传输模式下,IPv6 报头和逐跳选项头等处于 ESP 头之前的数据段不能被加密,因为如果对逐跳选项头进行加密的话,传输路径上的其他路由器将无法识别该扩展头。如果想加密整个报文,可以使用 ESP 隧道模式。此时内部报头包含原始报文的源地址和目的地址,

图 6-5　ESP 传输模式封装

外部报头包含隧道的源地址和目的地址。隧道模式下报文封装格式以及 ESP 加密、验证范围如图 6-6 所示。

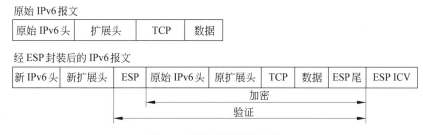

图 6-6　ESP 隧道模式封装

由 ESP 的封装格式可以看出，ESP 验证范围包含 ESP 头，而 ESP 的加密范围不包含 ESP 头。这是因为，接收到报文之后，ESP 的处理顺序为：首先查验序列号；其次查验数据的重复性和完整性；最后对数据进行解密。由于解密是最后一步，解密之前需要看到 ESP 头中的序列号，所以 ESP 头不能被加密。

6.4.2　AH 在 IPv6 中的封装

AH 在 RFC4302 中定义，协议号为 51。AH 也提供了数据完整性、数据源验证以及抗重放攻击的能力，但是不能用它来保证数据的机密性。正是由于这个原因，AH 头比 ESP 简单得多。

AH 头位于 IPv6 头和上层协议头之间，如果存在扩展头，则 AH 头必须位于逐跳选项头、路由头和分段扩展头之后。AH 的验证范围与 ESP 有区别，AH 验证范围包括整个 IPv6 报文。

由于 IPv6 报文中的一些字段如 DSCP、Flow Label 和 Hop Limit 在传输过程中可能会被中间设备修改，因此，AH 对这些不确定的字段进行了统一说明，并要求在生成验证数据时，必须将这些字段按零值处理。在接收方同样也将这些字段值视为零来进行校验，这样就可以不用考虑这些字段在传输过程中是否发生了变化。

AH 同样可以工作在传输模式和隧道模式，传输模式下报文封装格式以及验证范围如图 6-7 所示。

隧道模式下报文封装格式以及验证范围如图 6-8 所示。

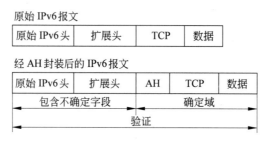

图 6-7   AH 传输模式封装

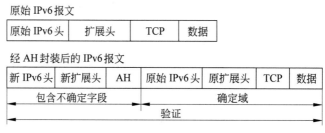

图 6-8   AH 隧道模式封装

6.5 总   结

本章从访问控制和数据传输两个方面对 IPv6 中的安全技术进行了介绍。首先分析了 IPv6 和 IPv4 中网络攻击手段的相同点和不同点;其次对 IPv6 中的 ACL 进行了介绍;最后介绍了 IPv6 中安全协议的封装方式。

第 7 章

IPv6 中的 VRRP

学习完本章，应该能够：

- 掌握 IPv6 中 VRRP 协议工作原理
- 了解 IPv6 中 VRRP 报文结构
- 掌握 IPv6 中 VRRP 协议状态机

7.1 内容简介

VRRP(Virtual Router Redundancy Protocol,虚拟路由冗余协议)通过在局域网络上指定主用/备用路由器,对网络内主机的默认网关设备实现备份,减少单台网关设备故障对网络上主机通信的影响。本章对 IPv6 中的 VRRP 协议进行全面细致的介绍。

通过本章的学习,应该掌握以下内容。

(1) IPv6 中的 VRRP 工作原理。

(2) IPv6 中的 VRRP 报文结构和状态机。

7.2 IPv6 中的 VRRP 概述

在 IPv6 网络中,主机通过接收路由器发送的 Router Advertisement 消息可以学到一个或多个默认路由器,其中一台路由器会作为主机的默认网关,为主机配置地址前缀、MTU等信息。典型的 IPv6 局域网如图 7-1 所示。

如果默认网关出现故障,主机可以在默认路由器列表中选择合适的路由器作为自己新的默认网关。检测默认网关的可达性可以通过 ND 协议中的邻居可达性检测功能来实现,不过,按照默认的参数,从感知网关故障到选择新的默认网关需要约 40 秒的时间,这个时延对于一些时间敏感的用户是不可忍受的。

当然可以通过调整 ND 协议中的参数,加快协议报文发送频率,从而更快地检测故障,但是这样会大大增加协议开销。特别是当网络中许多主机都试图检测网关可达性时,网络中会充斥大量的协议报文,降低网络的可用带宽。

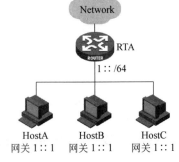

图 7-1 典型的 IPv6 局域网

VRRP 能够解决上述问题。

7.2.1 VRRP 简介

VRRP 是在局域网路由器之间运行的一种实现路由器冗余功能的协议,IPv6 中的 VRRP 版本为 VRRPv3。

不同于 ND 协议,默认路由器被动地等待主机来探测可达状态,VRRP 协议中路由器状态的维护和检测在路由器之间进行,主用路由器的故障可以很快地被备用路由器察觉到。故障发生后,优先级较高的备用路由器会接替故障主用路由器的工作,这个切换仅仅需要约 3 秒的时间。并且,由于 VRRP 协议仅在路由器之间运行,不涉及网络中的主机,所以在很大程度上减少了网络中协议报文的流量。

7.2.2 IPv6 中的 VRRP 工作原理

局域网中运行 VRRP 的路由器称为 VRRP 路由器,每台 VRRP 路由器都具有一个VRID(Virtual Router Identifier,虚拟路由器标识)和一个优先级。具有相同 VRID 的

VRRP 路由器共同组成一个备份组,在功能上就相当于一台虚拟路由器。

虚拟路由器具有一个虚拟 IPv6 地址和一个虚拟 MAC 地址。虚拟 IPv6 地址可以由用户自行配置,也可以直接使用 VRRP 路由器接口的 IPv6 地址,当使用某 VRRP 路由器接口的 IPv6 地址时,该 VRRP 路由器称为 IPv6 地址所有者。虚拟 MAC 地址是一个 IEEE 802 MAC 地址,其格式为:00-00-5E-00-02-{VRID}。其中,00-00-5E 为 IANA 规定的 OUI 地址;00-02 表明该地址是为 IPv6 协议分配(IPv4 的 VRRP 中该部分为 00-01)的。路由器发送 ND 协议报文时使用虚拟 MAC 地址作为报文源 MAC 地址,被网络中的主机学习。主机与虚拟路由器直接通信,无须了解网络上物理路由器的任何信息。

VRRP 优先级的取值范围为 0～255,数值越大表明优先级越高,其中 0 被系统保留,255 则保留给 IPv6 地址所有者。VRRP 根据优先级来确定备份组中每台路由器的角色,备份组中优先级最高的路由器将成为主用路由器,其他路由器为备用路由器。当优先级相同时,将会比较接口的主 IPv6 地址,地址越大越优先选取。备份组中的主用路由器负责报文转发,当主用路由器出现故障时,备用路由器快速切换为新的主用路由器。

在实际应用中,一台 VRRP 路由器可能不仅仅属于一个备份组。通过在接口上配置多个 VRID,一台 VRRP 路由器可以属于多个备份组,为多台虚拟路由器做备份,该工作模式称为多备份组模式。工作在多备份组模式的 VRRP 路由器可以在某个备份组中充当主用路由器,而在其他备份组中作为备用路由器,此时可以实现备份组之间的负载分担。

下面结合单备份组和多备份组两种工作场景对 VRRP 的工作原理进行详细分析。

1. 单备份组

图 7-2 显示了 VRRP 单备份组的工作过程。RTA 和 RTB 同属于 VRID 为 1 的 VRRP 备份组,其中 RTA 的优先级为 110,而 RTB 的优先级为默认值 100。经过 VRRP 选举,RTA 被选为主用路由器,RTB 为备用路由器,虚拟路由器 IPv6 地址为 FE80::1,发往该 IPv6 地址的报文由 RTA 进行响应。

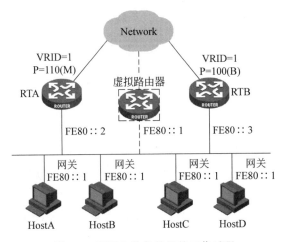

图 7-2　VRRP 单备份组的工作过程

主用路由器在对 Router Solicitation 报文进行回复时使用虚拟 IPv6 地址 FE80::1 作为 Router Advertisement 报文的源地址,使用虚拟 MAC 地址作为 Router Advertisement

报文的源 MAC 地址,该例中虚拟 MAC 地址为 00-00-5E-00-02-01,其中 01 为 VRID。局域网内的所有主机都会学习到该虚拟 IPv6 地址 FE80::1,并将其视为自己的默认网关地址。之后主机就可以通过这个虚拟的路由器来与其他网络进行通信了。

在图 7-2 中,如果将虚拟 IPv6 地址设置为 FE80::2,此时 RTA 作为虚拟 IPv6 地址的所有者,其在备份组 1 中的优先级将为 255,RTB 会为 FE80::2 做备份。当 RTA 发生故障时,RTB 会切换为主用路由器并为主机提供网关服务。

2. 多备份组

如图 7-3 所示,在备份组 1(VRID=1)中,RTA 优先级较高为主用路由器,RTB 为备用路由器;在备份组 2(VRID=2)中,RTB 优先级较高为主用路由器,RTA 为备用路由器。设置局域网中一部分主机以 FE80::1 作为自己的默认网关地址,另一部分主机以 FE80::4 作为自己的默认网关地址,则默认网关为 FE80::1 的主机会通过 RTA 访问外部网络,默认网关为 FE80::4 的主机会通过 RTB 访问外部网络,此时网络中的数据流实现了负载分担。当 RTA 发生故障后,RTB 会接替 RTA 成为备份组 1 中的主用路由器。同样,当 RTB 发生故障后,RTA 会接替 RTB 成为备份组 2 中的主用路由器。

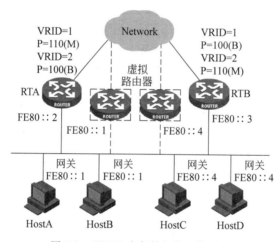

图 7-3　VRRP 多备份组的工作过程

7.3　VRRP 报文格式和状态机

VRRP 只定义了一种协议报文——VRRP Advertisement,这是一种组播报文,为了减少网络负荷,仅由主用路由器定时发送。该报文可用于检测虚拟路由器的各种参数,还可用于主用路由器的选举。

下面对 VRRP 的报文格式进行介绍。为了深入理解 VRRP 协议的运行,本节还将对 VRRP 协议状态机进行分析。

7.3.1　VRRP 报文格式

VRRP 报文由主用路由器发送,通告其优先级和状态信息。VRRP 报文源地址为发送

接口的 IPv6 链路本地地址,目的地址为 IANA 分配的 IPv6 组播地址 FF02:0:0:0:0:0:0:
12。报文中的 Hop Limit 值必须为 255,Hop Limit 不为 255 的 VRRP 报文将被丢弃,这样
可以防止收到非本链路的 VRRP 报文。报文中 Next Header 值为 112,表明该报文是一个
VRRP 报文。

VRRP 协议报文格式如图 7-4 所示。

```
0 1 2 3 4 5 6 7 8 9 0 1 2 3 4 5 6 7 8 9 0 1 2 3 4 5 6 7 8 9 0 1
```

Version	Type	Virtual Rtr ID	Priority	Count IPv6 Addr
(Rsvd)	Adver Int		Checksum	
Ipv6 Address(es)				

图 7-4　VRRP 协议报文格式

其中各字段含义如下。

(1) Version:协议版本号,IPv6 的 VRRP 为版本 3。

(2) Type:报文类型,只有一种取值为 1,表明为 Advertisement 报文,含有未知类型的
报文将被丢弃。

(3) Virtual Rtr ID(VRID):虚拟路由器号,取值范围为 1～255。

(4) Priority:优先级,取值范围为 0～255,默认值是 100。

(5) Count IPv6 Addr:该 VRRP 协议报文中包含的 IPv6 地址的个数,最小值为 1。在
1 个备份组中可配置多个虚拟地址。

(6) Rsvd:发送时必须设置为 0,接收时忽略该域。

(7) Adver Int(Advertisement Interval):发送 VRRP 协议报文的时间间隔,默认值为
1 秒。

(8) Checksum:校验和。

(9) IPv6 Address(es):配置的备份组虚拟地址的列表(一个备份组可支持多个地址)。
地址个数在 CountIP Addr 域中指定。地址列表中的第一个地址必须为虚拟路由器关联的
IPv6 链路本地地址。

7.3.2　VRRP 协议状态机

组成虚拟路由器的 VRRP 路由器有 3 种状态,分别是 Initialize、Master 和 Backup。
VRRP 路由器为每一个自己参与的虚拟路由器维护一个状态机实例。VRRP 协议状态机
如图 7-5 所示。

路由器启动后,会首先进入 Initialize 状态,在这个状态路由器会等待接口使能 VRRP。
当接口使能 VRRP 后,路由器会根据优先级确定自己在对应备份组中的初始角色。如果路
由器在该备份组中的优先级小于 255,则先进入 Backup 状态;如果路由器在该备份组中的
优先级为 255,说明路由器是该备份组中的虚拟 IPv6 地址所有者,此时路由器会直接进入
Master 状态。

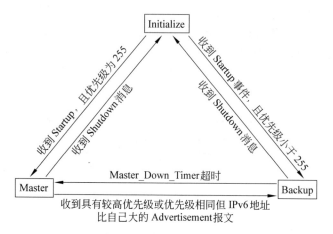

图 7-5　VRRP 协议状态机

路由器在 Backup 状态时，会检测当前主用路由器的状态和可用性，这是通过接收并分析主用路由器定期发送的 Advertisement 报文来实现的。如果路由器在 Master_Down_Timer 定时器超时之前没有收到当前主用路由器发送的 Advertisement 报文，路由器会转入 Master 状态，并开始自己发送 Advertisement 报文。

路由器在 Master 状态会定时发送 Advertisement 报文，并负责转发目的地为虚拟 MAC 地址的报文。当该路由器收到其他路由器发送的 Advertisement 报文，且报文中的优先级比本地优先级高，或是报文优先级和本地优先级相同但 IPv6 地址比自己地址大时，该路由器会终止发送 Advertisement 报文，并转入 Backup 状态。

当路由器在 Master 状态和 Backup 状态时，如果收到接口 Shutdown 事件，则会转入 Initialize 状态。

7.4　总　　结

本章对 IPv6 中的 VRRP 进行了概述，并结合单备份组和多备份组两种工作场景对 VRRP 的工作原理进行了分析，最后对 VRRP 的报文格式和协议状态机进行了介绍。

第 8 章

IPv6　组　播

学习完本章，应该能够：

- 了解组播网络模型
- 掌握 IPv6 组播地址
- 掌握 IPv6 中的 MLD 协议原理
- 掌握 IPv6 中的 PIM 协议原理及配置

8.1　内容简介

组播技术能够有效地解决单点发送、多点接收的问题,从而实现网络中点到多点的高效数据传送,能够节约大量网络带宽、降低网络负载。

虽然组播技术在 IPv4 网络中已经存在,但 IPv6 把组播技术扩展到了无处不在,并扩充了组播地址与协议,以使组播技术更加实用。

本章主要讲述组播网络的基本模型,以使读者能够了解几种模型的特点;然后重点讲述 IPv6 组播地址格式、MLD 协议原理、IPv6 PIM 协议原理和 IPv6 组播转发机制。

8.2　IPv6 组播基本概念

8.2.1　组播模型分类

根据对组播源处理方式的不同,组播模型有下列 3 种。

(1) ASM(Any-Source Multicast,任意信源组播)。

(2) SFM(Source-Filtered Multicast,信源过滤组播)。

(3) SSM(Source-Specific Multicast,指定信源组播)。

1. ASM 模型

在 ASM 模型中,一个组播流的组播源是任意的。在发送者一侧,任意一个发送者都可以成为组播源,向某组播组地址发送信息。在加入组播组后,接收者可以收到任意组播源发出的到该组播组的组播信息。

在 ASM 模型中,接收者无法预先知道组播源的位置,但可以在任意时间加入或离开该组播组。

运行 PIM-SM/PIM-DM 和 IGMPv1/IGMPv2 协议(IPv4 中)、MLDv1 协议(IPv6 中)的组播网络符合 ASM 模型。

2. SFM 模型

SFM 模型继承了 ASM 模型,从发送者的角度来看,两者的组播组成员关系完全相同。

同时,SFM 模型在功能上对 ASM 模型进行了扩展。在 SFM 模型中,上层软件对收到的组播报文的源地址进行检查,允许或禁止来自某些组播源的报文通过。因此,接收者只能收到来自部分组播源的组播数据。从接收者的角度来看,只有部分组播源是有效的,组播源经过了筛选。

运行 PIM-SM/PIM-DM 和 IGMPv3 协议(IPv4 中)、MLDv2 协议(IPv6 中)的组播网络符合 SFM 模型。

3. SSM 模型

SSM 模型为用户提供了一种能够在客户端指定组播源的传输服务。

SSM 模型与 ASM 模型的根本区别在于,SSM 模型中的接收者已经通过其他手段预先知道了组播源的具体位置。SSM 模型使用与 ASM/SFM 模型不同的组播地址范围,直接在接收者和其指定的组播源之间建立专用的组播转发路径。

组播源发送组播报文,接收者通过加入通道(S,G)来接收该报文。

运行 PIM-SM 和 IGMPv3 协议(IPv4 中)、MLDv2 协议(IPv6 中)并使用特殊组播地址范围的组播网络符合 SSM 模型。

8.2.2　IPv6 组播协议体系结构

IPv6 组播与 IPv4 组播的协议体系结构是相同的,如图 8-1 所示。

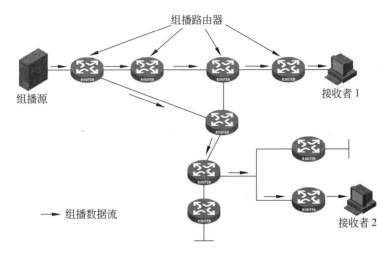

图 8-1　IPv6 组播协议体系结构

图 8-1 中各部分介绍如下。

(1) 组播信息的发送者称为组播源。

(2) 所有的接收者都是组播组成员,图 8-1 中的接收者 1、接收者 2,属于一个组播组成员。

(3) 由所有接收者构成一个组播组,组播组不受地域的限制。

(4) 可以提供组播路由功能的路由器称为组播路由器,组播路由器不仅提供组播路由功能,也提供组播组成员的管理功能。

在 IPv6 组播体系结构中,相关的协议有如下两个。

(1) MLD(Multicast Listener Discovery Protocol,组播侦听者发现协议),用于 IPv6 路由器在其直连网段上发现希望接收组播数据的主机节点。

(2) IPv6 PIM(Protocol Independent Multicast for IPv6,IPv6 协议无关组播),用于利用静态路由或者任何 IPv6 单播路由协议(包括 RIPng、OSPFv3、IS-ISv6、BGP4+等)生成的 IPv6 单播路由表为 IPv6 组播转发提供路由。

8.2.3　IPv6 组播中的 RPF 检查机制

与 IPv4 中的组播一样,IPv6 也需要进行 RPF 检查,以确保能够正确地转发 IPv6 组播流,同时避免组播路由环路。

在 H3C 的产品中,RPF 检查的执行过程如下。

(1) 路由器在某接口收到 IPv6 组播报文后,在 IPv6 单播路由表中查找 RPF 接口。

(2) 如果当前组播路径是从组播源到接收者的 SPT 或组播源到 RP 的 RPT,则路由器以组播源的地址为目的地址查找 IPv6 单播路由表,相应表项的出接口为 RPF 接口。

(3) 如果当前组播路径是从 RP 到接收者的 RPT,则路由器以 RP 的地址为目的地址查找 IPv6 单播路由表,相应表项的出接口为 RPF 接口。

(4) 路由器将 RPF 接口与 IPv6 组播报文的实际到达接口相比较,以判断到达路径的正确性,从而决定是否转发该 IPv6 组播报文。

(5) 如果两接口一致,就认为该 IPv6 组播报文由正确路径而来,RPF 检查通过,转发该 IPv6 组播报文。

(6) 如果两接口不一致,RPF 检查失败,丢弃该 IPv6 组播报文。

作为路径判断依据的 IPv6 单播路由信息可以来源于任何一种 IPv6 单播路由协议。

例如,当组播路径是从组播源到接收者的 SPT 时,IPv6 RPF 检查过程如图 8-2 所示。

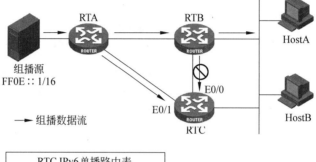

RTC IPv6 单播路由表	
Destination/Mask	Interface
FF0E∷/16	E0/1

图 8-2　IPv6 RPF 检查过程

具体检查过程如下。

(1) RTC 从接口 E0/0 收到来自组播源的 IPv6 组播报文,IPv6 组播转发表中没有相应的转发表项。执行 RPF 检查,发现 IPv6 单播路由表中到达网段 FF0E∷/16 对应的出接口是 E0/1,则判断该报文实际到达接口非 RPF 接口。RPF 检查失败,该 IPv6 组播报文被丢弃。

(2) RTC 从接口 E0/1 收到来自组播源的 IPv6 组播报文,IPv6 组播转发表中没有相应的转发表项。执行 RPF 检查,发现 IPv6 单播路由表中到达网段 FF0E∷/16 对应的出接口正是该报文实际到达接口。RPF 检查通过,对该报文进行转发。

8.3　IPv6 组播地址

8.3.1　IPv6 组播地址格式

根据 RFC 2373,IPv6 组播地址的格式如图 8-3 所示。

8	4	4	80 bits	32 bits
11111111	Flgs	Scop	Reserved must be zero	Group ID

图 8-3　IPv6 组播地址格式

其中各字段含义如下。

（1）11111111：8 位，标识此地址为 IPv6 组播地址。

（2）Flgs：4 位，其中高 3 位是保留位，取 0；最低位是临时标识位 T，如图 8-4 所示，T 取值 0 代表此地址是永久分配的 Well-known 组播地址，T 取值 1 代表此地址是非永久分配的组播地址。

图 8-4　Flgs 字段中的 T 位

（3）Scop：4 位，标识该 IPv6 组播组的应用范围，其可能的取值及其含义如表 8-1 所示。

表 8-1　Scop 字段取值及含义

取　　值	含　　义
0	保留（Reserved）
1	节点本地范围（Node-local Scope）
2	链路本地范围（Link-local Scope）
3、4、6、7、9～D	未分配（Unassigned）
5	站点本地范围（Site-local Scope）
8	机构本地范围（Organization-local Scope）
E	全局范围（Global Scope）
F	保留（Reserved）

（4）Reserved：80 位，在 RFC2373 中规定必须置为全 0。

（5）Group ID：32 位，IPv6 组播组标识号。

8.3.2　基于单播前缀的 IPv6 组播地址

在 RFC3306 中，规定了一种将 IPv6 单播前缀映射到组播地址中的方法。这种方法对 IPv6 组播地址中的部分字段和含义进行了重新定义，如图 8-5 所示。

8	4	4	8	8	64	32
11111111	Flgs	Scop	Reserved	Plen	Network Prefix	Group ID

图 8-5　基于单播前缀的 IPv6 组播地址

和原 IPv6 组播地址的定义相比，主要变化是把原来的保留字段进行了定义，多出了一些字段，并且对原来某些字段中的值定义也更新了。其中各字段含义如下。

（1）Flgs：在 RFC2373 中，高 3 位是保留位，取 0；最后一位 T 用来区分这个地址是永久分配的 Well-known 组播地址，还是非永久分配的临时组播地址。在 RFC3306 中，对 Flgs 的定义进行了更新，更新后的 Flgs 增加了一个 P 位，如图 8-6 所示。

0	0	P	T

图 8-6　Flgs 字段中的 P 位和 T 位

如果 P 取值 1,就表示该组播地址是一个基于单播前缀的 IPv6 组播地址。并且,RFC3306 规定,当 P=1 时,T 也一定要为 1,因为它同时也是一个非永久分配的临时组播地址。

(2) Scop:与原 RFC2373 含义相同。

(3) Reserved:取值为 0。

(4) Plen:当 Flgs 中的 P=1 时,表示内嵌的单播网络前缀的确切长度(用十六进制表示)。

(5) Network Prefix:当 Flgs 中的 P=1 时,表示在该组播地址中内嵌的单播网络前缀。由于接口标识符的长度是 64 位,此处给网络前缀提供 64 位便足够了。

(6) Group ID:32 位,IPv6 组播组标识号。

如果一个网络的 IPv6 单播前缀是 3FFE:FFFF:1::/48,则对应的基于单播前缀的 IPv6 组播地址可以按如下方法计算。

Flgs 字段中的 P 位和 T 位必须取值 1,所以前 16 位为 FF3x,此处 x 表示任意合法的 Scope;Reserved 字段全为 0,Plen 字段表示前缀长度,此处的 48 位前缀长度用十六进制 30 来表示;然后再把 48 位网络前缀 3FFE:FFFF:1 嵌到地址中,最后形成的 IPv6 组播地址就是:FF3x:0030:3FFE:FFFF:1::/96,后 32 位是组播组 ID。

8.3.3 内嵌 RP 地址的 IPv6 组播地址

为什么要定义内嵌 RP 地址的 IPv6 组播地址呢?对于运行 PIM-SM 的 ASM(Any-Source Multicast)模型来说,RP 的重要性不言而喻。为了让组播域内的每台 PIM 路由器都能知道 RP 的信息,IETF 定义了 BSR 机制来在组播域内传递 RP 的信息。但是对于组播域外的 RP 该如何处理呢?

在 IPv4 中,域间组播信息的传递是依靠 MSDP 来完成的。但是 MSDP 协议还没有针对 IPv6 进行修改,因此寻找一种替代的方法是很必要的。SSM(Source-Specific Multicast)可以很好地解决组播跨域的问题,但是 SSM 的体系毕竟和 ASM 是不同的,SSM 的全面实施不可能一蹴而就,因此 IPv6 ASM 体系需要自己的组播跨域手段。组播的接收者必须通过其他手段预先知道组播源的具体位置。而把 RP 地址嵌在 IPv6 组播地址中是通知接收者组播源的位置信息的好办法。这样就可以实现从组播组到 RP 地址的直接映射,接收者只需要对收到的组播报文或者 MLD 报文进行分析即可知道 RP 的地址。

为了将 RP 地址嵌在 IPv6 组播地址中,RFC3956 将基于单播前缀的 IPv6 组播地址进行了一些修改,新的格式如图 8-7 所示。

8	4	4	4	4	8	64	32
11111111	Flgs	Scop	Rsvd	RIID	Plen	Network Prefix	Group ID

图 8-7 内嵌 RP 地址的 IPv6 组播地址

由图 8-7 可见,新的定义中增加了 RIID 字段,RIID 的含义是 RP Interface ID,也就是 RP 路由器的接口 ID。不过 RIID 的长度只有 4 位,故要求 RP 路由器的接口 ID 也只能是 4 位长,这是一个局限性。与此同时,Network Prefix 字段的含义发生了变化,Flgs 字段的定义也有了更新,如图 8-8 所示。

0	R	P	T

图 8-8 Flgs 字段中的 R 位

由图 8-8 可见,又有新的一位 R 投入使用了。当 R=1 时,表示这个组播地址是一个内嵌 RP 地址的 IPv6 组播地址,与此同时 P 和 T 的值也必须为 1。因此,内嵌 RP 地址的 IPv6 组播地址的前缀是 FF7x::/12。

Network Prefix 字段不再是 IPv6 单播网络的前缀,它表示 RP 路由器接口的 IPv6 前缀,其长度还是通过 Plen 字段来控制。

如果 R=1,表明这是一个内嵌 RP 地址的 IPv6 组播地址。其相对应的 RP 地址的计算过程如图 8-9 所示。

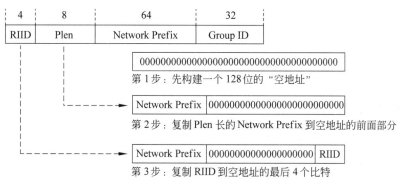

图 8-9　组播地址到 RP 的映射

首先,系统将一个 128 位全"0"的空地址作为模板,然后根据字段 Plen 中的长度提取出相应的 Network Prefix,把它复制到空地址的前面部分;再把 RIID 字段中的 4 位复制到最后 4 位;中间的位保持"0"不变。

例如,如果内嵌 RP 地址的 IPv6 组播地址是 FF7x:0F20:2001:DB8:DEAD::/80。此处 Plen 为 0x20,0x20=32,说明 RP 的 IPv6 网络前缀是 2001:DB8::/32;而 RIID 字段是 F,则嵌入的 RP 的 IPv6 地址为 2001:DB8::F。

相反的,如果已知 RP 的地址,按照上面的过程推算,很容易计算出相应的组播地址,举例如下。

(1) 假设 RP 路由器所在网络前缀是 2001:DB8:BEEF:FEED::/64,管理员想把 RP 的地址通过内嵌 RP 地址的组播地址的方式通告给用户。首先管理员应该设置 RP 路由器的地址为 2001:DB8:BEEF:FEED::y,这里 y 是 RIID,取值为 1~F,但不能为 0;然后构造相对应的内嵌 RP 地址的 IPv6 组播地址 FF7x:y40:2001:DB8:BEEF:FEED::/96,注意这里的 Plen 字段值是 0x40,表明网络前缀长是 64 位。组播地址中的 x 表明组播的应用范围,y 表示 RIID。最后的 32 位为可被用来分配给用户使用的组播组 ID。

(2) 假设 RP 路由器所在网络前缀是 2001:DB8::/32,则可以设置 RP 路由器的地址为 2001:DB8::y,那对应的内嵌 RP 地址的 IPv6 组播地址就应该是 FF7x:y20:2001:DB8::/64,y 是 RIID。

8.4　MLD 协 议

MLD(Multicast Listener Discovery Protocol,组播侦听者发现协议)用于 IPv6 路由器在其直连网段上发现组播侦听者。组播侦听者(Multicast Listener)是希望接收组播数据的主机节点。

　　路由器通过 MLD 协议，可以了解自己的直连网段上是否有 IPv6 组播组的侦听者，并在数据库里做相应记录。同时，路由器还维护与这些 IPv6 组播地址相关的定时器信息。

　　配置 MLD 的路由器使用 IPv6 单播链路本地地址作为源地址发送 MLD 报文。MLD 使用 ICMPv6（Internet Control Message Protocol for IPv6，针对 IPv6 的互联网控制报文协议）报文类型，Next Header 值为 58。所有的 MLD 报文被限制在本地链路上，其跳数为 1，并且在逐跳选项头中存在 IPv6 路由器告警选项。

　　MLD 是非对称协议，明确规定了组播侦听者与路由器的不同行为。

　　到目前为止，MLD 协议有以下两个版本。

　　（1）MLDv1（由 RFC2710 定义），源自 IGMPv2。

　　（2）MLDv2（由 RFC3810 定义），源自 IGMPv3。

8.4.1　MLDv1 协议

　　MLDv1 协议源于 IPv4 的 IGMPv2 协议。区别在于：MLD 协议是基于 ICMPv6 的，使用 ICMPv6（IP 协议号 58）消息类型；IGMP 协议是基于 IP 的，其对应的 IP 协议号为 2。

1．MLDv1 工作机制

　　MLDv1 基于查询/响应（Query/Response）机制完成 IPv6 组播组成员的管理。在 MLDv1 运行过程中，路由器会发出查询报文（Query Message）来查询链路上有哪些组播组成员；主机会发送报告报文（Rcport Mcssage）对此查询进行响应。同时，主机在启动时也会主动发送报告报文来加快路由器生成相关组播表项的速度。另外，如果主机不再想接收某一组播组的数据，它会发离开报文（Done Message）来通知路由器。

　　MLDv1 路由器会发送以下两种类型的查询报文（Query Message）。

　　① 普遍组查询（General Query）：查询直连链路上有哪些 IPv6 组播地址存在侦听者。

　　② 特定组查询（Multicast-Address-Specific Query）：查询直连链路上是否有某指定 IPv6 组播地址的侦听者。

　　MLDv1 主机会发送报告报文和离开报文。

　　MLDv1 主机与路由器的交互过程如图 8-10 所示。

图 8-10　MLDv1 主机与路由器的交互过程

其具体过程如下。

　　（1）主机主动发送报告加入组播组

　　主机在启动时会主动发送报告报文（Report Message），表明自己想加入某个组播组。

　　（2）路由器进行普遍查询

　　路由器会周期性地向直连链路上的所有主机以组播方式（目的地址为 FF02::1）发送普

遍组查询报文,目的是查询所有的想加入任意组播组的主机。

（3）主机响应查询

链路上的所有主机都能收到该报文。希望加入组播组 G1 的主机各自设置一个延迟定时器,并在其超时后以组播方式向链路上的所有主机和路由器发送报告报文来响应查询,该报文包含组播组 G1 的地址信息;此时网段中其他也希望加入 G1 的主机将不再发送相同的报告报文。如果主机希望加入另一个组播组 G2,就会发送包含 G2 地址信息的报告报文来响应普遍组查询报文以加入 G2。

（4）主机发送消息离开组

当主机想离开某组播组时,就以组播地址（目的地址是 FF02::2）向链路上发送一个离开报文,表明自己要离开这个组。

（5）路由器发送特定组查询

路由器发送一个特定组查询报文来对主机进行查询,如果没有主机回应这个查询,路由器认为链路上没有想加入此组播组的主机,则不再向链路上转发组播数据流。

当链路上存在多个运行 MLD 的组播路由器时,将触发 MLD 查询器（Querier）的选举。在开始的时候,所有组播路由器都认为自己是查询器,并发出查询报文;但当一个路由器收到一个地址比自己小的路由器发出的查询报文后,这个路由器就会充当非查询器（Non-Querier）,不再发送查询报文。但注意,因为在 MLD 协议中,路由器以 IPv6 单播链路本地地址作为源地址发送 MLD 报文,所以链路本地地址最小的组播路由器会成为链路上的查询器（Querier）,负责此链路上的组播组成员信息维护。

如果查询器失效,非查询器在一段时间内没有收到查询报文,则非查询器会转变为查询器,从而重新发起查询器的选举过程。

2. MLDv1 报文格式

MLDv1 报文格式如图 8-11 所示。

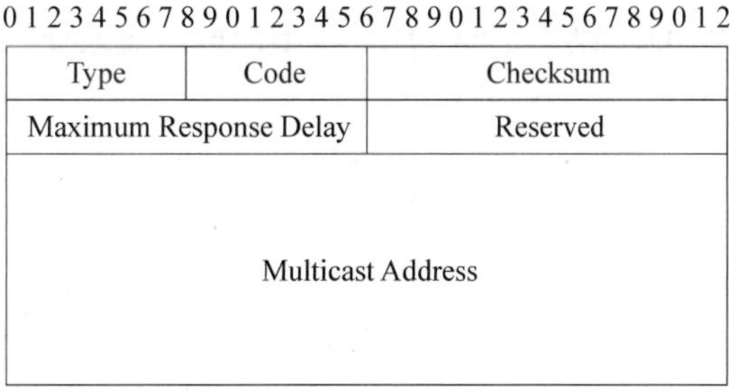

```
0 1 2 3 4 5 6 7 8 9 0 1 2 3 4 5 6 7 8 9 0 1 2 3 4 5 6 7 8 9 0 1 2
```

Type	Code	Checksum
Maximum Response Delay		Reserved
Multicast Address		

图 8-11   MLDv1 报文格式

MLDv1 报文共有 3 种类型,分别如下。

（1）查询报文（Query Message）,Type 值为 130。

（2）报告报文（Report Message）,Type 值为 131。

（3）离开报文（Done Message）,Type 值为 132。

其报文中各字段含义如表 8-2 所示。

表 8-2　MLDv1 报文字段含义

字　段	描　述
Type	报文类型
Code	初始化为 0
Checksum	标准的 IPv6 校验和
Maximum Response Delay	侦听者发送报告报文前允许的最长响应延迟,只在查询报文中有意义
Reserved	保留字段,初始化为 0
Multicast Address	普遍组查询中,此字段设置为 0;特定组或特定源组查询中,此字段设置为待查询的组播组地址

8.4.2　MLDv2 协议

MLDv2 协议源自 IGMPv3,也就是把 IGMPv3 协议做了"IPv6 化"。它最大的特点是,主机不但能告诉组播路由器它需要接收哪些组播流,而且还能告诉路由器它需要接收由哪些源发出的组播流,拒绝接收哪些源发出的组播流。

比如一个网络中有两个频道节目,频道 1 用组播流(1::1,FF0E::1),频道 2 用组播流(1::2,FF0E::1)。如果网络中的设备仅支持 MLDv1 协议的话,就无法做到只想接收频道 1,不想接收频道 2。因为 MLDv1 协议无法区分组播源,只能区分组播组,所以它只能告诉路由器它想接收发送到组播组 FF0E::1 的流,那么路由器就会把这两个频道的节目同时发给它。而如果用户设备支持 MLDv2 协议,那它就可以告诉路由器它只想接收频道 1(1::1,FF0E::1)组播流,而不想接收频道 2,这样路由器就可以只把频道 1 的流转发给用户。

另外,MLDv2 协议能够兼容 MLDv1 协议。

1. MLDv2 工作机制

MLDv2 的工作机制与 MLDv1 有了一些变化,它在 MLDv1 的基础上增加了对特定组播源过滤的支持,所以 MLDv2 维护了与 MLDv1 不同的组播地址状态信息。在查询器选举机制方面,MLDv2 与 MLDv1 是一样的。

前面已经介绍,MLDv2 协议是一个非对称协议。支持 MLDv2 协议的路由器和主机在协议中所扮演的角色不同,所以其状态和行为也有差异。主机仅需要维护自己的组播地址状态信息,也就是说主机只知道自己想接收什么样的组播就够了。而路由器需要维护链路中所有组播地址状态信息,也就是网段中的所有主机想接收什么样的组播,路由器都需要了解。

(1) MLDv2 路由器组播地址状态信息

运行 MLDv2 的组播路由器是基于每条直连链路上的组播地址(per Multicast Address per Attached Link)来保持对组播地址状态的跟踪的。比如,一条链路上有两台主机,想加入 3 个组播组,那组播路由器就会维护 3 个组播地址状态。

在 MLDv2 路由器的接口上,每一个组播地址的状态信息都由以下几个元素构成:过滤模式(Filter Mode);过滤定时器(Filter Timers);源列表(Source List)。其中源列表又由源地址(Source Address)和源定时器(Source Timers)构成。

① 过滤模式(Filter Mode)。过滤模式有两种：Include 和 Exclude。与源列表结合起来,它用来表示路由器能转发由哪些组播源发出的组播流,拒绝转发哪些组播流。

路由器的过滤模式受主机影响。对于一个组播地址,如果链路上的所有主机的过滤模式是 Include,则路由器的过滤模式是 Include;但如果链路上有一个主机的过滤模式是 Exclude,则路由器的过滤模式会变为 Exclude。

在过滤模式是 Include 时,路由器用符号 Include(A)表示它的状态。A 是源列表(Source List),此处称为 Include List,表示链路上有一个或多个主机需要接收从此源发出的组播流。此时路由器要转发组播流(A,G),但不转发其他的组播流。

当路由器的过滤模式是 Exclude 时,它用符号 Exclude(X,Y)表示它的状态。此处 X 和 Y 都是源列表,但含义不一样。X 称为 Requested List,Y 称为 Exclude List。此时,路由器可以转发除了从 Y 发出的组播流之外的所有组播流。可以看出,这时候 Requested List 实际上是不起作用的,它的作用是当过滤模式从 Exclude 转化到 Include 时,用来保持对源列表的跟踪以做到平滑过渡。

② 过滤定时器(Filter Timers)。过滤定时器只有在 Exclude 模式下才起作用,它表示切换到 Include 模式的时间。一旦过滤定时器老化,这个组播地址的过滤模式就切换到 Include 模式。

③ 源列表(Source List)。与过滤模式相关,用来表示路由器能够转发或拒绝转发哪些组播源发出的组播流。

④ 源定时器(Source Timers)。源定时器与过滤模式相关。在 Include 模式下,源定时器大于 0 表示有侦听者想要侦听此源发出的组播流,而定时器老化则表示没有侦听者想侦听此源发出的组播流,这时路由器就把这个源从源列表中删除。

在 Exclude 模式下,情况稍微复杂一些,因为 Exclude 模式下有 Requested List 和 Exclude List,Requested List 表示有侦听者想侦听这个源发出的组播流,Exclude List 表示没有侦听者想侦听这个源发出的组播流。所以,Requested List 中的源的源定时器是有意义的;而 Exclude List 中的源的源定时器会一直保持值为 0 不变,表示路由器不转发此源发出的组播流。另外,如果 Requested List 中的源定时器老化超时,路由器就把它移到 Exclude List 中去。

表 8-3 总结了路由器上一个组播地址所关联的过滤模式、源定时器及路由器行为的关系。

(2) MLDv2 主机组播地址状态信息

MLDv2 主机仅需要维护组播地址相对应的过滤模式(Filter Mode)和源列表(Source List)。

① 当主机要求只接收来自特定组播源如 S1、S2、… 发来的组播信息时,则其报告报文中可以设置为 Include(S1,S2,…)。

② 当主机拒绝接收来自特定组播源如 S1、S2、… 发来的组播信息时,则其报告报文中可以设置为 Exclude(S1,S2,…)。

表 8-3　过滤模式、源定时器及路由器行为关系表

路由器的过滤模式 （Filter Mode）	源定时器的值 （Source Timers Value）	路由器行为及说明
Include	TIMER＞0	转发对应的组播数据流
Include	TIMER＝0	停止转发并从源列表中去除。如果源列表中没有了源，则删除此组播地址记录
Exclude	TIMER＞0	转发 Requested List 中的源发出的组播流
Exclude	TIMER＝0	停止转发，并把这个源从 Requested List 中移到 Exclude List 中去
Exclude	没有源在源列表中	转发所有的源发出的组播流

　　MLDv2 主机与路由器的交互过程与 MLDv1 基本相同，也是基于查询/响应机制完成 IPv6 组播组成员的管理。但 MLDv2 增加了一种特定源组查询（Multicast-Source-Address-Specific Query），用来查询指定直连链路上是否有某组播源发往某 IPv6 组播地址的侦听者。

　　MLDv2 主机与路由器的交互过程如图 8-12 所示。

图 8-12　MLDv2 主机与路由器的交互过程

　　（1）主机主动发送报告加入组播组

　　主机在启动时会主动发送报告报文，此报告报文中包含了一个或多个当前状态记录（Current-State Record）类型的组播地址记录，每个组播地址记录中又对应了一个或多个源地址，这些信息代表了主机想要接收从哪些源发出的哪些组播流。路由器根据收到的报告报文中的信息来建立或更新自己的状态信息。

　　（2）路由器进行普遍查询

　　路由器会周期性地发送普遍组查询报文，其作用与 MLDv1 一样，查询所有的想加入任意组播组的主机。

　　（3）主机响应查询

　　收到路由器发出的查询报文后，主机发送带有当前状态记录（Current-State Record）类型的组播地址记录报告报文回应相应的查询报文。当然，主机在发送报告报文时，需要对组播地址记录中的当前状态记录（Current-State Record）值进行计算。

　　（4）主机发送状态改变消息给路由器

　　如果主机自己的状态发生了变化（比如某应用程序想接收某个组播流，或某应用程序想改变接收这个组播的源，或某应用程序不再想接收组播流等），主机会主动发送报告报文，此报告报文中包含了主机的变化信息，用过滤模式改变（Filter-Mode-Change Record）或源列表改变（Source-List-Change Record）类型的组播地址记录来表达。

（5）路由器发出特定源组查询报文

路由器收到主机发出的 Filter-Mode-Change Record 或 Source-List-Change Record 类型的报告报文后，路由器会发出特定源组查询报文来查询在链路上是否还有主机想要接收由某个特定源发出的某个组播地址。

2. MLDv2 报文

与 MLDv1 不同，MLDv2 中只有两种报文，分别是路由器发出的查询报文和主机发出的报告报文。MLDv2 查询报文与 MLDv1 查询报文的类型值相同，Type = 130，但比 MLDv1 报文要包含更多的字段。路由器通过查看报文的长度来区分是 MLDv1 还是 MLDv2 的查询报文。MLDv2 报告报文的类型值是 143，与 MLDv1 的不同。另外，MLDv2 协议中没有离开报文（Done Message），它用一个过滤模式为 Include，源列表为空的报告报文来实现 MLDv1 中离开报文的功能。

3. MLDv2 路由器发出的查询报文

MLDv2 查询器通过发送 MLDv2 查询报文来了解相邻接口的组播侦听状态。MLDv2 查询报文格式如图 8-13 所示（阴影部分表示 MLDv1 查询报文）。

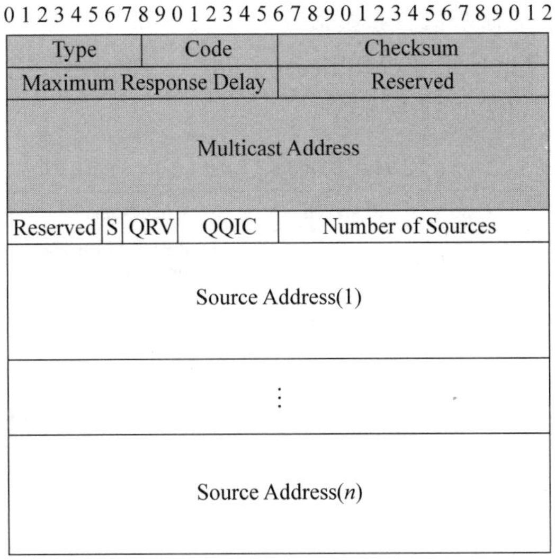

图 8-13　MLDv2 查询报文格式

图 8-13 中各字段含义如表 8-4 所示。

表 8-4　MLD 查询报文字段含义

字　　段	描　　述
Type	报文类型，130 代表查询报文
Code	初始化为 0
Checksum	标准的 IPv6 校验和

续表

字　段	描　述
Maximum Response Delay	侦听者发送报告报文前允许的最长响应延迟
Reserved	保留字段,初始化为 0
Multicast Address	普遍组查询中,此字段设置为 0;特定组或特定源组查询中,此字段设置为待查询的组播组地址
S	标识位,表示路由器接收到查询报文后是否对定时器更新进行抑制
QRV	查询器的健壮性变量(Querier's Robustness Variable)
QQIC	查询器发送普遍组查询报文的查询间隔(Querier's Query Interval Code)
Number of Sources	普遍组查询或特定组查询中,此字段设置为 0;特定源组查询中,此字段表示查询报文中包含的源地址个数
Source Address(i)	特定源组查询中的组播源地址($i=1,2,\cdots,n$,n 表示源地址个数)

4. MLDv2 主机发出的报告报文

在 MLDv1 协议中,一个报告报文中仅包含一个组播地址的信息,如果主机的接口需要侦听多个组播地址,那么主机就会发送多个报告报文来向路由器报告。但在 MLDv2 协议中,接口上所有的组播地址侦听信息是被放在一个报告报文中发送给路由器的。一个报告报文可以包含有多个组播地址记录(Multicast Address Record),记录了主机上对这些组播地址所维护的状态信息,如图 8-14 所示。

0 1 2 3 4 5 6 7 8 9 0 1 2 3 4 5 6 7 8 9 0 1 2 3 4 5 6 7 8 9 0 1 2

Type	Reserved	Checksum
Reserved		Number of Multicast Address Records
Multicast Address Record(1)		
⋮		
Multicast Address Record(m)		

图 8-14　MLDv2 报告报文格式

每个组播地址记录包含有关这个组播地址记录的详细信息,包括记录类型、组播地址、源地址等,如图 8-15 所示。

组播地址记录类型(Multicast Address Record Type)共有 6 种(IS_IN、IS_EX、ALLOW、BLOCK、TO_EX 和 TO_IN),按照作用不同而划分为以下 3 个类型。

(1) 当前状态记录(Current-State Record)类型

当前状态记录类型表示主机针对某一组播地址的当前侦听状态。其值及含义如表 8-5 所示。

(2) 过滤模式改变记录(Filter-Mode-Change Record)类型

过滤模式改变记录类型表示主机针对某组播地址的过滤模式有了改变。其值及含义如表 8-6 所示。

Record Type	Aux Data Len	Number of Sources (N)
Multicast Address		
Source Address[1] Source Address[2] Source Address[3]		
Auxiliary Data		

图 8-15　MLDv2 报告报文中的组播地址记录

表 8-5　当前状态记录类型的含义

值	名　称	含　义
1	MODE_IS_INCLUDE(IS_IN)	表示对指定组播地址的过滤模式是 Include
2	MODE_IS_EXCLUDE(IS_EX)	表示对指定组播地址的过滤模式是 Exclude

表 8-6　过滤模式改变记录类型的含义

值	名　称	含　义
3	CHANGE_TO_INCLUDE_MODE(TO_IN)	表示对指定组播地址的过滤模式变成了 Include
4	CHANGE_TO_EXCLUDE_MODE(TO_EX)	表示对指定组播地址的过滤模式变成了 Exclude

（3）源列表改变记录（Source-List-Change Record）类型

源列表改变记录类型表示主机针对某组播地址的源列表有了改变。其值及含义如表 8-7 所示。

表 8-7　源列表改变记录类型的含义

值	名　称	含　义
5	ALLOW_NEW_SOURCES （ALLOW）	表示侦听者想要侦听更多的组播源发出的指定组播。如果过滤模式是 Include,则意味着在源列表中增加源;如果过滤模式是 Exclude,则意味着在源列表 Exclude List 中减少源
6	BLOCK_OLD_SOURCES （BLOCK）	表示侦听者想取消侦听部分组播源发出的指定组播。如果过滤模式是 Include,则意味着在源列表中减少源;如果过滤模式是 Exclude,则意味着在源列表 Exclude List 中增加源

上述的过滤模式改变记录（Filter-Mode-Change Record）类型及源列表改变记录（Source-List-Change Record）类型,统称为状态改变记录（State Change Record）类型,表示主机原有的状态发生了改变。

5. MLDv2 与 MLDv1 的兼容性

MLDv2 协议在设计时考虑到了与 MLDv1 协议的兼容性问题。MLDv2 路由器和主机都可以工作在 MLDv1 兼容模式下,所以一般来讲,如果链路上存在不同 MLD 版本的路由器和主机,它们会进入 MLDv1 兼容模式。但是,管理员必须保证在同一链路的所有路由器工作在相同的模式下。

（1）主机侧

在链路中存在 MLDv1 路由器时,MLDv2 主机会自动工作在 MLDv1 兼容模式下。当 MLDv2 主机在接口上收到一个 MLDv1 的查询报文后,这个接口的 MLD 工作模式就被系统设置为了 MLDv1 兼容模式。同时,它启用了一个定时器 Older Version Querier Present Timer,在这个定时器老化后,MLDv2 主机切换回 MLDv2 兼容模式。

如果一个链路上既有 MLDv1 主机,也有 MLDv2 主机,则 MLDv2 主机的报告报文会被 MLDv1 主机的报告报文所抑制。

（2）路由器侧

管理员必须保证所有的路由器都工作在相同模式下,否则会导致 MLD 组成员关系的混乱。

链路上有 MLDv1 主机时,MLDv2 路由器会自动工作在 MLDv1 兼容模式下。当 MLDv2 路由器接收到 MLDv1 主机发出的有关某个组播地址记录的报告报文时,它就把这个组播地址记录的兼容模式设置为 MLDv1。同时,路由器启用一个 Older Version Host Present Timer 定时器,当这个定时器老化后,路由器再把这个地址记录的兼容模式切换回 MLDv2。

8.5 IPv6 PIM 协议

IPv6 PIM(Protocol Independent Multicast for IPv6,IPv6 协议无关组播)是工作在 IPv6 中的 PIM 协议,它利用 IPv6 静态路由或者任何 IPv6 单播路由协议(包括 RIPng、OSPFv3、IPv6-IS-IS、BGP4+等)生成的 IPv6 单播路由表为 IPv6 组播提供路由。IPv6 PIM 协议保持了与 IPv4 PIM 一样的工作机制,只是根据 IPv6 的地址特点而修改了相应的协议报文,并增加了新的嵌入式 RP 功能。

与 IPv4 PIM 一样,IPv6 PIM 包括如下协议。

（1）IPv6 PIM-DM(Protocol Independent Multicast Dense Mode for IPv6,IPv6 密集模式协议无关组播)。

（2）IPv6 PIM-SM(Protocol Independent Multicast Sparse Mode for IPv6,IPv6 稀疏模式协议无关组播)。

另外,本节还会介绍 IPv6 PIM-SSM,它来源于 PIM-SSM。

8.5.1 IPv6 PIM 协议报文

PIM 协议是一个在 IPv6 网络和 IPv4 网络中通用的协议。IPv6 PIM 协议是 PIM 协议根据 IPv6 网络的地址特点而进行的扩展。

　　无论是 IPv6 PIM 还是 IPv4 PIM，所有的 PIM 协议报文格式都是一致的。PIM 协议报文是由相同的报文头加上报文体组成。PIM 协议报文头格式如图 8-16 所示。

```
0 1 2 3 4 5 6 7 8 9 0 1 2 3 4 5 6 7 8 9 0 1 2 3 4 5 6 7 8 9 0 1 2
```

| PIM Ver | Type | Reserved | Checksum |

图 8-16　PIM 协议报文头格式

图 8-16 中各字段含义如表 8-8 所示。

表 8-8　PIM 协议报头字段含义

字　段	描　述	字　段	描　述
PIM Ver	PIM 协议的版本号，目前为 2	Reserved	保留，其值为 0
Type	PIM 协议报文的类型，共有 9 类	Checksum	标准的 IPv4 或 IPv6 校验和

　　在 PIM 协议报文的报文头中，Type 字段用来标识 PIM 协议报文的具体类型，其简单描述如表 8-9 所示。

表 8-9　Type 字段类型及含义

类　型	报文的简单描述
0＝Hello 报文	发往 ALL-PIM-ROUTERS 地址的组播报文
1＝注册报文(仅在 PIM-SM 中使用)	发往 RP 的单播报文
2＝注册停止报文(仅在 PIM-SM 中使用)	发往注册报文源的单播报文
3＝Join/Prune 加入、剪枝报文	发往 ALL-PIM-ROUTERS 地址的组播报文
4＝Bootstrap 自举报文(仅在 PIM-SM 中使用)	发往 ALL-PIM-ROUTERS 地址的组播报文
5＝Assert 断言报文	发往 ALL-PIM-ROUTERS 地址的组播报文
6＝嫁接报文(仅在 PIM-DM 中使用)	发往 RPF'(S)的单播报文
7＝嫁接应答报文(仅在 PIM-DM 中使用)	发往嫁接报文源的单播报文
8＝Candidate-RP-Advertisement 候选 RP 宣告报文(仅在 PIM-SM 中使用)	发往域中 BSR 的单播报文
9＝State Refresh 状态刷新报文	由与组播源直连的路由器(DR)发送的状态刷新报文

　　如表 8-9 所述，IPv6 PIM 协议报文有可能是单播报文(如注册报文)，也可能是组播报文(如 Hello 报文)。如果是单播报文，报文目的地址是一个普通的 IPv6 单播地址；而如果是组播报文，报文目的地址是 IPv6 ALL-PIM-ROUTERS 组播地址，即 FF02::D。

　　另外，很多 PIM 协议报文中会包含有与地址相关的数据，IPv6 PIM 也对之进行了相应的改变。例如，如图 8-17 所示为一个断言报文的格式图。

```
0 1 2 3 4 5 6 7 8 9 0 1 2 3 4 5 6 7 8 9 0 1 2 3 4 5 6 7 8 9 0 1 2
```

PIM Ver	Type	Reserved	Checksum

Multicast Group Address(Encoded Group Format)

Source Address(Encoded Unicast Format)

R	Metric Preference

Metric

图 8-17 PIM 断言报文格式

图 8-17 中各字段含义如表 8-10 所示。

表 8-10 PIM 断言报文字段含义

字　　段	描　　述
Multicast Group Address(Encoded Group Format)	报文中包含的组播组地址,为组播编码格式
Source Address(Encoded Unicast Format)	组播源地址,为单播编码格式
R	RPT 位。值 1 表示是(＊,G)的断言报文,值 0 表示是(S,G)的断言报文
Metric Preference	到组播源或 RP 的单播路由协议优先级
Metric	到组播源或 RP 的单播路由度量值

其中的 Encoded Unicast Format 格式又如图 8-18 所示。

```
0 1 2 3 4 5 6 7 8 9 0 1 2 3 4 5 6 7 8 9 0 1 2 3 4 5 6 7 8 9 0 1 2
```

Addr Family	Encoding Type	Unicast Address

图 8-18 Encoded Unicast Format 格式

图 8-18 中各字段含义如表 8-11 所示。

表 8-11 Encoded Unicast Format 格式字段含义

字　　段	描　　述
Addr Family	地址族。值 0x01 表示 IPv4,值 0x02 表示 IPv6
Encoding Type	编码类型,其值为 0
Unicast Address	单播地址

由上面格式可以看到,在 PIM 协议中,对于包含有地址信息的 PIM 报文,PIM 协议通过字段 Addr Family 来指示报文中包含的是 IPv6 地址还是 IPv4 地址。所以,PIM 协议可以通用在 IPv6 和 IPv4 网络中。

其他具体的报文(如 Hello 报文、注册报文)格式在此不详细阐述,欲了解更多的读者可参见 RFC3973 与 RFC4601。

配置了 IPv6 PIM 的路由器使用 IPv6 单播链路本地地址作为源地址发送 IPv6 PIM 报文。IPv6 PIM 报文是直接承载在 IPv6 固定报头之上的,其 Next Header 值为 103(0x67)。同时,为了使 IPv6 PIM 协议报文的转发范围仅在本地链路上,规定 PIM 协议报文的跳数为 1。

与 IPv4 PIM 协议的运行机制一样,在路由器运行 IPv6 PIM 协议后,路由器会通过交换 IPv6 PIM 的 Hello 报文来发现 IPv6 PIM 邻居。发现邻居后,路由器根据所配置的协议不同(IPv6 PIM-DM 或 IPv6 PIM-SM 等)而决定后续的工作方式。下面介绍具体的 IPv6 PIM 协议工作原理。

8.5.2　IPv6 PIM-DM 简介

与 PIM-DM 在 IPv4 网络中的应用一样,IPv6 PIM-DM 属于密集模式的 IPv6 组播路由协议,使用"推(Push)模式"传送 IPv6 组播数据,通常适用于 IPv6 组播组成员相对比较密集的小型网络。它的基本工作方式也与 IPv4 PIM 相同。

IPv6 PIM-DM 假设网络中的每个子网都存在至少一个 IPv6 组播组成员,因此 IPv6 组播数据将被扩散(Flooding)到网络中的所有节点,如图 8-19 所示。

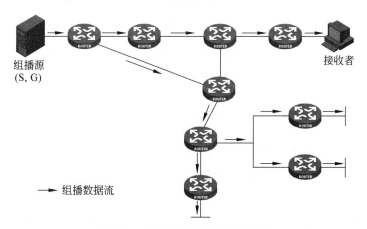

图 8-19　IPv6 PIM-DM 组播流扩散

然后,IPv6 PIM-DM 对没有 IPv6 组播数据接收者的分支进行剪枝(Prune),只保留包含接收者的分支。这种"扩散—剪枝"现象周期性地发生,各个被剪枝的节点提供超时机制,被剪枝的分支可以周期性地恢复成转发状态,如图 8-20 所示。

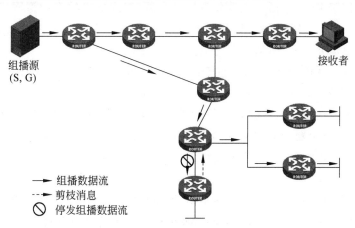

图 8-20　IPv6 PIM-DM 剪枝

当被剪枝分支的节点上出现了 IPv6 组播组的成员时,为了减少该节点恢复成转发状态所需的时间,IPv6 PIM-DM 使用嫁接(Graft)机制主动恢复其对 IPv6 组播数据的转发,如图 8-21 所示。

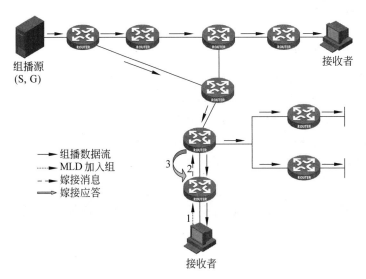

图 8-21　IPv6 PIM-DM 嫁接

一般来说,密集模式下数据报文的转发路径是有源树(Source Tree,即以组播源为"根"、IPv6 组播组成员为"枝叶"的一棵转发树)。由于有源树使用的是从组播源到接收者的最短路径,因此也称为最短路径树(Shortest Path Tree,SPT)。

8.5.3　IPv6 PIM-SM 简介

IPv6 PIM-DM 使用以"扩散—剪枝"方式构建的 SPT 来传送 IPv6 组播数据。尽管 SPT 的路径最短,但是其建立的过程效率较低,并不适合大中型网络。

IPv6 PIM-SM 属于稀疏模式的 IPv6 组播路由协议,使用"拉(Pull)模式"传送 IPv6 组播数据,通常适用于 IPv6 组播组成员分布相对分散、范围较广的大中型网络。它的基本工作方式也与 IPv4 PIM-SM 相同。IPv6 PIM-SM 假设所有主机都不需要接收 IPv6 组播数据,只向明确提出需要 IPv6 组播数据的主机转发。

IPv6 PIM-SM 实现组播转发的核心任务就是构造并维护 RPT(Rendezvous Point Tree,共享树或汇集树),RPT 选择 IPv6 PIM 域中某台路由器作为公用的根节点 RP(Rendezvous Point,汇集点),IPv6 组播数据通过 RP 沿着 RPT 转发给接收者,如图 8-22 所示。

连接接收者的路由器向某 IPv6 组播组对应的 RP 发送加入报文(Join Message),该报文被逐跳送达 RP,途中所经过的所有路由器都建立起了(∗,G)表项,"∗"表示来自任意组播源,如图 8-23 所示。

组播源如果要向某 IPv6 组播组发送 IPv6 组播数据,首先由与组播源直连的路由器负责将 IPv6 组播数据封装为注册报文(Register Message),并通过单播方式发送给 RP。该报文到达 RP 后,RP 会再向组播源发送加入报文,该报文被逐跳送达与组播源直连的路由器。这时,途中所经过的所有路由器都建立起了(S,G)表项,也就是建立了 SPT。之后组播源把 IPv6 组

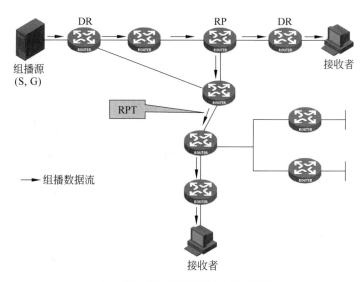

图 8-22　IPv6 PIM-SM 中的 RPT

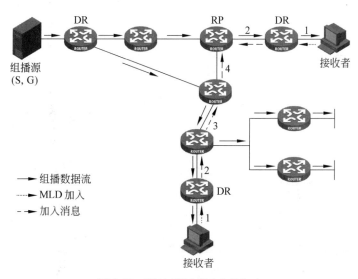

图 8-23　IPv6 PIM-SM 中的加入

播数据沿着 SPT 发向 RP,当 IPv6 组播数据到达 RP 后,被复制并沿着 RPT 发送给接收者。

　　当 SPT 建立,且 RP 接收到来自组播源的 IPv6 组播数据后,RP 将向组播源侧 DR 发送注册终止报文,DR 收到该报文后将停止发送封装有 IPv6 组播数据的注册报文并进入注册抑制(Register-Suppression)状态,如图 8-24 所示。

　　当接收者侧的 DR 发现从 RP 发往 IPv6 组播组 G 的 IPv6 组播数据速率超过了一定的阈值时,将由其发起从 RPT 向 SPT 的切换。首先,接收者侧 DR 向组播源 S 逐跳发送(S,G)加入报文,并最终送达组播源侧 DR,沿途经过的所有路由器在其转发表中都生成了(S,G)表项,从而建立了 SPT 分支;随后,接收者侧 DR 向 RP 逐跳发送剪枝报文,RP 收到该报文后会向组播源方向将其转发,目的是把 RPT 沿途的路由器都从 RPT 上剪掉,从而最终实现从 RPT 向 SPT 的切换,如图 8-25 所示。

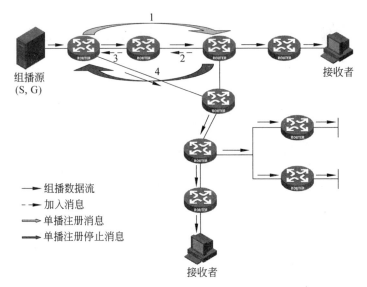

图 8-24　IPv6 PIM-SM 中的注册

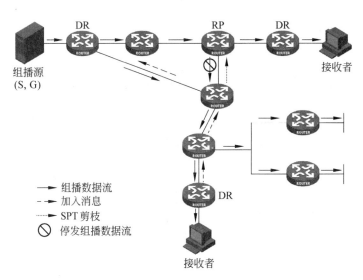

图 8-25　IPv6 PIM-SM 中 SPT 切换

从 RPT 切换到 SPT 后,IPv6 组播数据将直接从组播源发送到接收者。通过由 RPT 向 SPT 的切换,IPv6 PIM-SM 能够以比 IPv6 PIM-DM 更经济的方式建立 SPT。

8.5.4　IPv6 嵌入式 RP

在前面讨论过内嵌 RP 地址的 IPv6 组播地址和用途。使用嵌入式 RP,路由器可以从 IPv6 组播地址中分析出 RP,从而取代静态配置的 RP 或由 BSR(Boot Strap Router,自举路由器)机制动态计算出来的 RP,其工作过程如图 8-26 所示。

在接收端,主机发送 MLD 报告报文,此报告报文的内容是主机要接收组播流 FF7E: 120:2001:0:ABCD::1。DR 收到报文后,发现这个组播地址的规范符合内嵌 RP 地址的 IPv6 组播地址规范,它就会把其中内嵌的 RP 地址 2001::1 提取出来,并向 RP 发送加入报

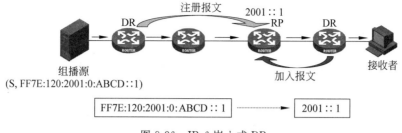

图 8-26　IPv6 嵌入式 RP

文,建立从接收侧的 DR 到 RP 的 RPT 转发路径。

同理,组播源发出到 FF7E:120:2001:0:ABCD::1 的组播数据,组播源侧的 DR 提取出内嵌在 IPv6 组播地址中的 RP 地址 2001::1,并向 RP 以单播方式发送注册报文(Register Message),同时建立了从组播源侧到 RP 的 SPT 转发路径。

RPT 和 SPT 转发路径建立后,组播数据流可以沿着路径从组播源转发到接收者。

嵌入式 RP 的优点是网络中不需要显式指定 RP、BSR,网络配置复杂度降低;它的缺点是只能使用特别的 IPv6 组播地址,应用范围受到限制。

8.5.5　IPv6 PIM-SSM

1. ASM 模型的不足

ASM 模型是目前网络中应用最广泛的组播模型。PIM-DM、PIM-SM、IGMPv1/IGMPv2(在 IPv4 网络中)、MLDv1(在 IPv6 网络中)等协议在 ASM 模型中被使用。但 ASM 模型也存在一些不足。

首先,当前的 ASM 模型并没有一个很好的方案来解决不同应用程序可能使用相同的组播地址问题。这就意味着接收者可能会收到从不同源发来的到同一个组播地址的组播流。

其次,ASM 模型中的网络设备无法进行组播源访问控制,组播路由器可能会转发从任何源发出的组播数据,这给网络安全带来了问题,接收者容易受到攻击。

再次,ASM 模型对已知源组播流转发效率较低。无论接收者是否已经知道组播源的位置,PIM-SM 都必须首先把组播流发到 RP。而实际上对于已知组播源来说,这是不必要的,直接按照 SPT 转发具有更高的效率。

2. SSM 模型的优点

SSM 模型改进了 ASM 模型中的不足。

首先,在 SSM 模型中使用了"通道(Channel)"的概念。一个通道(S,G)包含了源 S 和组播组 G;对于接收者的应用程序来说,通道 1(S1,G)和通道 2(S2,G)的源是不同的,应用程序能够分辨它们。这样就解决了接收者可能会收到从不同源发来的相同组播流的问题。

其次,在 SSM 模型中,用户可以指定从哪个源接收组播流。对于非指定的源发出的流,网络中的组播路由器会丢弃它们,不会将它们转发给用户,从而保障了网络用户的安全。

再次,在 SSM 的架构中,接收者通过其他手段(如特殊地址)预先知道组播源的具体位置,所以网络中不再需要构建 RPT,而直接在接收者和组播源之间建立专用的组播转发路径，提高转发效率。

3．IPv6 PIM-SSM 工作机制

IPv6 PIM-SSM 的实现并不需要特别的协议，用 IPv6 PIM-SM 协议中的部分技术（不需要用 BSR、RP 等）及 MLDv2 来实现就可以了。但要注意，IPv6 PIM-SSM 的实现需要使用特殊组播地址，地址范围为 FF3x::/96，其中 x 表示 0~F 的任意一个十六进制数。

另外，在 PIM-SSM 中，用"通道（Channel）"来表示从组播源到接收者的 SPT；用"定制报文（Subscribe Message）"来表示加入报文。

IPv6 PIM-SSM 工作过程如图 8-27 所示。

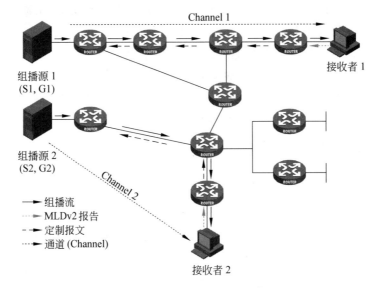

图 8-27　IPv6 PIM-SSM 通道建立

在接收者侧，接收者并不关心也不知道网络中是 SSM 架构。运行 MLDv2 协议的接收者首先向 DR 发送想加入组播组的 MLDv2 报告报文，报文中含有组播源 S 的地址。收到报告报文的 DR 先判断该报文中的 IPv6 组播组地址是否在 IPv6 SSM 组播组地址范围内。如果在 IPv6 PIM-SSM 组播组地址范围内，则构建 IPv6 PIM-SSM，并向组播源 S 逐跳发送通道的定制报文（加入报文）。沿途所有路由器上都创建（Include S,G）或（Exclude S,G）表项，从而在网络内构建了一棵以组播源 S 为根、以接收者为叶子的 SPT，该 SPT 就是 IPv6 PIM-SSM 中的传输通道。如果不在 IPv6 PIM-SSM 组地址范围内，则仍旧按照 IPv6 PIM-SM 的流程进行后续处理，此时 DR 需要向 RP 发送加入报文，同时在 RP 上需要进行组播源的注册。

8.5.6　IPv6 组播路由和转发

1．IPv6 组播路由和转发相关表项

在 H3C 产品的 IPv6 组播实现中，组播路由和转发与以下 3 个表项有关。

（1）每个 IPv6 组播路由协议都有一个协议自身的路由表，如 IPv6 PIM 路由表（IPv6 PIM Routing-Table）。

（2）各 IPv6 组播路由协议的组播路由信息经过综合形成一个总的 IPv6 组播路由表（IPv6 Multicast Routing-Table）。

（3）IPv6 组播转发表（IPv6 Multicast Forwarding-Table），它直接用于控制 IPv6 组播数据报文的转发。

IPv6 组播路由表由(S,G)表项组成，表示由源 S 向 IPv6 组播组 G 发送 IPv6 组播数据的路由信息。如果路由器支持多种 IPv6 组播路由协议，则 IPv6 组播路由表中将包括由多种协议生成的组播路由。路由器根据组播路由和转发策略，从 IPv6 组播路由表中选出最优的组播路由，并下发到 IPv6 组播转发表中。

IPv6 组播转发表是指导 IPv6 组播数据转发的转发表。设备在收到由组播源 S 向 IPv6 组播组 G 发送的 IPv6 组播报文后，首先查找 IPv6 组播转发表，根据不同的查找结果进行相应的处理。

（1）如果存在对应的(S,G)表项，且该报文实际到达接口与 IPv6 组播转发表中的入接口一致，则向所有的出接口执行转发。

（2）如果存在对应的(S,G)表项，但是报文实际到达的接口与 IPv6 组播转发表中的入接口不一致，则对此报文执行 RPF 检查。若检查通过，则将入接口修改为报文实际到达的接口，然后向所有的出接口执行转发；若检查不通过，则丢弃该报文。

（3）如果不存在对应的(S,G)表项，则对该报文执行 RPF 检查。若检查通过，则根据相关路由信息，创建对应的路由表项，并下发到 IPv6 组播转发表中，然后向所有的出接口执行转发；若检查不通过，则丢弃该报文。

2．IPv6 组播转发边界

IPv6 组播信息在网络中的转发并不是漫无边际的，每个 IPv6 组播组对应的 IPv6 组播信息都必须在确定的范围内传递。目前有以下几种方式可以定义组播转发范围。

（1）组播报文中的 Scope 字段

在组播数据报文中有 4 位长的字段 Scope 用于标识该 IPv6 组播组的应用范围，如表 8-12 所示。当路由器收到组播数据报文后，会查看报文中 Scope 字段的值，如果该字段值大于 Link-local，则路由器转发该报文；否则，路由器不会转发该报文。

表 8-12　Scope 字段的取值及其含义

取　　值	含　　义
0	保留（Reserved）
1	节点本地范围（Node-local Scope）
2	链路本地范围（Link-local Scope）
3、4、6、7、9～D	未分配（Unassigned）
5	站点本地范围（Site-local Scope）
8	机构本地范围（Organization-local Scope）
E	全局范围（Global Scope）
F	保留（Reserved）

（2）配置针对某个 IPv6 组播组的转发边界

可以在所有支持组播转发的接口上配置针对某个 IPv6 组播组的转发边界。组播转发边界为指定范围的 IPv6 组播组划定了边界条件，如果 IPv6 组播报文的目的地址与边界条件匹配，就停止转发。当在一个接口上配置了组播转发边界后，将不能从该接口转发 IPv6 组播报文（包括本机发出的 IPv6 组播报文），也不能从该接口接收 IPv6 组播报文。这样就在网络中形成一个封闭的组播转发区域。

（3）配置组播转发的最小 Hop Limit（跳数限制）值

可以在所有支持组播转发的接口上配置组播转发的最小 Hop Limit 值。当要将一个 IPv6 组播报文（包括本机发出的 IPv6 组播报文）从某接口转发出去时，对接口上所配置的最小 Hop Limit 值进行检查。若报文的 Hop Limit 值（该值已在本路由器内被减 1）大于接口上所配置的最小 Hop Limit 值，则转发该报文；若报文的 Hop Limit 值小于或等于接口上所配置的最小 Hop Limit 值，则丢弃该报文。

8.6 总   结

本章学习了如下内容。

（1）组播基本模型。

（2）IPv6 组播地址。

（3）MLD 协议。

（4）IPv6 PIM 组播路由协议。

以及 IPv6 组播转发表项、转发边界等。从中了解了组播网络（无论是 IPv6 或是 IPv4 组播网络）的基本模型架构。另外，可以看到，IPv6 组播的基本工作原理与 IPv4 组播基本相同，但基于 IPv6 的地址特点而进行了一些改变和增强。

第 9 章

IPv6 过渡技术

学习完本章，应该能够：

- 了解 IPv4 向 IPv6 过渡的步骤
- 掌握各种过渡技术的原理
- 掌握过渡技术在路由器上的配置
- 知道如何部署从 IPv4 过渡到 IPv6

9.1　内容简介

在前面的课程中,学习了 IPv6 的地址、自动配置技术、路由技术等。IPv6 无疑是未来发展的趋势,但在现阶段,绝大多数网络仍然是 IPv4,过渡到 IPv6 还需要相当长的一段时间。在这段时间里,IPv4 和 IPv6 是共同存在的。本章将介绍 IPv4 向 IPv6 的过渡,详细说明相应的过渡技术,并介绍 IPv6 的部署方案。

学习完本章,应该能够掌握以下内容。

(1) 了解 IPv4 向 IPv6 过渡的步骤。

(2) 掌握各种过渡技术的原理。

(3) 掌握过渡技术在路由器上的配置。

(4) 知道如何部署从 IPv4 过渡到 IPv6。

9.2　IPv6 的部署进程

目前网络上的所有设备都是 IPv4 设备,一下子把这些设备替代为 IPv6 设备,所需的成本巨大。另外,网络的升级换代要注意不中断现有的业务。综合以上因素,从 IPv4 过渡到 IPv6 注定是一个渐进的过程,而且这一过程要持续相当长的时间。根据网络发展的现实情况,在不同时期采用不同的部署策略,在不中断现有业务的基础上实现平滑过渡。IPv6 的部署进程如图 9-1 所示。

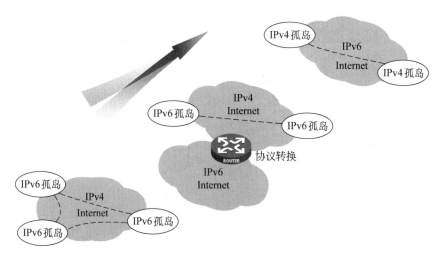

图 9-1　IPv6 的部署进程

1. IPv6 发展初级阶段

在 IPv6 发展初级阶段,IPv4 网络仍占有主导地位,IPv6 网络是一些孤岛。绝大部分应用仍然是基于 IPv4 的。在这种情况下,应该采用隧道技术(Tunnel)互联各 IPv6 网络。目前世界上的 IPv6 网络基本上处于一个发展初级阶段。

2. IPv6 与 IPv4 共存阶段

在 IPv6 与 IPv4 共存阶段,IPv6 得到较大规模的应用,出现了骨干的 IPv6 Internet 网络,在 IPv6 平台上引入了大量的业务。IPv6 业务可以通过 IPv6 Internet 网络与 IPv6 Intranet 网络,从而可以充分利用 IPv6 的诸多优势,如 QoS 保证等。但由于 IPv6 网络之间有可能不是相互连通的,因此还会使用隧道。在 IPv6 平台上实现丰富的业务加快了 IPv6 的实施,但仍将有大量的传统 IPv4 业务存在,许多节点也仍然是双栈节点。这时不仅要采取隧道技术,还要采取 IPv4 与 IPv6 网络之间的协议转换技术。

3. IPv6 占主导地位阶段

IPv6 最终会取代 IPv4,这是大势所趋。未来有一天,骨干网会全部升级为 IPv6,而 IPv4 网络成了孤岛。类似于发展初级阶段,利用隧道技术来互联各 IPv4 网络。

为了实现 IPv4 网络向 IPv6 网络的过渡,IETF 成立了专门的工作组,研究 IPv4 到 IPv6 的转换问题,并且已提出了很多种过渡技术。这些过渡技术各有其优缺点。那么在什么样的网络中使用什么样的过渡技术呢? 这首先需要对各种过渡技术进行了解。

9.3　IPv6 过渡技术概述

IPv6 过渡技术大体上可以分为以下 3 类。
(1) 双协议栈技术。
(2) 隧道技术。
(3) 网络地址转换/协议转换技术。

1. 双协议栈技术

双协议栈技术是指在设备上同时启用 IPv4 和 IPv6 协议栈。IPv6 和 IPv4 是功能相近的网络层协议,两者都基于相同的下层平台。由图 9-2 所示的协议栈结构可以看出,如果一台主机同时支持 IPv6 和 IPv4 两种协议,那么该主机既能与支持 IPv4 协议的主机通信,又能与支持 IPv6 协议的主机通信,这就是双协议栈技术的工作机理。

双协议栈技术是 IPv6 过渡技术中应用最广泛的一种过渡技术。同时,它也是所有其他过渡技术的基础。

图 9-2　双栈结构图

2. 隧道技术

隧道(Tunnel)是指将一种协议报文封装在另一种协议报文中,这样,一种协议就可以通过另一种协议的封装进行通信。IPv6 隧道将 IPv6 报文封装在 IPv4 报文中,这样 IPv6 协议报文就可以穿越 IPv4 网络进行通信,如图 9-3 所示。对于采用隧道技术的设备来说,在起始端(隧道的入口处)将 IPv6 的数据报文封装入 IPv4 报文中,IPv4 报文的源地址和目的地址分别是隧道入口和出口的 IPv4 地址;在隧道的出口处,再将 IPv6 报文取出转发给目的站点。它的特点是要求隧道两端的网络设备能够支持隧道及双栈技术,而对网络中其他设备没有要求,因而非常容易实现。但是隧道技术不能实现 IPv4 主机与 IPv6 主机的直接通信。

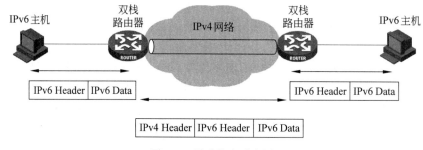

图 9-3　隧道技术示意图

3. 网络地址转换

NAT-PT(Network Address Translation-Protocol Translation)是指带协议转换功能的网络地址转换器,通过修改协议报文头来转换网络地址,使它们能够互通,如图 9-4 所示。NAT-PT 用于 IPv6 网络和 IPv4 网络之间。另外,NAT-PT 通过与应用层网关(ALG)相结合,实现了只安装 IPv6 的主机和只安装 IPv4 的主机的大部分应用的相互通信。

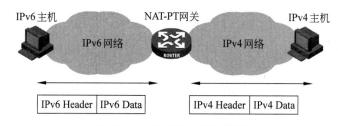

图 9-4　NAT-PT 技术示意图

以上 3 种过渡技术是从技术本身角度来分类叙述的。它们的工作原理不同,所适用的场合也不同。

在进行 IPv6 网络部署时,无非是两种情况:IPv6 跨 IPv4 网络互联和 IPv6 与 IPv4 之间互联。下面分别阐述这两种情况所使用的不同过渡技术及这些技术的特点。

9.4　IPv6 网络之间互通

IPv6 网络之间互通的方法有以下几种,本节将一一介绍。

(1) IPv6 in IPv4 GRE 隧道(简称 GRE 隧道)。

(2) IPv6 in IPv4 手动隧道(简称手动隧道)。

(3) IPv4 兼容 IPv6 自动隧道(简称自动隧道)。

(4) 6to4 隧道。

(5) ISATAP 隧道。

(6) 6PE。

(7) 6over4。

(8) Teredo。

(9) 隧道代理(Tunnel Broker)。

9.4.1　GRE 隧道

使用标准的 GRE 隧道技术可在 IPv4 的 GRE 隧道上承载 IPv6 数据报文。GRE 隧道是两点之间的链路,每条链路都是一条单独的隧道。隧道把 IPv6 作为乘客协议,把 GRE 作为承载协议。所配置的 IPv6 地址是在 Tunnel 接口上配置的,而所配置的 IPv4 地址是 Tunnel 源地址和目的地址,也就是隧道的起点和终点。

GRE 隧道主要用于两个边缘路由器或终端系统与边缘路由器之间定期安全通信的稳定连接。边缘路由器与终端系统必须实现双栈。

1. GRE 隧道配置

为了直观起见,下面举一个路由器上 GRE 隧道配置的例子。

如图 9-5 所示,两个 IPv6 网络之间要求通过路由器 RTA 和 RTB 之间的 IPv6 隧道协议相连。其中,RTA 和 RTB 的隧道接口为手动配置的全局 IPv6 地址。隧道的源地址与目的地址也需手动配置。

图 9-5　GRE 隧道示意图

（1）配置路由器 RTA

```
[RTA]interface ethernet 0
[RTA-Ethernet0]ip address 192.168.100.1 255.255.255.0
[RTA-Ethernet0]quit
```

♯增加 Tunnel 接口。

```
[RTA]interface tunnel 0
```

♯配置 Tunnel 接口的全局 IPv6 地址。

```
[RTA-Tunnel0]ipv6 address 3001::1 64
```

♯指定 Tunnel 源地址为以太口的地址。

```
[RTA-Tunnel0]source ethernet 0
```

♯指定 Tunnel 目的地址为对端设备的地址。

```
[RTA-Tunnel0]destination 192.168.50.1
```

♯配置为 GRE 隧道模式。

```
[RTA-Tunnel0]tunnel-protocol gre
[RTA-Tunnel0]quit
```

♯配置通过 GRE 隧道到达对端网络的静态路由。

```
[RTA]ipv6 route-static 3003::1 64 tunnel 0
```

（2）配置路由器 RTB

```
[RTB]interface ethernet 0
[RTB-Ethernet0]ip address 192.168.50.1 255.255.255.0
[RTB-Ethernet0]quit
```

＃增加 Tunnel 接口。

```
[RTB]interface tunnel 0
```

＃配置 Tunnel 接口的全局 IPv6 地址。

```
[RTB-Tunnel0]ipv6 address 3003::1 64
```

＃指定 Tunnel 源地址为以太口的地址。

```
[RTB-Tunnel0]source ethernet 0
```

＃指定 Tunnel 目的地址为对端设备的地址。

```
[RTB-Tunnel0]destination 192.168.100.1
```

＃配置为 GRE 隧道模式。

```
[RTB-Tunnel0]tunnel-protocol gre
[RTB-Tunnel0]quit
```

＃配置通过 GRE 隧道到达对端网络的静态路由。

```
[RTB]ipv6 route-static 3001::1 64 tunnel 0
```

配置完成后，RTA 和 RTB 之间建立起一条 GRE 隧道。下面执行 ping 命令来验证 RTA 与 RTB 已连通。

```
[RTA]ping ipv6 3003::1
PING   3003::1 56 data bytes; press CTRL_C to break
  Reply from 3003::1
  bytes=56 Sequence=1 hop limit=255   time =70 ms
  Reply from 3003::1
  bytes=56 Sequence=2 hop limit=255   time =20 ms
  Reply from 3003::1
  bytes=56 Sequence=3 hop limit=255   time =20 ms
  Reply from 3003::1
  bytes=56 Sequence=4 hop limit=255   time =20 ms
  Reply from 3003::1
  bytes=56 Sequence=5 hop limit=255   time =20 ms

---3003::1 ping statistics ---
  5 packet(s) transmitted
  5 packet(s) received
  0.00%packet loss
  round-trip min/avg/max=20/30/70 ms
```

2．GRE 隧道工作原理分析

在上面所示的转发过程中，RTA 首先根据路由表得知目的地址 3003::1，再通过隧道转发出去，所以就把报文送到隧道接口进行封装。封装的时候要根据 GRE 的封装格式进行如图 9-6 所示的封装。

图 9-6　GRE 报文封装示意图

原有的 IPv6 报文封装为 GRE 报文，然后再封装为 IPv4 报文，IPv4 报文中的源地址为隧道的起始点 192.168.50.1，目的地址为隧道的终点 192.168.100.1。这个报文被路由器从隧道口发出后，在 IPv4 的网络中被路由到目的地 192.168.100.1，也就是 RTB。RTB 收到报文后，进行解封装，把其中的 IPv6 报文取出。因为 RTB 也是一个双栈设备，所以它再根据 IPv6 报文中的目的地址信息进行路由，把它送到目的地。那么返回的报文也按照"隧道起点封装→IPv4 网络中路由→隧道终点解封装"这个过程来进行。

3．GRE 隧道的特点

GRE 隧道基于成熟的 GRE 技术来封装报文，其通用性好、易于理解。但 GRE 隧道是一种手动隧道，具有手动隧道的缺点。如果网络中的站点数量多，则管理员的配置工作复杂且维护难度上升。

9.4.2　IPv6 in IPv4 手动隧道

手动隧道也是通过 IPv4 骨干网连接的两个 IPv6 域的永久链路，用于两个边缘路由器或终端系统与边缘路由器之间定期安全通信的稳定连接。它与 GRE 隧道之间的不同点是它们的封装格式有些差别：手动隧道直接把 IPv6 报文封装到 IPv4 报文中去，IPv6 报文作为 IPv4 报文的净载荷。其封装格式如图 9-7 所示。

图 9-7　手动隧道报文封装示意图

手动隧道的转发机制同 GRE 隧道是一样的，也是按照"隧道起点封装→IPv4 网络中路由→隧道终点解封装"过程来进行，在此就不再赘述了。

手动隧道的特点与 GRE 隧道相同，两者仅仅是封装格式不同而已。

9.4.3　IPv4 兼容 IPv6 自动隧道

一个隧道需要有一个起点和一个终点，起点和终点确定之后，隧道也就可以确定了。在 IPv4 兼容 IPv6 自动隧道中，仅仅需要告诉设备隧道的起点，隧道的终点由设备自动生成。为了完成设备自动产生终点的目的，IPv4 兼容 IPv6 自动隧道需要使用一种特殊的地址：IPv4 兼容 IPv6 地址。它的格式如图 9-8 所示。

80 bits	16 bits	32 bits
0000 ⋯ 0000	0000	IPv4 Address

图 9-8　IPv4 兼容 IPv6 地址结构示意图

在 IPv6 中的 IPv4 兼容 IPv6 地址中,前缀是 0:0:0:0:0:0,最后的 32 位是 IPv4 地址。IPv4 兼容 IPv6 自动隧道正是用最后的 32 位 IPv4 地址来自动确定隧道的目的地址的。

兼容 IPv4 的隧道两端的主机或路由器必须同时支持 IPv4 和 IPv6 协议栈。使用兼容IPv4 的隧道可以方便地建立 IPv4 上的 IPv6 隧道,但只能是隧道两端点进行通信,隧道后的网络不能通过隧道通信。

1. IPv4 兼容 IPv6 自动隧道配置

如图 9-9 所示,两台路由器 RTA 和 RTB 通过 IPv4 兼容 IPv6 自动隧道协议相连。其中,RTA 和 RTB 的隧道接口 Ethernet 0 为手动配置的全局 IPv6 地址。隧道的源地址需手动配置,而目的地址是由路由器自动生成的,不需要配置。

图 9-9　IPv4 兼容 IPv6 自动隧道配置示意图

（1）配置路由器 RTA

```
[RTA]interface ethernet 0
[RTA-Ethernet0]ip address 1.1.1.1 255.255.255.0
[RTA-Ethernet0]quit
```

♯增加 Tunnel 接口。

```
[RTA]interface tunnel 0
```

♯配置 Tunnel 接口的全局 IPv6 地址。

```
[RTA-Tunnel0]ipv6 address ::1.1.1.1/96
```

♯指定 Tunnel 源地址为以太口的地址。

```
[RTA-Tunnel0]source ethernet 0
```

♯配置为 IPv4 兼容 IPv6 自动隧道模式。

```
[RTA-Tunnel0]tunnel-protocol ipv6-ipv4 auto-tunnel
[RTA-Tunnel0]quit
```

（2）配置路由器 RTB

```
[RTB]interface ethernet 0
[RTB-Ethernet0]ip address 2.2.2.2 255.255.255.0
[RTB-Ethernet0]quit
```

♯增加 Tunnel 接口。

```
[RTB]interface tunnel 0
```

♯配置 Tunnel 接口的全局 IPv6 地址。

```
[RTB-Tunnel0]ipv6 address :: 2.2.2.2/96
```

♯指定 Tunnel 源地址为以太口的地址。

```
[RTB-Tunnel0]source ethernet 0
```

♯配置为 IPv4 兼容 IPv6 自动隧道模式。

```
[RTB-Tunnel0]tunnel-protocol ipv6-ipv4 auto-tunnel
[RTB-Tunnel0]quit
```

2. IPv4 兼容 IPv6 自动隧道工作原理分析

RTA 与 RTB 进行通信时，IPv6 报文的源地址是自己隧道接口的地址∷1.1.1.1，目的地址是对方隧道接口的地址（也就是 RTB 的地址）∷2.2.2.2。在发起通信时，会首先根据路由表得知目的地址∷2.2.2.2 需要通过隧道转发，所以就把报文送到隧道接口进行封装。封装的时候，原有的 IPv6 报文封装为 IPv4 报文，IPv4 报文中的源地址为隧道的起始点 1.1.1.1，而目的地址直接从 IPv4 兼容 IPv6 地址∷2.2.2.2 的后 32 位复制过来，即为 2.2.2.2，如图 9-10 所示。

图 9-10　RTA 报文封装示意图

这个报文被路由器从隧道口发出后，在 IPv4 的网络中被路由到目的地 2.2.2.2，也就是 RTB。RTB 收到报文后，进行解封装，把其中的 IPv6 报文取出，送给 IPv6 协议栈进行处理。RTB 返回 RTA 的报文也是按照这个程序来进行的，报文如图 9-11 所示。

图 9-11　RTB 报文封装示意图

3. IPv4 兼容 IPv6 自动隧道特点

从以上分析可以看出，IPv4 兼容 IPv6 自动隧道是随报文建立的隧道，并不是固定的。无论要和多少个对端设备建立隧道，本端只需要一个隧道接口就足够了。这对路由器配置的维护是有好处的。但这种自动隧道也有很大的局限性，它要求 IPv6 的地址必须是特殊的 IPv4 兼容 IPv6 地址，否则它没办法找到隧道的终点。另外，因为 IPv6 报文中的地址前缀只能是 0∶0∶0∶0∶0∶0∶0，实际上也就是所有的节点处于同一个 IPv6 网段中，所以它只能做到节点本身的通信，而并不能通过隧道进行报文的转发。

这种 IPv4 兼容 IPv6 自动隧道的局限性在 6to4 隧道技术中得到了解决。

9.4.4　6to4 隧道

6to4 隧道可将多个孤立的 IPv6 网络通过 IPv4 网络连接起来。它和 IPv4 兼容 IPv6 自动隧道类似，也使用一种特殊的地址，称为 6to4 地址。这种 6to4 地址的格式如图 9-12 所示。

3	13	32	16	64 bits
FP 001	TLA 0x0002	V4ADDR	SLAID	接口 ID

图 9-12　6to4 地址格式示意图

图 9-12 中所示地址也就是 2002∶a.b.c.d∶xxxx∶xxxx∶xxxx∶xxxx∶xxxx,其中 a.b.c.d 是 IPv4 地址。这个内嵌在 IPv6 地址中的 IPv4 地址可用来查找 6to4 隧道的其他终点。6to4 地址的网络前缀有 64 位长,其中前 48 位(2002∶a.b.c.d)被分配给路由器上的 IPv4 地址所决定,用户不能改变,而后 16 位是由用户自己定义的。因此,这个边缘路由器后面就可以连接有一组前缀不同的网络。

1. 6to4 隧道的配置

如图 9-13 所示,两台路由器 RTA 和 RTB 通过 6to4 隧道相连。全局 IPv4 地址 192.168.100.1 转换成 IPv6 6to4 地址后所对应的前缀为 2002∶C0A8∶6401∶∶/48。对此地址进行子网划分,Tunnel 0 使用 2002∶C0A8∶6401∶1∶∶/64,连接主机 PCA 的 E1 接口使用 2002∶C0A8∶6401∶2∶∶/64。配置 IPv6 静态路由的目的是将所有其他发往 IPv6 前缀 2002∶∶/16 的流量定向到 6to4 隧道的 Tunnel 接口。

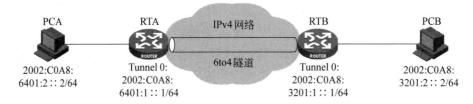

图 9-13　6to4 隧道配置示意图

图 9-13 中各设备的 IP 地址配置如表 9-1 所示。

表 9-1　设备接口 IP 地址表

设　备	接口	IPv4 地址	接口	6to4 地址	接口	隧道的 6to4 地址
路由器 RTA	E0	192.168.100.1/24	E1	2002∶C0A8∶6401∶2∶∶1/64	Tunnel 0	2002∶C0A8∶6401∶1∶∶1/64
路由器 RTB	E0	192.168.50.1/24	E1	2002∶C0A8∶3201∶2∶∶1/64	Tunnel 0	2002∶C0A8∶3201∶1∶∶1/64
主机 PCA			以太口	2002∶C0A8∶6401∶2∶∶2/64		
主机 PCB			以太口	2002∶C0A8∶3201∶2∶∶2/64		

注:表中 IPv4 地址与 6to4 地址间具有一定的对应转换关系。

(1) 配置路由器 RTA

```
[RTA]interface Ethernet 0
[RTA-Ethernet0]ip address 192.168.100.1 24
[RTA-Ethernet0]quit
[RTA]interface Ethernet 1
[RTA-Ethernet1]ipv6 address 2002:c0a8:6401:2::1 64
```

```
[RTA-Ethernet1]quit
[RTA]interface Tunnel 0
```

＃配置 Tunnel 接口的全局 IPv6 地址。

```
[RTA-Tunnel0]ipv6 address 2002:c0a8:6401:1::1 64
[RTA-Tunnel0]source Ethernet 0
```

＃配置为 6to4 自动隧道模式。

```
[RTA-Tunnel0]tunnel-protocol ipv6-ipv4 6to4
[RTA-Tunnel0]quit
[RTA]ipv6 route-static 2002:: 16 Tunnel 0
```

（2）配置路由器 RTB

```
[RTB]interface Ethernet 0
[RTB-Ethernet0]ip address 192.168.50.1 24
[RTB-Ethernet0]quit
[RTB]interface Ethernet 1
[RTB-Ethernet1]ipv6 address 2002:c0a8:3201:2::1 64
[RTB-Ethernet1]quit
[RTB]interface Tunnel 0
```

＃配置 Tunnel 接口的全局 IPv6 地址。

```
[RTB-Tunnel0]ipv6 address 2002:c0a8:3201:1::1 64
[RTB-Tunnel0]source Ethernet 0
```

＃配置为 6to4 自动隧道模式。

```
[RTB-Tunnel0]tunnel-protocol ipv6-ipv4 6to4
[RTB-Tunnel0]quit
[RTB]ipv6 route-static 2002:: 16 Tunnel 0
```

2．6to4 隧道工作原理分析

按照 PCA→RTA→RTB→PCB 的报文转发过程来进行分析。

（1）主机 PCA 发出报文

PCA 发出报文的封装格式如图 9-14 所示。

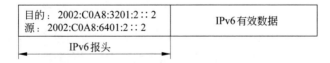

图 9-14　PCA 发出报文的封装格式

根据网络中的 IPv6 路由信息，此报文被送到路由器 RTA。

（2）路由器 RTA 对报文封装

路由器 RTA 收到后，查看路由表，发现路由表中有一条 2002::/16 的路由表项，此表项的下一跳指向 Tunnel 0 接口，于是把它从 Tunnel 0 接口发送出去。在发送出去的时候进行报文的封装。

因为做了"Source Ethernet 0"这条配置,所以,封装时的源地址就是接口 Ethernet 0 的 IPv4 地址 192.168.100.1;目的地址是从 IPv6 报文目的地址 2002:C0A8:3201:2::2 中把 IPv4 的部分 C0A8:3201 提取出来,就是 192.168.50.1。封装后的报文如图 9-15 所示。

目的: 192.168.50.1 源: 192.168.100.1	目的: 2002.C0A8:3201:2::2 源: 2002.C0A8:6401:2::2	IPv6 有效数据
IPv4 报头	IPv6 报头	

图 9-15 RTA 发出报文的封装格式

此报文从路由器 RTA 的 Ethernet 0 接口发出,送到路由器 RTB 接口 Ethernet 0。

(3) 路由器 RTB 对报文解封装

路由器 RTB 收到此 IPv4 报文后,进行解封装,从而可看到其中的 IPv6 报文。然后再根据路由表将此报文转发到主机 PCB。

(4) 主机 PCB 对报文进行回复

主机 PCB 收到此 IPv6 报文后,对它进行回复。回复的报文根据路由信息被送到路由器 RTB,因为路由器 RTB 也有 2002::/16 的路由表项,下一跳指向 Tunnel 0 接口,于是在 Tunnel 0 接口进行封装,然后从 Ethernet 0 发送出去。

3. 6to4 自动隧道的特点

6to4 隧道具有自动隧道维护方便的优点,同时又克服了 IPv4 兼容 IPv6 自动隧道不能连接 IPv6 网络的缺陷,所以是一种非常好的隧道技术。它的缺点是必须使用规定的 6to4 地址。

4. 6to4 中继

以上所述的 IPv6 网络之间互联要求网络前缀必须是以 2002 开头的。如果想连接到纯 IPv6 网络上,则需要用到 6to4 中继,如图 9-16 所示。

图 9-16 6to4 中继示意图

6to4 中继路由器负责在 6to4 网络和纯 IPv6 网络之间传输报文,同时,它需要把相应的 6to4 网络中的以 2002 开头的 IPv6 路由信息通告到纯 IPv6 网络中。

在如图 9-16 所示的网络中,6to4 边缘路由器需要进行默认路由的配置,其下一跳地址指向 6to4 中继路由器的 6to4 地址(当然是从 6to4 中继路由器的全局 IPv4 地址换算而来的地址)。这样所有去往纯 IPv6 网络的报文都会按照路由表指示的下一跳被发送到 6to4 中继路由器,6to4 中继路由器再将此报文转发到纯 IPv6 网络中去。当报文返回时,6to4 中继路由器根据返回报文的目的地址(当然是 6to4 地址)进行 IPv4 报文头封装,数据就能够顺利到达 6to4 网络中了。

9.4.5　ISATAP 隧道

ISATAP(Intra-Site Automatic Tunnel Addressing Protocol)不但是一种自动隧道技术,同时它可以进行地址自动配置。在 ISATAP 隧道的两端设备之间可以运行 ND 协议。配置了 ISATAP 隧道以后,IPv6 网络将底层的 IPv4 网络看做一个非广播的点到多点的链路(NBMA)。ISATAP 隧道的地址也有特定的格式,它的接口 ID 必须如下:

```
::0:5EFE:w.x.y.z
```

其中,0:5EFE 是 IANA 规定的格式;w.x.y.z 是单播 IPv4 地址,它嵌入到 IPv6 地址的最后 32 位。ISATAP 地址的 64 位前缀是通过向 ISATAP 路由器发送请求而得到的。

与 6to4 地址类似,ISATAP 地址中也内嵌了 IPv4 地址,它的隧道终点的建立也是根据此内嵌的 IPv4 地址来进行的。

1. ISATAP 隧道的配置

如图 9-17 所示,双栈主机 PCA 与路由器 RTA 通过 ISATAP 隧道相连。配置 PCA 作为一个 ISATAP 主机,IPv4 地址为 10.0.0.2,IPv6 地址由 ISATAP 路由器 RTA 自动分配。路由器 RTA 用 Ethernet 0 接口连接 IPv4 网络,用 Ethernet 1 接口连接 IPv6 网络。RTA 的 Ethernet 0 接口 IPv4 地址为 2.2.2.2;Tunnel 0 接口的 IPv6 地址为 1::5EFE:202:202;Ethernet 1 接口的 IPv6 地址为 2::1。IPv6 主机 PCB 的 IPv6 地址是 2::2。

图 9-17　ISATAP 隧道配置示意图

(1) ISATAP 主机 PCA 的配置

ISATAP 主机 PCA 的操作系统使用 Windows XP。

♯进入网络配置命令行 NETSH 下。

```
C:\>netsh
```

♯到 netsh interface 命令行下。

```
netsh>interface
```

♯到 netsh interface ipv6 命令行下。

```
netsh interface>ipv6
```

♯到 netsh interface ipv6 isatap 命令行下。

```
netsh interface ipv6>isatap
```

♯设置 ISATAP 路由器的地址。

```
netsh interface ipv6 isatap>set router 2.2.2.2
```

（2）ISATAP 路由器 RTA 的配置

```
[RTA]interface Ethernet 0
[RTA-Ethernet0]ip address 2.2.2.2 24
[RTA-Ethernet0]quit
[RTA]interface Ethernet 1
[RTA-Ethernet1]ipv6 address 2::1 64
[RTA-Ethernet1]quit
[RTA]interface Tunnel 0
```

♯配置 Tunnel 接口的全局 IPv6 地址。

```
[RTA-Tunnel0]ipv6 address 1::5EFE:202:202 64
```

♯配置 Tunnel 接口取消对路由器发布的抑制。

```
[RTA-Tunnel0]undo ipv6 nd ra halt
```

♯指定 Tunnel 源地址为以太口 0 的地址。

```
[RTA-Tunnel0]source Ethernet 0
```

♯配置为 ISATAP 自动隧道模式。

```
[RTA-Tunnel0]tunnel-protocol ipv6-ipv4 isatap
[RTA-Tunnel0]quit
```

2．ISATAP 隧道工作原理分析

（1）双栈主机 PCA 获得一个 Link-local IPv6 地址

默认情况下，Windows XP 主机会生成 Link-local ISATAP IPv6 地址。它的生成方法如下：首先按照前面讲述的方法生成::0:5EFE:10.0.0.2 的接口 ID，然后加上一个前缀 FE80，生成的 Link-local ISATAP IPv6 地址就是 FE80::5EFE:A00:2。生成 Link-local 地址以后，PCA 就有了 IPv6 连接功能。

（2）主机 PCA 发出 Router Solicitation 请求 IPv6 网络前缀

按照 ND 协议，主机要想获得全局 IPv6 地址，它首先需要向 ISATAP 路由器发起路由器请求，路由器做出回应。

因为它与 ISATAP 路由器之间是 IPv4 网络，所以它需要进行 IPv6 in IPv4 的封装。按照 RS 报文的生成规则，源 IPv6 地址就是它自己的 Link-local ISATAP 地址，目的 IPv6 地址是路由器的组播地址 FF02::2。在封装时，源 IPv4 地址是自己网络接口卡的地址 10.0.0.2，目的 IPv4 地址是 ISATAP 路由器的地址 2.2.2.2。如图 9-18 所示为主机发出的 RS 报文的地址封装格式。

目的：2.2.2.2 源：10.0.0.2	目的：FF02::2 源：FE80::5EFE:A00:2	IPv6 有效数据
IPv4 报头	IPv6 报头	

图 9-18　主机发出的 RS 报文封装格式

（3）路由器回应 Router Advertisement

ISATAP 路由器收到 RS 报文后，需要回复 RA 报文给主机。按照 RA 报文的规则，报文源 IPv6 地址为路由器的 Link-local ISATAP 地址 FE80::5EFE:202:202（当然这个地址也是根据前面介绍的 Link-local ISATAP 地址生成过程来生成的），目的地址是发送 RS 报文的主机 IPv6 地址 FE80::5EFE:A00:2。同理，也需要进行 IPv6 in IPv4 的封装，源 IPv4 地址为 2.2.2.2，目的 IPv4 地址是从目的 IPv6 地址中内嵌的 IPv4 地址得来的（A00:2→10.0.0.2），即为 10.0.0.2。图 9-19 所示为路由器回应的 RA 报文头的地址封装。

图 9-19　路由器回应的 RA 报文封装格式

（4）主机获得全局 IPv6 地址

ISATAP 路由器回应的 RA 报文中告诉主机前缀为 1::。主机把此前缀加上接口 ID:::0:5EFE:10.0.0.2，得到一个全局 IPv6 地址：1::5EFE:A00:2。

（5）ISATAP 主机与其他 IPv6 主机通信

主机向 2::2 发起通信时，主机发现此目的地址与自己不在同一网段中，所以需要送给自己的默认网关，也就是 ISATAP 路由器 2.2.2.2。如前面所描述的一样，再进行 IPv6 in IPv4 的封装，如图 9-20 所示。

图 9-20　ISATAP 主机与其他 IPv6 主机通信时的报文封装

ISATAP 路由器收到此报文后，根据报文中的 IPv6 地址信息进行相应的转发，把它转发给 2::2 这台主机。2::2 这台主机收到后，对此报文进行回复。回复过程同前面描述的过程是相似的，这里不再赘述。

3. ISATAP 隧道特点

ISATAP 隧道最大的特点是把 IPv4 网络看做一个下层链路，IPv6 的 ND 协议通过 IPv4 网络进行承载，从而实现跨 IPv4 网络设备的 IPv6 地址自动配置。分散在 IPv4 网络中的各个双栈主机能够通过 ISATAP 技术自动获得全局 IPv6 地址并连接起来。另外，ISATAP 主机可以生成 Link-local ISATAP 地址，这些主机也可以使用 Link-local ISATAP 地址直接进行通信。

9.4.6　6PE

MPLS（Multiprotocol Label Switching，多协议标签交换）是一种基于标签交换的快速转发技术。MPLS/VPN 是基于 MPLS 的 VPN 技术，目前应用比较广泛。MPLS/VPN 网络又分为 MPLS/L2VPN 和 MPLS/L3VPN，MPLS/L2VPN 指基于 MPLS 的二层 VPN，如

VLL、VPLS 等;而 MPLS/L3VPN 指基于 MPLS 的三层 VPN,比如常用的 BGP MPLS/VPN。

1. 6PE 技术概述

6PE(IPv6 Provider Edge,IPv6 供应商边缘)是一种允许支持 IPv6 的 CE(Customer Edge,用户边缘)路由器穿过当前已存在的 IPv4 MPLS 网络从而进行通信的一种过渡技术,ISP 可以利用已有的 IPv4 MPLS 骨干网为分散用户的 IPv6 网络提供接入能力。

6PE 的主要思想是:6PE 路由器将本地用户的 IPv6 路由信息转换为带有标签的 IPv6 路由信息,并且通过 IBGP(Internal Border Gateway Protocol,内部边界网关协议)会话扩散到对端的 6PE 路由器上去。6PE 路由器转发 IPv6 报文时,首先将进入骨干网隧道的 IPv6 报文打上标签,然后通过骨干网把打了标签的 IPv6 报文转发到对端 6PE 路由器,由对端 6PE 路由器取出其中的 IPv6 报文再转发给对端的 CE。

6PE 具有良好的扩展性。用户端设备(CE)只需要支持 IPv6 即可,不需要进行隧道配置和维护。同时,对于运营商来说,不需要改动自己原有的 IPv4/MPLS 网络核心设备,只需要升级 PE 路由器,无疑是一个简单高效的 IPv6 过渡解决方案,所以具有良好的发展前景。

2. 6PE 典型架构

如图 9-21 所示为 6PE 的典型组网架构。下面分析路由信息是如何从 IPv6 站点 2 扩散到 IPv6 站点 1 的,而数据流是如何从 IPv6 站点 1 传播到 IPv6 站点 2 的。

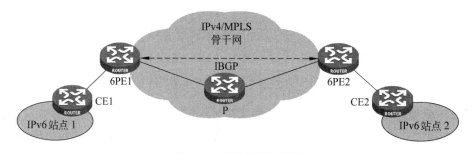

图 9-21　6PE 典型架构图

为了更好地说明 6PE 的控制与转发流程,按照 IPv6 数据流的转发方向,将图 9-21 中的设备角色做如下定义。

(1) CE1:连接 IPv6 站点 1 的本地用户端设备,是数据流方向的上游设备。

(2) 6PE1:连接 CE1 的 6PE 路由器,接收从 CE1 发来的 IPv6 报文。

(3) 6PE2:远端 6PE 路由器,接收从 6PE1 设备发来的 IPv6 报文。

(4) CE2:连接 IPv6 站点 2 的本地用户端设备,是数据流方向的下游设备。

特别强调的是,在 MPLS 网络中,上游和下游是按照数据流的转发方向来定义的,不是按照路由信息的发布方向来定义的。数据流的转发方向和路由信息的扩散方向正好相反。

3. 6PE 的典型配置

图 9-22 所示网络中,CE2 所在 IPv6 网络的前缀是 2::/64,CE1 所在 IPv6 网络的前缀

是 1::/64,6PE1 与 6PE2 通过 OSPF 建立了 IGP 连接。

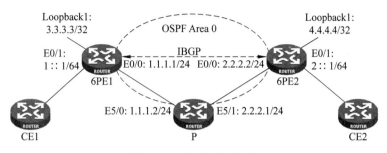

图 9-22　6PE 典型配置图

（1）6PE1 上的配置

使能 IPv6 报文转发功能、MPLS 和 LDP 协议。

```
[6PE1] ipv6
[6PE1] mpls lsr-id 3.3.3.3
[6PE1] mpls
[6PE1-mpls] lsp-trigger all
[6PE1] mpls ldp
```

配置接口 Ethernet 0/1 的 IPv6 地址。

```
[6PE1]interface Ethernet 0/1
[6PE1-Ethernet0/1] ipv6 address 1::1 64
[6PE1-Ethernet0/1]undo ipv6 nd ra halt
```

配置接口 Ethernet 0/0 地址,并使能 MPLS 和 LDP 协议。

```
[6PE1] interface Ethernet 0/0
[6PE1-Ethernet0/0]ip address 1.1.1.1 24
[6PE1-Ethernet0/0]mpls
[6PE1-Ethernet0/0]mpls ldp
```

配置接口 Loopback 1 地址。

```
[6PE1] interface loopback 1
[6PE1-LoopBack1] ip address 3.3.3.3 32
```

配置 IBGP,使能对等体的 6PE 能力,并引入 IPv6 的直连路由。

```
[6PE1] bgp 65100
[6PE1-bgp] peer 4.4.4.4 as-number 65100
[6PE1-bgp] peer 4.4.4.4 connect-interface loopback 1
[6PE1-bgp] ipv6-family
[6PE1-bgp-af-ipv6] import-route direct
[6PE1-bgp-af-ipv6] peer 4.4.4.4 enable
[6PE1-bgp-af-ipv6] peer 4.4.4.4 label-route-capability
```

（2）6PE2 上的配置

使能 IPv6 报文转发功能、MPLS 和 LDP 协议。

```
[6PE2] ipv6
```

```
[6PE2] mpls lsr-id 4.4.4.4
[6PE2] mpls
[6PE2-mpls] lsp-trigger all
[6PE2] mpls ldp
```

♯ 配置接口 Ethernet 0/0 地址，并使能 MPLS 和 LDP 协议。

```
[6PE2] interface Ethernet 0/0
[6PE2-Ethernet0/0] ip address 2.2.2.2 24
[6PE2-Ethernet0/0] mpls
[6PE2-Ethernet0/0] mpls ldp
```

♯ 配置接口 Ethernet 0/1 的 IPv6 地址。

```
[6PE2] interface ethernet 0/1
[6PE2-Ethernet0/1]ipv6 address 2::1 64
[6PE2-Ethernet0/1]undo ipv6 nd ra halt
```

♯ 配置接口 Loopback 1 地址。

```
[6PE2] interface loopback 1
[6PE2-LoopBack1] ip address 4.4.4.4 32
```

♯ 配置 IBGP，使能对等体的 6PE 能力，并引入 IPv6 的直连路由。

```
[6PE2] bgp 65100
[6PE2-bgp] peer 3.3.3.3 as-number 65100
[6PE2-bgp] peer 3.3.3.3 connect-interface loopback 1
[6PE2-bgp] ipv6-family
[6PE2-bgp-af-ipv6] import-route direct
[6PE2-bgp-af-ipv6] peer 3.3.3.3 enable
[6PE2-bgp-af-ipv6] peer 3.3.3.3 label-route-capability
```

经过上述配置后，6PE1 与 6PE2 之间建立了 6PE 的隧道连接，CE1 与 CE2 能够通过 6PE 的隧道进行互访。

4. 6PE 工作过程分析

下面从 6PE 的控制平面和转发平面两个方面来讲述 6PE 的工作过程。

（1）6PE 控制平面

6PE 控制平面示意图如图 9-23 所示。

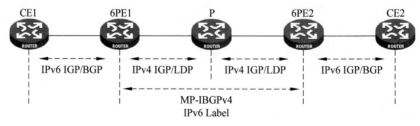

图 9-23　6PE 控制平面示意图

　　控制平面是指路由信息的发布学习平面。当 CE、PE、P 这些设备建立连接后,CE 上的 IPv6 路由前缀信息需要经过 PE 和 P 设备扩散发布到另外一端的 CE,另外一端的 CE 会学习到这些 IPv6 路由前缀信息。与 BGP MPLS/VPN 一样,控制平面的建立包括:公网路由的建立、公网 LSP 的建立、IPv6 路由(相当于 MPLS/VPN 中的私网路由)的建立、IPv6 标签(相当于 MPLS/VPN 中的私网标签)的建立。

　　① 公网路由的建立过程

　　与 MPLS/VPN 一样,MPLS 核心网内部使用的路由协议仍然为 IPv4 IGP,不需要改动。由 IGP 负责建立在 P、PE 之间的公网路由。在上述配置中,采用了 OSPF 作为 IPv4 IGP 建立 6PE1 与 6PE2 之间的路由可达性。

　　② 公网 LSP 的建立过程

　　MPLS 核心网内部的路由器用标签交换协议(LDP)、资源预留协议(RSVP)等协议来进行公网标签的分配,建立公网 LSP 转发通道。所有的报文(不管是 IPv6 报文,还是原网络中就有的 IPv4 报文)被打上公网标签后在公网上传输。公网标签也称为外层标签,或第一层标签。在上述配置中,采用了 LDP 协议来建立 6PE1 与 6PE2 之间的公网 LSP 转发通道。

　　③ IPv6 路由的建立过程

　　IPv6 路由是从下游设备扩散到上游设备的,对于 CE2 所在的 IPv6 路由前缀 2::/64,其扩散路径是:CE2→6PE2→6PE1→CE1。

　　CE2 与直接相连的 6PE2 建立路由的邻接关系后,把本站点知道的 IPv6 前缀发布给 6PE2。CE 与 6PE 之间可以运行任意的 IPv6 IGP 或 BGP4＋以交换 IPv6 前缀。在 6PE1 与 6PE2 之间需要建立 MP-IBGP 会话(基于 IPv4 的 TCP),利用 MP-IBGP 发布 IPv6 前缀。6PE2 把 IPv6 前缀封装到 MBGP 的网络层可达性信息(MP_REACH_NLRI)报文中,把此报文传送给对端的 6PE1。

　　在图 9-23 中,6PE2 把 IPv6 前缀 2::/64 发布给 6PE1。发布时通过 MBGP 的网络层可达性信息(MP_REACH_NLRI)报文来进行。如图 9-24 所示为实际抓取的报文。

```
Border Gateway Protocol
  UPDATE Message
      Marker: 16 bytes
      Length: 81 bytes
      Type: UPDATE Message (2)
      Unfeasible routes length: 0 bytes
      Total path attribute length: 58 bytes
    Path attributes
      ORIGIN: INCOMPLETE (4 bytes)
      AS_PATH: empty (3 bytes)
      MULTI_EXIT_DISC: 0 (7 bytes)
      LOCAL_PREF: 100 (7 bytes)
      MP_REACH_NLRI (37 bytes)
        Flags: 0x90 (Optional, Non-transitive, Complete, Extended Length)
        Type code: MP_REACH_NLRI (14)
        Length: 33 bytes
        Address family: IPv6 (2)
        Subsequent address family identifier: Labeled Unicast (4)
        Next hop network address (16 bytes)
          Next hop: ::ffff:4.4.4.4 (16)
        Subnetwork points of attachment: 0
        Network layer reachability information (12 bytes)
          Label Stack=1025 (bottom), IPv6=2::/64
```

图 9-24　MP-IBGP 发布 IPv6 前缀

注意：这里 IPv6 前缀相对应的 Nexthop 是一个特别的 IPv4 映射 IPv6 地址，地址格式为::FFFF:a.b.c.d，其中 a.b.c.d 是对端 6PE 设备的 Loopback 接口 IPv4 地址。在图 9-24 中的下一跳是::FFFF:4.4.4.4。

6PE1 收到 MBGP 的网络层可达性信息报文后，取出其中的 IPv6 前缀，放入本地路由表中，其 Nexthop 是::FFFF:a.b.c.d，实际抓取的报文如下。

```
[6PE1]display ipv6 routing-table
Routing Table :
        Destinations : 2        Routes : 2
Destination : ::1/128                        Protocol   : Direct
NextHop     : ::1                            Preference : 0
Interface   : InLoop0                        Cost       : 0

Destination : 2::/64                         Protocol   : BGP4+
NextHop     : ::FFFF:4.4.4.4                 Preference : 255
Interface   : NULL0                          Cost       : 0
```

虽然本地 IPv6 路由表中的 Nexthop 是::FFFF:a.b.c.d，但在 BGP 的 IPv6 转发表中，Nexthop 被替换成了 a.b.c.d，这是 6PE 成功转发的关键，实际抓取的报文如下。

```
[6PE1]display bgp ipv6 routing-table
Total Number of Routes: 1

BGP Local router ID is 3.3.3.3
Status codes: * -valid, >-best, d -damped,
              h -history,  i -internal, s -suppressed, S -Stale
              Origin : i -IGP, e -EGP, ? -incomplete

* >i Network : 2::                            PrefixLen : 64
     NextHop : 4.4.4.4                         LocPrf    : 100
     PrefVal : 0                               Label     : 1025
     MED     : 0
     Path/Ogn : ?
```

6PE 如此定义的原因在于：在 MPLS L3VPN 中，是依靠私网路由的 Nexthop 来查找具体通过哪一条公网隧道转发，从而打相应的公网标签的。但在 6PE 中无法这样实现，因为 MPLS 的核心网中没有运行 IPv6 IGP 以及支持 IPv6 的 LDP 和 RSVP，无法为 IPv6 前缀分配公网标签。所以，6PE 把 IPv6 Nexthop 关联到 IPv4 所建立的 LSP 上，从而解决了如何给 IPv6 前缀打公网标签的问题。最后，6PE1 把此 IPv6 前缀通过 IPv6 路由交换过程发布给 CE1。

④ IPv6 标签的建立过程

6PE2 在发布 IPv6 前缀时，同时发布相对应的 IPv6 标签。这个 IPv6 标签相当于 MPLS/VPN 中的私网标签，也叫内层标签或第二层标签。这个内层标签是必须存在的。因为根据 MPLS 中的 PHP(倒数第二跳弹出)规则，公网标签在倒数第二跳路由器上被弹出，这时如果没有内层标签，倒数第二跳路由器是无法转发纯 IPv6 数据报文的。

这个内层标签被 6PE2 所分配。同样，内层标签与 IPv6 前缀一起被封装到 MBGP 的网络层可达性信息(MP_REACH_NLRI)中传送给对端的 6PE1，其具体建立过程如图 9-25

所示。

```
⊟ Border Gateway Protocol
  ⊟ UPDATE Message
      Marker: 16 bytes
      Length: 81 bytes
      Type: UPDATE Message (2)
      Unfeasible routes length: 0 bytes
      Total path attribute length: 58 bytes
    ⊟ Path attributes
      ⊞ ORIGIN: INCOMPLETE (4 bytes)
      ⊞ AS_PATH: empty (3 bytes)
      ⊞ MULTI_EXIT_DISC: 0 (7 bytes)
      ⊞ LOCAL_PREF: 100 (7 bytes)
      ⊟ MP_REACH_NLRI (37 bytes)
        ⊞ Flags: 0x90 (Optional, Non-transitive, Complete, Extended Length)
          Type code: MP_REACH_NLRI (14)
          Length: 33 bytes
          Address family: IPv6 (2)
          Subsequent address family identifier: Labeled Unicast (4)
        ⊟ Next hop network address (16 bytes)
          Next hop: ::ffff:4.4.4.4 (16)
          Subnetwork points of attachment: 0
        ⊟ Network layer reachability information (12 bytes)
          Label Stack=1025 (bottom), IPv6=2::/64
```

图 9-25　内层标签通过 MP_REACH_NLRI 发布

同时,6PE2 会在本地创建相应的 MPLS IPv6 转发条目,相对应的操作是弹出内层标签。

```
<6PE2>display mpls lsp protocol bgp-ipv6
----------------------------------------------------------------
---------
                 LSP Information: BGP IPv6 LSP
----------------------------------------------------------------
---------
  FEC            :  2::/64
  In Label       :  1025              Out Label    : -----
  In Interface   :  -----             OutInterface : -----
  Vrf Name       :
```

到目前为止,IPv6 标签的建立工作就完成了。

经过上述的过程,6PE 路由器就能够成功地建立起 6PE 的控制平面,从而学习到对端网络的 IPv6 前缀信息并按照路由此信息来转发 IPv6 数据。

（2）6PE 转发平面

IPv6 数据在 6PE 网络中的转发过程是与控制平面的建立过程方向相反的。以本书中的实验为例,对于去往 IPv6 前缀 2::/64 的报文,转发路径是 CE1→6PE1→6PE2→CE2,其转发平面示意图如图 9-26 所示。

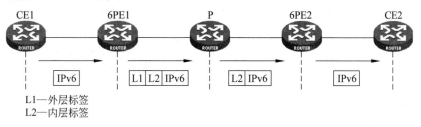

图 9-26　6PE 转发平面示意图

6PE1 收到 CE1 发来的去往 CE2 的 IPv6 报文后,查找路由表,发现下一跳是特殊的 IPv4 映射 IPv6 地址。

```
<6PE1>display ipv6 routing-table
Routing Table :
        Destinations : 2      Routes : 2

Destination : ::1/128                    Protocol  : Direct
NextHop     : ::1                        Preference : 0
Interface   : InLoop0                    Cost      : 0

Destination : 2::/64                     Protocol  : BGP4+
NextHop     : ::FFFF:4.4.4.4             Preference : 255
Interface   : NULL0                      Cost      : 0
```

6PE1 把此下一跳中的 IPv4 地址取出,通过查找相对应的 BGP IPv6 路由表而得到内层标签。

```
<6PE1>display bgp ipv6 routing-table
Total Number of Routes: 1

BGP Local router ID is 3.3.3.3
Status codes: * -valid, > -best, d -damped,
              h -history,  i -internal, s -suppressed, S -Stale
              Origin : i -IGP, e -EGP, ? -incomplete
* >i Network : 2::                       PrefixLen : 64
     NextHop : 4.4.4.4                   LocPrf    : 100
     PrefVal : 0                         Label     : 1025
     MED     : 0
     Path/Ogn : ?
```

再查找公网 MPLS 转发表得到公网标签,打上两层标签后转发到 MPLS 核心网络中。

在 MPLS 报文到达 6PE2 的前一跳路由器时,外层标签被弹出(因为 6PE2 给它分配了一个特殊的公网标签 3),带有内层标签的 IPv6 报文被转发给了 6PE2。

6PE2 收到带有内层标签的报文后,根据 BGP IPv6 转发表,弹出标签并进行 IPv6 路由查找转发,转发给相对应的 CE2。

```
<6PE2>display mpls lsp protocol bgp-ipv6
-----------------------------------------------------------------
---------
              LSP Information: BGP IPv6 LSP
-----------------------------------------------------------------
---------
FEC              :  2::/64
In Label        :  1025            Out Label   :  -----
In Interface    :  -----           OutInterface :  -----
```

5. 6PE 隧道的特点

在 6PE 中,IPv4/MPLS 核心网络不需要做任何改变,运营商只要将 PE 路由器升级为支持 6PE 特性,并在连接 CE 的接口上运行 IPv6 路由协议即可。使用 6PE 不会对原有的网络架构及业务造成影响,比较适合于 ISP 及大中型企业网络。

9.4.7　其他隧道技术

1. 6over4

6over4 技术通过把 IPv6 的组播地址映射成 IPv4 的组播地址,从而在 IPv4 组播网络上实现 ND 协议。6over4 主机的 IPv6 地址由 64 位的单播地址前缀和规定格式的 64 位接口标识符::AABB:CCDD 组成,其中 AABB:CCDD 是其 IPv4 地址 a. b. c. d 的十六进制表示。6over4 技术要求主机间的 IPv4 网络必须支持组播,所以应用受到一定的限制。

2. Teredo

Teredo 隧道是一种 IPv6-over-UDP 隧道。因为传统的 NAT 设备不能够支持 IPv6 in IPv4 数据报文的穿越,所以为了解决这个问题,采用把 IPv6 数据报文封装在 UDP 载荷中的方式穿过 NAT。

在 Teredo 协议中,定义了 4 种不同的实体:Client、Server、Relay 和 Host-specific Relay。其中,Client 是指处于 NAT 域内并想要获得 IPv6 全局连接的主机;Server 具有全局地址并且能够为 Client 分配 Teredo 地址;Relay 负责转发 Client 和一般 IPv6 节点通信时的数据报文;Host-specific Relay 是指不通过 Relay 就可以直接和 Client 进行通信的 IPv6 主机。这些角色同时都支持 IPv6/IPv4 协议。Teredo 地址结构示意图如图 9-27 所示。

图 9-27　Teredo 地址结构示意图

Teredo 技术能够使 IPv6 数据报文穿越 NAT,以使域内的 IPv6 节点得到全球性的 IPv6 连接。但 Teredo 的运行需要部署 Relay,而且 Teredo 地址采用了规定格式的前缀的做法也不符合 IPv6 路由分等级的思想。另外,如果 NAT 设备能够支持 IPv6 in IPv4 数据报文的穿越,则没有必要使用 Teredo。

3. 隧道代理

隧道代理(Tunnel Broker)是一种网络架构而非具体的协议。它的主要目的是为用户简化隧道的配置,提供自动的配置手段。对于已经建立起 IPv6 的 ISP 来说,使用 Tunnel Broker 技术为网络用户的扩展提供了一个方便的手段。从这个意义上说,Tunnel Broker 可以看做是一个虚拟的 IPv6 ISP,通过 Web 方式为用户分配 IPv6 地址、建立隧道以提供和其他 IPv6 站点之间的通信。Tunnel Broker 的特点是灵活、可操作性强,针对不同用户可提供不同的隧道配置。Tunnel Broker 示意图如图 9-28 所示。

Tunnel Broker 的工作过程如下。

客户端首先到 Tunnel Broker 上进行注册,Tunnel Broker 为用户选择隧道服务器 (Tunnel Server),为用户选择前缀等配置信息,并将隧道的配置信息通知用户,用户按照配置信息配置用户端的设备。另外,Tunnel Broker 会发送配置指令给 Tunnel Server,Tunnel

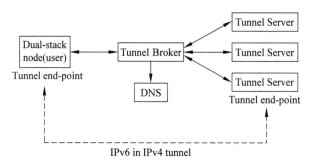

图 9-28　Tunnel Broker 示意图

Server 根据配置指令进行隧道的建立和维护。经过这些步骤后,客户端与 Tunnel Server 之间的 IPv4 封装 IPv6 的隧道就建立好了。

9.5　IPv6 与 IPv4 网络之间互通

IPv6 与 IPv4 网络之间互通的方法有以下几种。

(1) 双栈技术。

(2) SIIT(Stateless IP/ICMP Translation)。

(3) NAT-PT。

(4) DSTM(Dual Stack Transition Mechanism)。

(5) SOCKS-based IPv6/IPv4 Gateway。

(6) 传输层中继(TRT)。

(7) BIS(Bump in the Stack)。

(8) BIA(Bump in the API)。

9.5.1　双栈技术

双栈技术在前面已经提及,这里再详细论述一下。

实现 IPv6 节点与 IPv4 节点互通的最直接的方式是在 IPv4 节点中加入 IPv6 协议栈。具有双协议栈的节点称做 IPv6/v4 节点,这些节点既可以收发 IPv4 报文,也可以收发 IPv6 报文。它们可以使用 IPv4 协议与 IPv4 节点互通,也可以使用 IPv6 协议与 IPv6 节点互通。

让主机支持双栈方式要考虑的一个主要问题是地址配置,涉及双栈节点的地址配置以及如何通过 DNS 获取通信对端的地址。

1. 双栈节点的地址配置

由于双栈节点同时支持 IPv4/v6 协议,因此必须同时配置 IPv4 和 IPv6 地址。节点的 IPv4 和 IPv6 地址之间不必有关联,但是对于支持自动隧道的双栈节点,必须配置与 IPv4 地址有映射关系的 IPv6 地址。

2. 通过 DNS 获取通信对端的地址

在绝大多数情况下,用户给应用层提供的只是对端通信设备的名字而不是地址,这就要求系统提供名字与地址之间的映射。无论是在 IPv4 中还是在 IPv6 中,这个任务都是由 DNS 完成的。对于 IPv6 地址,定义了新的记录类型 A6 和 AAAA。由于 IPv4/v6 节点要能够直接与 IPv4 和 IPv6 节点通信,因此 DNS 必须能够同时提供对 IPv4 A、IPv6 A6/AAAA 类型记录的解析库。

但是仅仅有解析库还不够,还必须对返回给应用层的地址类型做选择。因为在查询到 IP 地址之后,解析库向应用层返回的 IP 地址有以下 3 种可能。

(1) 只返回 IPv6 地址。

(2) 只返回 IPv4 地址。

(3) 同时返回 IPv6 和 IPv4 地址。

对前两种情况,应用层将分别使用 IPv6 地址或 IPv4 地址与对端通信;对第三种情况,应用层必须做出选择使用哪个地址,即使用哪个 IP 协议。具体选择哪一个地址的结果是与应用的环境有关的(即与操作系统和应用程序相关)。

双栈技术的优点是互通性好,并且易于理解。其缺点是双栈节点需要维护两个协议栈,系统开销比原来增加了;且每个 IPv6 节点都需要使用一个 IPv4 地址,这样比较浪费 IPv4 地址,所以只能作为一种临时过渡技术。

9.5.2　SIIT

无状态 IP/ICMP 翻译(Stateless IP/ICMP Translation)技术的作用是对 IP 和 ICMP 报文进行协议转换。因为它并不记录一个流的状态,所以称为"无状态"。在 SIIT 网络中,IPv6 节点需要配置形如::FFFF:0:a.b.c.d 的 IPv4 翻译地址(IPv4-Translatable Address),其中低 32 位 a.b.c.d 是 IPv4 节点认为 IPv6 节点在 IPv4 网络中的地址,且地址必须在 SIIT 所定义的地址池中。而 IPv6 节点需要访问 IPv4 节点时,则通过形如::FFFF:a.b.c.d 的 IPv4 映射地址(IPv4-Mapped Address)来表示 IPv4 节点。

1. SIIT 的工作原理

SIIT 的示意图如图 9-29 所示。

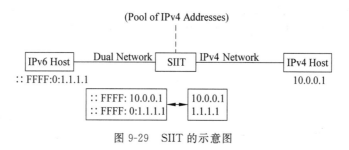

图 9-29　SIIT 的示意图

(1) IPv4 到 IPv6 的地址头转换

假定一个具有 IPv4 地址 10.0.0.1 的 IPv4 主机 A 要访问 IPv6 主机 B,B 的 IPv6 地址

是 IPv4 翻译地址::FFFF:0:1.1.1.1,低 32 位是 SIIT 地址池中 IPv4 地址 1.1.1.1。当 A 发出的目标地址是 1.1.1.1 的报文到达 SIIT 时,SIIT 判断出此地址属于其管理地址池的 IPv4 地址空间(假定此空间是从 1.1.1.1 到 1.1.1.100)。因此做相应的 IPv4 到 IPv6 的协议报文头转换,把源地址转换成 IPv4 映射地址::FFFF:10.0.0.1,目的地址转换成 IPv4 翻译地址:: FFFF:0:1.1.1.1,再把此 IPv6 报文发送给主机 B(也就是源:10.0.0.1→ ::FFFF:10.0.0.1;目的:1.1.1.1→::FFFF:0:1.1.1.1)。

(2) IPv6 到 IPv4 的地址头转换

IPv6 主机 B 访问 IPv4 主机 A,发出的报文中源地址是 B 的翻译地址::FFFF:0:1.1.1.1, 目的地址是 A 的映射地址::FFFF:10.0.0.1,当 IPv6 的报文到达 SIIT 协议转换器时, SIIT 判断出目的地址是 IPv4 映射地址,就要对该报文进行 IPv6 到 IPv4 的协议报文头转换 (转换的结果为源:1.1.1.1;目的:10.0.0.1),再把转换后的 IPv4 报文传给主机 A。

2. SIIT 的局限性

因为 IPv6 报文和 IPv4 报文有很多字段是不同的,所以 SIIT 不能对报文中的如下字段进行转换。

(1) 任何 IPv4 的选项字段(option)。

(2) IPv6 中的路由头。

(3) IPv6 中的逐跳扩展头。

(4) IPv6 中的目的选项头。

另外,SIIT 无法对 IPSec 中的 AH 报文进行转换。因为 AH 报文的计算覆盖了 IP 地址和标识字段,而 IPv6 接收者无法判断由 IPv4 节点所发送的 IPv4 报文中的标识字段的值,所以,AH 报文不能被 SIIT 技术所转换。并且,IPv4 组播地址无法映射到 IPv6 组播地址。例如,224.1.2.3 是一个 D 类的 IPv4 组播地址,按照转换规则,它通过 SIIT 转换后应该成为::FFFF:224.1.2.3,但这个地址不是一个合法的 IPv6 组播地址。

3. SIIT 的特点

SIIT 技术使用特定的地址空间来完成 IPv4 地址与 IPv6 地址的转换。SIIT 需要有一个 IPv4 地址池来给与 IPv4 节点通信的 IPv6 节点分配 IPv4 地址。因为 SIIT 无法进行地址复用,所以地址池的空间限制了 IPv6 节点的数量。在通信过程中,当 SIIT 中 IPv4 地址池中地址分配完时,如果有新的 IPv6 节点需要同 IPv4 节点通信,就会因为没有剩余的 IPv4 地址空间而导致 SIIT 无法进行协议转换,造成通信失败。所以 SIIT 技术所能应用的网络规模不能很大。

9.5.3 NAT-PT

NAT-PT(Network Address Translation-Protocol Translation,网络地址转换—协议转换)是把 SIIT 协议转换技术与 IPv4 网络中动态地址翻译技术(NAT)相结合的一种技术。它利用了 SIIT 技术的工作机制,同时又利用传统的 IPv4 下的 NAT 技术来动态地给访问 IPv4 节点的 IPv6 节点分配 IPv4 地址,很好地解决了 SIIT 技术中全局 IPv4 地址池规模有限的问题。

NAT-PT 处于 IPv6 和 IPv4 网络的交界处,可以实现 IPv6 主机与 IPv4 主机之间的互通。协议转换的目的是实现 IPv4 和 IPv6 协议头之间的转换;地址转换则是为了让 IPv6 和 IPv4 网络中的主机能够识别对方,也就是说,IPv4 网络中的主机用 IPv4 地址标识 IPv6 网络中的主机,反过来,IPv6 网络中的主机用 IPv6 地址标识 IPv4 网络中的主机。

NAT-PT 可分为以下 3 种。

(1)静态 NAT-PT。

(2)动态 NAT-PT。

(3)结合 DNS ALG 的动态 NAT-PT。

1. 静态 NAT-PT

静态 NAT-PT 是由 NAT-PT 网关静态配置 IPv6 和 IPv4 地址绑定关系的,如图 9-30 所示。当 IPv4 主机与 IPv6 主机之间互通时,其报文在经过 NAT-PT 网关时,由网关根据配置的绑定关系进行转换。

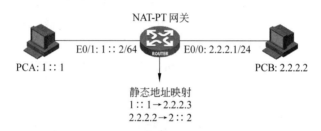

图 9-30   静态 NAT-PT 示意图

(1)静态 NAT-PT 的配置

在图 9-30 中,PCA 是 IPv6 主机,地址是 1::1,它用一个 2::2 地址来标识 IPv4 主机 PCB。同理,IPv4 网络中的主机 PCB 用一个 IPv4 地址 2.2.2.3 来标识 IPv6 主机 PCA。在 NAT-PT 网关(也就是路由器)上,Ethernet 0/0 处于 IPv4 区域中,地址为 2.2.2.1;Ethernet 0/1 处于 IPv6 区域中,地址为 1::2。在 NAT-PT 网关上的相应配置如下。

♯在接口上配置地址并使能 NAT-PT 功能。

```
[H3C-Ethernet0/0] ip address 2.2.2.1 255.255.255.0
[H3C-Ethernet0/0] natpt enable
[H3C-Ethernet0/1] ip address 1::2 64
[H3C-Ethernet0/1] natpt enable
```

♯配置 IPv4 侧报文的静态映射(报文中的源 IPv4 地址转换成相应的 IPv6 地址)。

```
[H3C]natpt v4bound static 2.2.2.2 2::2
```

♯配置 IPv6 侧报文的静态映射(报文中的源 IPv6 地址转换成相应的 IPv4 地址)。

```
[H3C]natpt v6bound static 1::1 2.2.2.3
```

♯配置前缀(何种 IPv6 报文被转换)。

```
[H3C] natpt prefix 2::
```

（2）静态 NAT-PT 的工作原理

当 PCA 发送报文到 PCB 时，其源地址是 1::1，目的地址是 2::2。此报文到达路由器时，路由器查看其目的地址前缀是 2::，与配置命令"natpt prefix 2::"符合，路由器就对此报文进行转换，转换的结果是源地址为 2.2.2.3，目的地址为 2.2.2.2。此转换后的报文到达 PCB 后，PCB 回复此报文。PCB 回复的报文到达路由器后，路由器根据此配置再进行相应转换。

（3）静态 NAT-PT 的特点

静态 NAT-PT 原理简单易懂，但由于路由器上配置的 IPv6 地址与 IPv4 地址一一对应，所以配置复杂，维护不方便，而且需要消耗大量的 IPv4 地址。

2. 动态 NAT-PT

在动态 NAT-PT 中，NAT-PT 网关向 IPv6 网络通告一个 96 位的地址前缀（该前缀可以是网络管理员选择的任意的在本网络内可路由的前缀），用 96 位地址前缀加上 32 位主机 IPv4 地址作为对 IPv4 网络中主机的标识。从 IPv6 网络中的主机发给 IPv4 网络的报文，其目的地址前缀与 NAT-PT 发布的地址前缀相同，这些报文都被路由到 NAT-PT 网关处，由 NAT-PT 网关对报文头进行修改，取出其中的 IPv4 地址信息，替换目的地址。另外，NAT-PT 网关定义了 IPv4 地址池，NAT-PT 网关从此地址池中取出一个地址来替换 IPv6 报文的源地址。这样就完成了 IPv6 地址到 IPv4 地址的转换。动态 NAT-PT 示意图如图 9-31 所示。

图 9-31　动态 NAT-PT 示意图

（1）动态 NAT-PT 的配置

在图 9-31 中，NAT-PT 网关向 IPv6 网络中通告的地址前缀为 2::，所以 PCA 用一个 2::2.2.2.2 的 IPv6 地址来标识 IPv4 主机 PCB。在 NAT-PT 网关（也就是路由器）上的配置如下。

♯在接口上配置地址并使能 NAT-PT 功能。

```
[H3C-Ethernet0/0] ip address 2.2.2.1 255.255.255.0
[H3C-Ethernet0/0] natpt enable
[H3C-Ethernet0/1] ip address 1::2 64
[H3C-Ethernet0/1] natpt enable
```

♯配置地址池。

```
[H3C]natpt address-group 1 2.2.2.3 2.2.2.5
```

♯配置前缀。

```
[H3C]natpt prefix 2::
```

♯配置 IPv6 侧报文的动态映射。

[H3C]natpt v6bound dynamic prefix 2:: address-group 1

（2）动态 NAT-PT 的工作原理

当 PCA 发送报文到 PCB 时，其源地址是 1::1，目的地址是 2::2.2.2.2。此报文被路由到 NAT-PT 网关时，路由器查看其目的地址前缀是 2::，与配置命令"natpt prefix 2::"符合，路由器就对此报文进行转换。

转换的规则如下：根据"natpt v6bound dynamic prefix 2:: address-group 1"命令，从地址池 1"2.2.2.3 2.2.2.5"中选取地址 2.2.2.3 来替换 IPv6 源地址 1::1，再根据 IPv6 目的地址 2::2.2.2.2 的后 32 位 IPv4 地址信息 2.2.2.2 来替换 IPv6 目的地址 2::2.2.2.2。那么转换的结果就是源地址为 2.2.2.3，目的地址为 2.2.2.2。同时，NAT-PT 网关需要记录下此时转换的映射关系，称为会话信息。此转换后的报文到达 PCB 后，PCB 回复此报文。当回复的报文到达路由器，路由器又进行相应转换。这时的转换是根据刚才进行转换时的会话信息进行的。在路由器上用命令可以查看到这个会话信息如下。

```
[H3C]dis natpt session all
NATPT Session Info:
No        IPv6Source              IPv4Source              Pro
          IPv6Destination         IPv4Destination
1         0001::0001^44038                2.2.2.3^12290   ICMP
          0002::0202:0202^   0            2.2.2.2^         0
```

这个会话信息会持续一段时间才会消失，其持续时间可以进行配置。

在动态 NAT-PT 中，IPv4 地址池中的地址可以复用，也就是若干个 IPv6 地址可以转换为一个 IPv4 地址，它采用了上层协议映射的方法。在上面的例子中，PCA 的地址 1::1 实际上被转换为 2.2.2.3^12290，也就是上层协议映射值是 12290 的一个连接。如果有另外的 IPv6 主机发起连接时，也可以转换为 IPv4 地址 2.2.2.3，只是上层协议映射值变化了。

（3）动态 NAT-PT 的特点

动态 NAT-PT 改进了静态 NAT-PT 配置复杂、消耗大量 IPv4 地址的缺点。由于它采用了上层协议映射的方法，所以只用很少的 IPv4 地址就可以支持大量的 IPv6 到 IPv4 的转换。不过动态 NAT-PT 只能由 IPv6 一侧首先发起连接，IPv6 发起连接后，路由器把 IPv6 源地址转换为 IPv4 源地址，IPv4 主机才能知道用哪一个 IPv4 地址来标识 IPv6 主机。如果首先从 IPv4 侧发起连接，IPv4 主机并不知道 IPv6 主机的 IPv4 地址（因为这个地址是 NAT-PT 路由器上的地址池里的一个随机地址），连接无法进行。

3. 结合 DNS ALG 的动态 NAT-PT

某些应用（例如 DNS）在净载荷中包含有 IP 地址，此时只能通过 ALG（Application Level Gateway，应用层网关）对报文净载荷中的 IP 地址进行格式转换。通过结合 DNS ALG 的动态 NAT-PT，不但可以做到 IPv4 与 IPv6 网络中任一方均可主动发起连接，而且也可以做到基于 DNS 名称访问对方主机，所以是一种非常实用且有前途的过渡技术。

典型的 DNS ALG 的动态 NAT-PT 网络结构如图 9-32 所示。DNS ALG 功能在支持此项功能的路由器上是默认启用的。

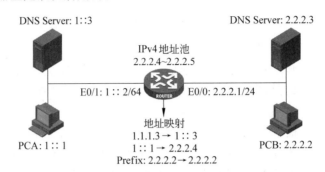

图 9-32　DNS ALG 的动态 NAT-PT 网络结构

（1）DNS ALG 动态 NAT-PT 的配置

在图 9-32 中，IPv4 和 IPv6 网络中都有 DNS 服务器，地址如图中所示。PCB 用一个 IPv4 地址 1.1.1.3 来标识 IPv6 网络中的 DNS 服务器。NAT-PT 网关向 IPv6 网络中通告的地址前缀为 2::。

♯ 在路由器接口上配置地址并使能 NAT-PT 功能。

```
[H3C-Ethernet0/0] ip address 2.2.2.1 255.255.255.0
[H3C-Ethernet0/0] natpt enable
[H3C-Ethernet0/1] ip address 1::2 64
[H3C-Ethernet0/1] natpt enable
```

♯ 配置地址池。

```
[H3C]natpt address-group 1 2.2.2.4 2.2.2.5
```

♯ 对 IPv6 DNS 服务器配置 IPv4 侧报文的静态映射。

```
[H3C]natpt v4bound static 1.1.1.3 1::3
```

♯ 配置前缀。

```
[H3C]natpt prefix 2::
```

♯ 配置 IPv6 侧报文的动态映射。

```
[H3C]natpt v6bound dynamic prefix 2:: address-group 1
```

（2）DNS ALG 动态 NAT-PT 的工作原理

① PCB 要与 PCA 通信，首先要向 IPv6 网络中的 DNS 服务器发出请求对 PCA 进行名字解析，请求报文的源地址为 2.2.2.2，目的地址为 1.1.1.3，报文中包含类型为 A 的查询报文，其中包含需要解析的名字 PCA。

② 这个请求到达 NAT-PT 服务器后，NAT-PT 服务器对报文头部进行转换，转换结果为源地址 2.2.2.2→2::2.2.2.2，目的地址 1.1.1.3→1::3。同时，DNS ALG 对其内容进行修改，把 A 类型请求转换成 AAAA 或 A6 类型，然后将此报文转发给 IPv6 网络内的 DNS Server。

③ IPv6 网络中的 DNS Server 收到报文后，查询自己的记录表，解析出 PCA 的 IPv6 地

址是 1∷1,于是向 PCB 回应。报文的源地址为 1∷3,目的地址为 2∷2.2.2.2。此报文被路由到 NAT-PT 服务器中去。

④ 报文到达 NAT-PT 服务器后,报文头部被 NAT-PT 服务器进行转换。同时,DNS-ALG 将其中的 DNS 应答部分也进行转换,把 AAAA 或 A6 类型转成 A 类型,并从 IPv4 地址池中分配一个地址 2.2.2.4,替换应答报文中的 IPv6 地址 1∷1,并记录两者之间的映射关系。

⑤ PCB 在收到此 DNS 应答之后,就知道了 PCA 的标识 IPv4 地址是 2.2.2.4。于是发起到 PCA 的连接,报文的源地址为 2.2.2.2,目的地址为 2.2.2.4。

⑥ 报文到达 NAT-PT 服务器后,由于在 NAT-PT 服务器中已经记录了 IPv4 地址 2.2.2.4 与 IPv6 地址 1∷1 之间的映射信息,因此可以按照原有记录的信息对地址进行转换。转换后的报文源地址为 2∷2.2.2.2,目的地址为 1∷1。

⑦ 报文到达 PCA 后,主机 A 对此报文回复,应答报文的源地址为 1∷1,目的地址为 2∷2.2.2.2。

⑧ NAT-PT 再按照原有记录的信息对此报文进行地址转换,转换后报文的源地址为 2.2.2.4,目的地址为 2.2.2.2,并将此报文路由到 PCB。

(3) ALG NAT-PT 的特点

NAT-PT 结合 ALG 可以对报文载荷内的数据进行转换,如 DNS、FTP 等应用都可以进行转换而互通。但缺点是复杂度进一步加大,对网关的要求较高,可能会造成网络的一个“瓶颈”。

4. NAT-PT 技术总结

NAT-PT 不必修改已存在的 IPv4 网络就可实现内部网络 IPv4 主机对外部网络 IPv6 主机的访问,且通过上层协议映射使大量的 IPv6 主机使用同一个 IPv4 地址,从而节省宝贵的 IPv4 地址。其原理同 IPv4 网络中的 NAT 类似,技术易懂,所以是一个非常好的 IPv4 与 IPv6 网络之间的过渡技术。但 NAT-PT 也有它的缺点,属于同一会话的请求和响应都要通过同一 NAT-PT 路由器,对 NAT-PT 路由器的性能要求很高;另外,NAT-PT 路由器不能转换 IPv4 报文头的可选项部分,有些应用无法使用;由于地址在传输过程中发生了变化,端到端的安全性很难实现。

9.5.4　其他互通技术

1. DSTM

DSTM(Dual Stack Transition Mechanism)定义了一个网络架构,架构内包含了一些组件如 DSTM Server、DSTM Node 等。在 DSTM 中,IPv6 网络中的双栈节点可以获得临时分配的 IPv4 地址,然后使用 IPv4-over-IPv6 隧道与一个 IPv4 网络中的 IPv4 主机互相通信。

DSTM 的草案目前已废弃。

2. SOCKS-based IPv6/IPv4 Gateway

SOCKS-based IPv6/IPv4 Gateway 是一种在应用层进行 IPv4 和 IPv6 之间连接中继的方法。图 9-33 为 SOCKS-based IPv6/IPv4 Gateway 示意图。

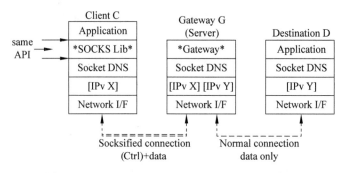

图 9-33　SOCKS-based IPv6/IPv4 Gateway 示意图

（1）SOCKS-based IPv6/IPv4 Gateway 的工作原理

在 SOCKS-based IPv6/IPv4 Gateway 中，通过两个新增的功能模块实现中继机制。一个是在客户端里引入 SOCKS Lib，这个过程称为"SOCKS 化"。SOCKS Lib 处于应用层和 Socket 层之间，对应用层的 Socket API 和 DNS 名字解析 API 进行替换；另一个是 Gateway，它安装在 IPv6/v4 双栈节点上（图 9-33 中的 Gateway G），是一个增强型的 SOCKS 服务器，能实现客户端（Client C）和目的端（Destination D）之间任何协议组合（IPv4 到 IPv6、IPv6 到 IPv4）的中继。当 Client C 上的 SOCKS Lib 发起一个请求后，由 Gateway G 产生一个相应的线程负责对连接进行中继。Client C 上的 SOCKS Lib 与 Gateway G 之间通过 SOCKS（SOCKSv5）协议通信，它们之间的连接是"SOCKS 化"的连接，不仅包括业务数据，也包括控制信息；而 Gateway G 和 Destination D 之间的连接未作改动，属于正常连接。Destination D 上的应用程序并不知道 Client C 的存在，它认为通信对端是 Gateway G。

（2）SOCKS-based IPv6/IPv4 Gateway 的特点

SOCKS-based IPv6/IPv4 Gateway 机制不需要修改 DNS 或者地址映射，可满足 IPv4 与 IPv6 节点的互操作。它的缺点是由于所有互操作都靠 SOCKS-based IPv6/IPv4 Gateway 来转发完成，Gateway 相当于高层软件网关，实现的代价很大，并需要在客户端支持 SOCKS 代理的软件，对于用户来讲不是透明的，只能作为临时性的过渡技术。

有关 SOCKS-based IPv6/IPv4 Gateway 技术的详细介绍，可参见 RFC3089。

3. 传输层中继

传输层中继（Transport Relay Translator，TRT）适用于纯 IPv6 网络与纯 IPv4 网络通信的环境。TRT 系统位于纯 IPv6 主机和纯 IPv4 主机之间，可以实现｛TCP，UDP｝/IPv6 与｛TCP，UDP｝/IPv4 的数据的对译。TRT 与 SOCKS-based IPv6/IPv4 Gateway 的工作机理类似，只不过是在传输层上进行"协议翻译"。TRT 工作原理示意图如图 9-34 所示。

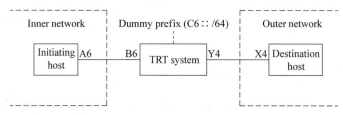

图 9-34　TRT 工作原理示意图

（1）传输层中继的工作原理

传输层中继使用了 Dummy prefix（伪前缀）C6::/64，C6::/64 属于站点中的 IPv6 单播地址空间中的一部分。路由必须被配置成将 C6::/64 的数据报文转发到 TRT 系统。

假定数据报文源主机是 IPv6 节点，目的主机是 IPv4 节点。当源主机（IPv6 地址是 A6）向目的主机（IPv4 地址是 X4）发起通信时，需要建立一条面向 C6::X4 的 TCP/IPv6 连接。举例来说，如果 C6::/64 等于 FEC0:0:0:1::/64，X4 等于 10.1.1.1，那么这个目的地址就应该是 FEC0:0:0:1::10.1.1.1。数据报文被路由转发到 TRT 系统，并且被它捕获。这个 TRT 系统接受了位于 A6 和 C6::X4 之间的 TCP/IPv6 连接。然后，这个 TRT 系统根据目标地址的低 32 位（IPv6 地址是 C6::X4），而得到一个真实的 IPv4 目标地址（IPv4 地址是 X4）。于是就建立一条从 Y4 到 X4 的 TCP/IPv4 连接，然后在这两个 TCP 连接之间转发数据流。因此，TRT 系统为一个 TCP 会话维护两条 TCP 连接，一条是 TCP/IPv6；另一条是 TCP/IPv4。

（2）传输层中继的特点

传输层中继能在不需要修改纯 IPv6 主机和纯 IPv4 主机的情况下工作，因为它工作在传输层，所以不需要考虑 PMTU 和数据报文分段的问题。它的不足在于只支持数据的双向传送转换，不支持单向的如组播数据报文的转换；另外，TRT 系统对数据载荷中的地址信息无法转换，所以有些应用无法使用。

有关传输层中继技术的详细介绍，可参见 RFC3142。

4. BIS

BIS（Bump in the Stack）的原理是通过在主机中添加若干个模块，以用于监测 TCP/IP 模块与网卡驱动程序之间的数据流，并进行相应 IPv4 与 IPv6 数据报文之间的相互翻译。

图 9-35 为采用 BIS 机制的双栈主机的系统模块组成示意图。

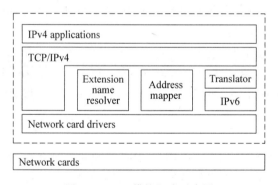

图 9-35　BIS 模块组成示意图

Translator 的作用是进行 IPv4 和 IPv6 间的转换。当 Translator 收到来自 IPv4 应用的数据报文时，将 IPv4 报头转换为 IPv6 报头，然后对转换后的数据报文进行适当的处理后发送到 IPv6 的网络中。当从 IPv6 的网络中接收到 IPv6 的数据报文时，Translator 做相反的转换。

Extension name resolver 用于对来自 IPv4 应用的请求返回一个响应。上层应用会向 DNS 服务器发出一个解析目标主机名的 A 型记录的查询请求。Extension name resolver

收到这种查询请求后,按所查询的目标主机名生成另外的包含 A 型和 AAAA 型两种记录的查询请求,并发向 DNS 服务器。如果 DNS 服务器返回 A 型记录,Extension name resolver 就把此记录原封不动地返回给应用;如果只能解析出 AAAA 型记录,Extension name resolver 就会要求 Address mapper 给这个 IPv6 地址分配一个 IPv4 地址,然后把这个 IPv4 地址作为 A 型记录返回给应用。

Address mapper 负责管理一个 IPv4 地址池并且维护一张包含有 IPv4 和 IPv6 地址对的映射表。当 Extension name resolver 和 Address mapper 需要为一个 IPv6 地址分配一个 IPv4 的地址时,Address mapper 从其管理的地址池中选出一个 IPv4 地址,并在映射表中动态地记录下地址之间的映射关系。

(1) BIS 的工作原理

一个主机用它的 IPv4 应用与一台 IPv6 主机进行通信的过程如下。

① 双栈主机的应用向 Extension name resolver 发出一个查询对方主机 A 型记录的请求。

② Extension name resolver 捕获这个请求,并生成另一个查询主机 A 型和 AAAA 型两种记录的请求,发给 Extension name resolver。在本次通信中,只解析得到 AAAA 型记录,于是 Extension name resolver 要求 Address mapper 给解析得到的 IPv6 地址分配一个 IPv4 地址。

③ Address mapper 从地址池中选择一个 IPv4 地址并返回给 Extension name resolver。

④ Extension name resolver 为分配的 IPv4 地址产生 A 型记录并返回给应用。

⑤ IPv4 应用向对方主机发送 IPv4 数据报文。

⑥ IPv4 数据报文到达 Translator,Translator 请求 Address mapper 为其提供地址映射记录,Address mapper 在映射表中进行搜索,返回相应的 IPv6 源地址和目的地址给 Translator。

⑦ Translator 把 IPv4 的数据报文翻译成 IPv6 的数据报文,并根据需要对 IPv6 数据报文进行处理,再发送到 IPv6 的网络上。

⑧ IPv6 数据报文到达对方主机后,对方主机回应,发送一个 IPv6 数据报文回来。此 IPv6 数据报文抵达本方主机上的 Translator,Translator 从 Address mapper 得到前面 IPv6 源地址和目的地址的映射记录,然后 Translator 把 IPv6 的数据报文翻译成 IPv4 数据报文,上交给应用。

(2) BIS 的特点

BIS 允许主机利用已有的 IPv4 应用与 IPv6 主机进行通信。所以,即使主机没有 IPv6 应用,也能够和 IPv4 和 IPv6 网络保持连通。在过渡的最初始阶段,有许多应用没有作适应 IPv6 的修改时,使用 BIS 是一个很好的选择。即使在大部分的应用都已经进行了修改后,也可以支持那些还有某些应用尚未修改的用户。

由于 IPv4 报文与 IPv6 报文的结构不同,翻译器不能把 IPv4 的参数都转换成 IPv6 相应的参数,并且 BIS 在进行 IP 地址转换的时候,很难完整转换应用层程序(例如 FTP)里面包含的地址等参数,所以,有一些应用无法使用。另外,由于在数据中含有 IP 地址,所以网络层之上的安全策略不能在采用这种机制的主机上使用。

有关 BIS 技术的详细介绍,可参见 RFC2767。

5. BIA

BIA(Bump in the API)技术与 BIS 的工作机制类似。它通过在双栈主机的 Socket API 模块与 TCP/IP 模块之间加入一个 API Translator,使主机能够在 IPv4 的 Socket API 函数和 IPv6 的 Socket API 函数间进行互译。

当双栈主机上的 IPv4 应用程序与其他 IPv6 主机通信时,API Translator 检测到 IPv4 应用程序中的 Socket API 函数,并调用 IPv6 的 Socket API 函数与 IPv6 主机通信;反之亦然。为了支持 IPv4 应用程序与目标 IPv6 主机间的通信,在 API Translator 中,IPv4 地址由 Name resolver 进行分配。BIA 模块组成示意图如图 9-36 所示。

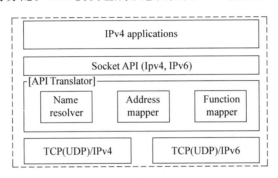

图 9-36　BIA 模块组成示意图

(1) BIA 的工作原理

一个双栈主机用它的 IPv4 应用与一台 IPv6 主机进行通信的过程如下。

① IPv4 应用向 DNS 服务器发送 DNS 查询请求,Name resolver 拦截了这个请求,并产生一个新的查询请求来解析 A 和 AAAA 两种记录。当只有 AAAA 记录被解析时,Name resolver 会要求 Address mapper 为 IPv6 地址分配一个 IPv4 地址。

② Name resolver 为分配的 IPv4 地址产生一条 A 记录,返回给 IPv4 应用程序。

③ 为了使 IPv4 应用程序能够向对方发送 IPv4 数据报文,它调用 IPv4 的 Socket API 函数。

④ Function mapper 检测到来自 IPv4 应用的 Socket API 函数,向 Address mapper 请求一个 IPv6 地址,Address mapper 从表中查找到 IPv4 地址对应的 IPv6 地址,Function mapper 使用这个地址调用相应的 IPv6 Socket API 函数,然后通过 IPv6 协议栈将数据发到对端的 IPv6 主机。

(2) BIA 的特点

BIA 的优点与不足和 BIS 相同,此处不再赘述。

9.6　过渡技术总结

前面讲述了各种过渡技术的工作原理以及它们的优缺点。本节对所有的过渡技术做一个总结,如表 9-2 所示。

表 9-2 过渡技术特点比较表

过渡技术	特　　点	不　　足
GRE 隧道	手动配置起点与终点,GRE 封装,常用于永久连接	不易维护
手动隧道	手动配置,IPv6 over IPv4 封装,永久连接	不易维护
自动隧道	只需配置起点,终点由目的 IPv6 地址中内嵌 IPv4 地址来决定,维护方便	使用特殊地址,只能用于节点本身连接
6to4 隧道	同自动隧道。但可以用于互联站点网络	使用特殊 6to4 地址
ISATAP 隧道	将 IPv4 网络看做下层链路,在其上运行 ND 协议,可实现地址自动配置	使用特殊 ISATAP 地址
6PE	在 IPv4/MPLS 上实现,由 PE 将 IPv6 数据封装并发送,骨干网络无须改动	只能在 MPLS 网络中实现
6over4	IPv6 组播映射成 IPv4 组播,实现 ND	组播应用目前还不普及
Teredo	IPv6-over-UDP 的隧道方法,能使 NAT 内的主机得到全局 IPv6 地址	工作方式复杂,需 Relay 支持
隧道代理	隧道代理为用户选择隧道服务器,相当于虚拟 ISP	工作方式复杂
双栈	用 DNS 解析记录来决定与 IPv4 还是 IPv6 主机通信,互通性好	只适用于节点本身,消耗 IPv4 地址
SIIT	将 IP 和 ICMP 报文进行协议转换,实现 IPv6 和 IPv4 互通	需用一部分 IPv4 地址空间,不能大规模使用
NAT-PT	通过上层协议映射使大量的 IPv6 主机使用同一个 IPv4 地址,并可结合 ALG 使用	对路由器性能要求高,有些应用无法使用
DSTM	对应用层及网络层都是透明的,适用对象是 IPv6 网络中的 IPv4 主机	需对客户端主机进行升级
SOCKS-based IPv6/IPv4 Gateway	用 SOCKS 网关来做代理,进行 IPv6 与 IPv4 之间的中继	需对客户端主机进行升级
TRT	与 SOCKS-based IPv6/IPv4 Gateway 原理类似,用一个传输层中继器在传输层进行协议翻译	有些应用无法"翻译"
BIS	在主机中添加若干个模块,在主机上直接进行 IPv4 与 IPv6 数据报文之间的相互翻译	需对客户端主机进行升级
BIA	类似 BIS,但在 API 层进行翻译	需对客户端主机进行升级

目前所有的过渡技术都不是普遍适用的,每一种技术都适用于某种或几种特定的网络情况,而且常常需要与其他的技术组合使用,在实际应用时需要综合考虑各种实际情况来制定合适的过渡策略。

9.7 IPv6 的部署

IPv6 的部署需要综合考虑多方面的因素,包括技术成熟性、部署成本、方案选择等。这里主要结合目前掌握的过渡技术,就不同的网络环境下使用的不同的部署方案进行一个介绍。

9.7.1　小型办公或家庭网络部署

小型办公或家庭网络部署示意图如图 9-37 所示。

在现阶段的情况下,小型办公或家庭网络一般使用 NAT 设备连接公网,拥有一个或数个公网地址,内部设备使用私有地址。

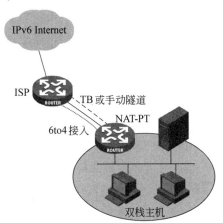

在过渡的开始阶段,网络上的大部分应用仍然是 IPv4 应用,大部分内部主机仍然为 IPv4 主机,IPv6 Internet 上有少量的 IPv6 应用。管理员可以使用 6to4 隧道连接至 IPv6 Internet,以给内部少部分双栈主机提供 IPv6 服务;同时,管理员可以升级 NAT 设备成 NAT-PT,以使 IPv4 主机能够无缝地访问 IPv6 Internet。如果有业务需要稳定长期地接入 IPv6 Internet,则根据 ISP 提供的接入方式而选择适当的接入方式接入 IPv6

图 9-37　小型办公或家庭网络部署示意图

Internet。如果 ISP 能够提供纯 IPv6 接入,则可以选择纯 IPv6 连接;如果 ISP 提供 IPv6 in IPv4 隧道接入,则选择手动隧道或 Tunnel Broker 连接。

发展到一定阶段后,IPv6 应用越来越丰富,且双栈技术越来越稳定可靠,则可以升级全部 Client 和 Server 为双栈主机,以直接使用丰富的 IPv6 应用,同时已存在的 IPv4 服务也继续使用。

当重要应用均升级为 IPv6 后,所有节点均升级为纯 IPv6,并可以重新部署 NAT-PT,以使 IPv6 主机能够访问 IPv4 Internet。

9.7.2　组织及企业型的网络部署

组织及企业型的网络部署示意图如图 9-38 所示。

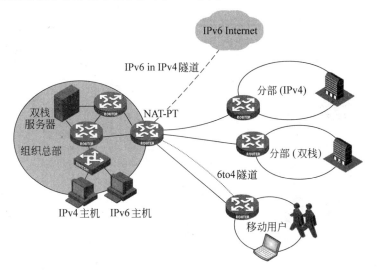

图 9-38　组织及企业型的网络部署示意图

政府、组织、团体、院校、企业的 IP 网络，一般都有自己相对独立的内部网络，其可能使用公网 IPv4 地址，也有可能使用私网 IPv4 地址，并有自己的 DNS 系统，通过一个或多个出口连接到 Internet。

企业网络要注重稳定运行，所以在开始阶段，先升级其中部分网络，使其具有 IPv6 能力。当这些网络运作稳定后，再逐步将 IPv6 的部署扩展到整个网络，以保证网络平滑过渡。

在过渡的开始阶段，应首先将部分出口路由器升级为双栈及 NAT-PT，这样可以同时连接到 IPv6 Internet 和 IPv4 Internet。先把一部分分支网络升级成双栈，运行平稳后再升级其他分支网络。在各个分支网络之间进行 IPv6 互联时，可以选择在二层链路技术（DDN、ATM、FR 等）基础上直接建立 IPv6 纯链路，此种方法比隧道更加可靠稳定。路由方面，IPv6 路由和 IPv4 路由是相互独立的，所以互不影响。在域名解析方面，将网络内的 DNS Server 升级为可支持 AAAA 记录，以解析网络内部的域名。如果是院校等科研组织，则可以建立纯 IPv6 主机和服务器以增加 IPv6 的应用和科研能力。在连接到 IPv6 Internet 方面，如果 ISP 不提供纯 IPv6 链路接入，可通过在双栈路由器上配置 6to4 隧道接入；如果 ISP 提供纯 IPv6 链路接入，则优先使用纯 IPv6 链路接入，并使用 6to4 隧道接入做备份。同时，为了保证网络的安全性，网络的出口位置须配置 IPv6 防火墙。

随着 IPv6 服务和应用的发展，逐渐把部分分支网络升级成纯 IPv6 节点。为了与纯 IPv4 节点或 IPv4 Internet 互通，可以部署 NAT-PT、TRT 等技术。另外，如果 ISP 能够提供 6PE 服务，则企业可以申请使用 6PE，以降低二层链路专线使用费用。

到最后，所有站点均升级为纯 IPv6，则重新部署 NAT-PT，以使 IPv6 节点能够访问 IPv4 Internet。

9.7.3 ISP 网络部署

ISP 网络部署示意图如图 9-39 所示。

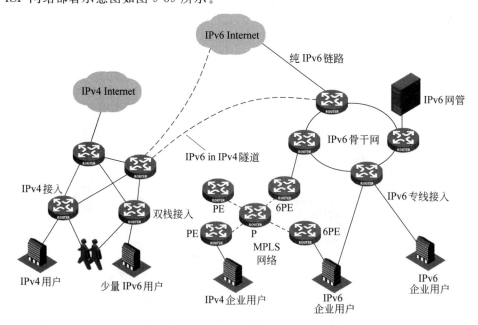

图 9-39 ISP 网络部署示意图

ISP 网络是一个大型网络,包含有骨干网络、接入网络等。

开始的时候,客户的 IPv6 接入服务还不是很普及,对 IPv6 接入服务速率和稳定性要求不是很高,则 ISP 可以用接入网络对客户提供服务。ISP 可以把原有的接入网络设备升级为双栈,以同时提供 IPv4 或 IPv6 的接入;也可以新增专门的 IPv6 接入设备,此种方法升级成本稍大,但服务质量高。在 ISP 的出口,可以使用 IPv6 in IPv4 隧道方式或专线方式连接到 IPv6 Internet。同时,ISP 可以部署 Tunnel Broker,以降低对用户的技术要求,简化用户配置。对于客户的 6to4 接入需求,ISP 可以在边缘设置 6to4 中继网关。

后期随着 IPv6 接入需求的逐渐增多,ISP 需要建立纯 IPv6 的骨干网络。在开始时,可以通过隧道方式建立 IPv6 骨干网络,然后过渡到使用二层专线建立纯 IPv6 骨干网络,以给客户提供稳定、高速的 IPv6 接入服务。对集团用户或要求较高的用户,直接使用专线接入到 IPv6 骨干网络上。同时,在出口使用专线方式直接连接到 IPv6 Internet,并可使用原有的隧道连接做备份。

如果 ISP 原有 MPLS/VPN 网络,这时可以升级为 6PE 设备,通过 6PE 为客户提供 IPv6 私网互联,降低客户成本。

9.8　总　　结

本章了解了 IPv6 的部署进程,部署过程中所需要的过渡技术,并对其中一些重要的过渡技术做了详细的介绍和说明。最后介绍了不同网络环境下的不同的部署方案。通过本章的内容,读者应该能够掌握 IPv6 的过渡技术,了解它们的工作原理和适用场合。

第 10 章

IPv6 基础实验

本章包括如下实验：

- IPv6 地址配置
- IPv6 地址解析（on-link）
- IPv6 路由器发现
- IPv6 地址解析（off-link）和 NUD
- IPv6 前缀重新编址

10.1 IPv6 地址配置

10.1.1 实验内容与目标

（1）掌握如何在路由器及 PC 上配置 IPv6 地址。

（2）掌握如何用 IPv6 ping 命令进行 IPv6 地址可达性检查。

（3）掌握如何用命令行来查看 IPv6 地址配置。

10.1.2 实验组网图

IPv6 地址配置组网图如图 10-1 所示。

图 10-1 IPv6 地址配置组网图

10.1.3 实验设备与版本

实验设备与版本列表如表 10-1 所示。

表 10-1 实验设备与版本列表

名称和型号	版　本	数量	描　述
RT（MSR）	CMW5.20　Release 1808	1	至少带有一个以太网接口
SW	CMW3.10	1	不少于 8 个以太网接口
PC	Windows 系统	1	安装有 Windows XP SP1 或 Windows XP SP2
第 5 类 UTP 以太网连接线		2	直通线
路由器专用配置电缆		1	

10.1.4 实验过程

本实验在路由器及 PC 上配置并观察 IPv6 地址，再用命令行来测试 IPv6 地址的可达性，从而建立对 IPv6 地址的认知。

1. 建立物理连接

按照图 10-1 进行连接，并检查路由器的软件版本及配置信息，确保路由器软件版本符合要求，所有配置为初始状态。如果配置不符合要求，则需在用户模式下擦除设备中的配置文件，然后重启路由器以使系统采用默认的配置参数进行初始化。

以上步骤可能会用到以下命令。

```
<RT>display version
<RT>reset saved-configuration
<RT>reboot
```

2. 配置链路本地地址

无论是在 PC 还是在路由器上,链路本地地址可以由系统自动生成,也可以手动配置。首先介绍 PC 上如何配置链路本地地址。

(1) PC 配置链路本地地址

首先需要在 PC 的 Windows 系统上安装并启动 IPv6 协议栈。

在"命令提示符"窗口中输入命令 netsh interface ipv6 install,如下所示。

```
C:\>netsh interface ipv6 install
Checking for another fwkern instance...
确定.
```

PC 上启用了 IPv6 协议栈后,系统会根据 EUI-64 规范自动给网络接口配置一个链路本地地址。Windows 系统提供了一个 netsh 工具来对网络相关参数进行查看、配置。在"命令提示符"窗口下输入命令 netsh 来进入 netsh 工具的界面,如下所示。

```
C:\>netsh
netsh>interface ipv6
```

在安装 IPv6 协议栈后,Windows 系统会创建一些逻辑接口。可以用命令 show interface 来查看系统上的所有接口的信息,如下所示。

```
netsh interface ipv6>show interface
索引   Met   MTU    状态          名称
----   ----  -----  -----------   -----
  5    0     1500   已连接        本地连接
  4    2     1280   已断开        Teredo Tunneling Pseudo-Interface
  3    1     1280   已连接        6to4 Pseudo-Interface
  2    1     1280   已连接        Automatic Tunneling Pseudo-Interface
  1    0     1500   已连接        Loopback Pseudo-Interface
```

每一个接口都有一个唯一的索引号。在以上输出中,索引号为 1~4 的接口为系统自动生成的逻辑接口,其中接口 1 为环回接口,其他的为隧道接口。另外,这里还显示了接口所对应的 MTU 值。用命令 show address 可查看本地接口的详细地址信息。注意,在本示例中,本地接口的索引号是 5,但读者进行的实验不一定与之相同,需要读者根据实际情况来查看。本示例的输出如下。

```
netsh interface ipv6>show address 5
接口 5: 本地连接
单一广播地址        : fe80::20c:29ff:fe50:77d6
类型               : 链接
DAD 状态           : 首选项
有效寿命           : infinite
首选寿命           : infinite
作用域             : 链接
```

前缀起源   ：著名
后缀起源   ：链路层地址

上面的"单一广播地址"就是链路本地地址。要查看接口地址信息,还可以在"命令提示符"窗口下使用命令 ipconfig/all,如下所示。

```
C:\>ipconfig/all

Ethernet adapter 本地连接:

        Connection-specific DNS Suffix . :
        Description . . . . . . . . . . : VMware Accelerated AMD PCNet Adapter

        Physical Address. . . . . . . . : 00-0C-29-50-77-D6
        Dhcp Enabled. . . . . . . . . . : No
        IP Address. . . . . . . . . . . : 192.168.1.1
        Subnet Mask . . . . . . . . . . : 255.255.255.0
        IP Address. . . . . . . . . . . : fe80::20c:29ff:fe50:77d6%5
        Default Gateway . . . . . . . . :
        DNS Servers . . . . . . . . . . : fec0:0:0:ffff::1%1
                                          fec0:0:0:ffff::2%1
                                          fec0:0:0:ffff::3%1
```

如上所示,系统自动生成了链路本地地址。另外,可以手动给本地接口配置另一个链路本地地址。进入 netsh 工具的 IPv6 接口界面,使用命令 add address 来给接口手动增加一个链路本地地址并查看,如下所示。

```
netsh interface ipv6>add address 5 fe80::2
确定.

netsh interface ipv6>show address 5

接口 5: 本地连接
单一广播地址       : fe80::2
类型             :手动
DAD 状态         :首选项
有效寿命          : infinite
首选寿命          : infinite
作用域            :链接
前缀起源          :手动
后缀起源          :手动

单一广播地址       : fe80::20c:29ff:fe50:77d6
类型             :链接
DAD 状态         :首选项
有效寿命          : infinite
首选寿命          : infinite
作用域            :链接
前缀起源          :著名
后缀起源          :链路层地址
```

从上面就可以看出，本地接口现在有两个前缀为 FE80::/64 的链路本地地址，一个是手动配置的；一个是系统自动生成的。

（2）在路由器上配置链路本地地址

同样，在路由器上配置链路本地地址时，也可以选择是由系统自动生成 EUI-64 格式的地址，还是手动配置一个链路本地地址。

配置 RT：

♯使能路由器的 IPv6 报文转发功能。

```
[RT]ipv6
```

♯配置接口 Ethernet 0/0 自动生成链路本地地址。

```
[RT]interface Ethernet 0/0
[RT-Ethernet0/0]ipv6 address auto link-local
```

配置完成后查看接口信息，如下所示。

```
[RT-Ethernet0/0]display ipv6 interface Ethernet 0/0 verbose
Ethernet0/0 current state :UP
Line protocol current state :UP
IPv6 is enabled, link-local address is FE80::20F:E2FF:FE43:1136 [TENTATIVE]
  No global unicast address configured
  Joined group address(es):
    FF02::1:FF43:1136
    FF02::2
    FF02::1
  MTU is 1500 bytes
  ND DAD is enabled, number of DAD attempts: 1
  ND reachable time is 30000 milliseconds
  ND retransmit interval is 1000 milliseconds
  Hosts use stateless autoconfig for addresses
```

从以上输出可以看到，系统自动生成了链路本地地址。再手动配置链路本地地址。

♯手动给接口 Ethernet 0/0 配置链路本地地址。

```
[RT-Ethernet0/0]ipv6 address fe80::1 link-local
```

配置完成后查看以下接口信息。

```
[RT-Ethernet0/0]display ipv6 interface Ethernet 0/0 verbose
Ethernet0/0 current state :UP
Line protocol current state :UP
IPv6 is enabled, link-local address is FE80::1
  No global unicast address configured
  Joined group address(es):
    FF02::1:FF00:1
    FF02::2
    FF02::1
  MTU is 1500 bytes
  ND DAD is enabled, number of DAD attempts: 1
  ND reachable time is 30000 milliseconds
```

```
ND retransmit interval is 1000 milliseconds
Hosts use stateless autoconfig for addresses
```

从以上输出可以看出,路由器上生成了一个链路本地地址：FE80∷1/64。

3．手动配置全球单播地址

与配置链路本地地址的方法相同,在 PC 及路由器上分别配置全球单播地址。
配置 PC：

```
netsh interface ipv6>add address 5 1::2
确定.
```

配置路由器 RT：

```
[RT]interface Ethernet 0/0
[RT-Ethernet0/0]ipv6 address 1::1 64
```

4．测试 IPv6 地址的可达性

配置了链路本地地址或全球单播地址后,PC 就可以通过 IPv6 协议与路由器互通。

可以在路由器上使用命令 ping ipv6 address 来测试 IPv6 地址的可达性。在测试时,如果需要指明报文发送的接口,则使用命令 ping ipv6 address -i interface-type interface,如下所示。

```
[RT]ping ipv6  fe80::20c:29ff:fe50:77d6 -i Ethernet 0/0
  PING fe80::20c:29ff:fe50:77d6 : 56  data bytes, press CTRL_C to break
    Reply from FE80::20C:29FF:FE50:77D6
    bytes=56 Sequence=1 hop limit=128  time=1 ms
    Reply from FE80::20C:29FF:FE50:77D6
    bytes=56 Sequence=2 hop limit=128  time=2 ms
    Reply from FE80::20C:29FF:FE50:77D6
    bytes=56 Sequence=3 hop limit=128  time=2 ms
    Reply from FE80::20C:29FF:FE50:77D6
    bytes=56 Sequence=4 hop limit=128  time=2 ms
    Reply from FE80::20C:29FF:FE50:77D6
    bytes=56 Sequence=5 hop limit=128  time=2 ms

  ---fe80::20c:29ff:fe50:77d6 ping statistics---
    5 packet(s) transmitted
    5 packet(s) received
    0.00%packet loss
    round-trip min/avg/max =1/1/2 ms
```

如果在 PC 上测试,则可以使用命令 ping address。因为 PC 接口上有多个链路本地地址,所以执行 ping 操作的时候,如果目的地址是链路本地地址,就需要用符号"％"后跟接口索引号,来告诉系统所发出的 ping 报文的源地址,如下所示。

```
C:\>ping fe80::1 %5
Pinging fe80::1
from fe80::20c:29ff:fe50:77d6 with 32 bytes of data:
```

```
Reply from fe80::1: bytes=32 time=14ms
Reply from fe80::1: bytes=32 time=1ms
Reply from fe80::1: bytes=32 time=1ms
Reply from fe80::1: bytes=32 time=1ms

Ping statistics for fe80::1:
    Packets: Sent =4, Received =4, Lost =0 (0% loss),
Approximate round trip times in milli-seconds:
    Minimum =1ms, Maximum =14ms, Average =4ms
```

同样,可以测试 IPv6 全球单播地址可达性,如下所示。

```
C:\>ping 1::1
Pinging 1::1 with 32 bytes of data:
Reply from 1::1: time=3ms
Reply from 1::1: time=2ms
Reply from 1::1: time=2ms
Reply from 1::1: time=2ms

Ping statistics for 1::1:
    Packets: Sent =4, Received =4, Lost =0 (0% loss),
Approximate round trip times in milli-seconds:
    Minimum=2ms, Maximum=3ms, Average=2ms
```

10.2　IPv6 地址解析(on-link)

10.2.1　实验内容与目标

(1) 掌握如何在 PC 和路由器上查看 IPv6 邻居信息。

(2) 掌握 on-link 地址情况下 IPv6 地址解析的过程。

10.2.2　实验组网图

IPv6 地址解析实验组网图与 IPv6 地址配置实验组网图相同,如图 10-1 所示。

10.2.3　实验设备与版本

实验设备与版本列表如表 10-1 所示。

10.2.4　实验过程

本实验使用命令行查看 IPv6 邻居缓存信息,并通过分析地址解析中的报文理解 on-link 地址解析的过程。

根据组网图 10-1 进行物理连接,检查设备版本及原有的配置。在上一个实验中,路由器已经启用了 IPv6 报文转发功能,并且接口已经配置了 IPv6 地址 1::1/64,可以使用 display current-configuration 命令来查看。如果没有相关的配置,可以在路由器上添加。

配置 RT：

```
[RT]ipv6
[RT]interface Ethernet 0/0
[RT-Ethernet0/0]ipv6 address 1::1/64
[RT-Ethernet0/0]ipv6 address auto link-local
```

IPv6 地址解析中有两种情况，分别是 on-link 和 off-link。on-link 是指这个地址存在于与接口相同的链路上。比如本示例中，在 PC 的邻居表中，1::1 地址就应该是 on-link 的，而在路由器的邻居表中，1::2 地址也应该是 on-link 的。

首先通过命令行在 PC 和路由器上查看邻居表，如下所示。

```
netsh interface ipv6>show neighbors interface=5
接口 5: 本地连接
```

Internet 地址	物理地址	类型
fe80::20c:29ff:fe50:77d6	00-0c-29-50-77-d6	永久
1::2	00-0c-29-50-77-d6	永久

可以看出，PC 的邻居表中并没有路由器的邻居信息。

```
[RT]dis ipv6 neighbors all
              Type: S-Static    D-Dynamic
IPv6 Address      Link-layer    VID   Interface      State T Age
```

同样，路由器的邻居表中也没有 PC 的邻居信息。

为了看到报文交互的过程，在 PC 上启动捕获报文的软件（这里使用 ethereal）。然后在 PC 上执行如下 ping 命令。

```
C:\>ping 1::1
```

PC 会对 1::1 进行地址解析。命令完成后，再次查看 PC 及路由器上的邻居表，如下所示。

```
netsh interface ipv6>show neighbors 5
接口 5: 本地连接
```

Internet 地址	物理地址	类型
1::1	00-0f-e2-43-11-36	可到达的 (9 秒) (路由器)
fe80::20c:29ff:fe50:77d6	00-0c-29-50-77-d6	永久
1::2	00-0c-29-50-77-d6	永久
fe80::20f:e2ff:fe43:1136	00-0f-e2-43-11-36	停滞

```
[RT]display ipv6 neighbors all
              Type: S-Static    D-Dynamic
```

IPv6 Address	Link-layer	VID	Interface	State	T	Age
FE80::20C:29FF:FE50:77D6	000c-2950-77d6	N/A	Eth0/0	STALE	D	110
1::2	000c-2950-77d6	N/A	Eth0/0	STALE	D	115

可以看到，PC 和路由器的邻居表中都有了对方的邻居信息。

再查看 PC 上的目的缓存表，如下所示。

```
netsh interface ipv6>show destinationcache
接口 5: 本地连接
PMTU 目标地址                                    下一跃点地址
--------------------------------------------------------------
1500 1::1                                       1::1
```

并查看在 PC 上所捕获的路由器与 PC 的交互报文。因为捕获的报文可能会比较多,所以在软件 ethereal 的 Filter 文本框中输入 icmpv6 限制条件,这样就会只查看 ICMPv6 类型的报文,如图 10-2 所示。

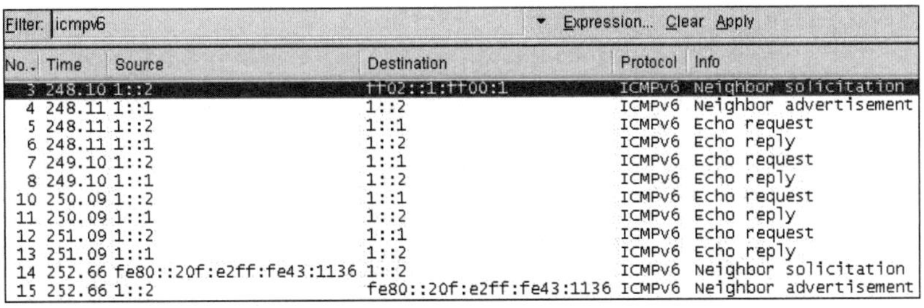

图 10-2　地址解析过程报文

图 10-2 中的序列号(左边第一排数字)为 3 和 4 的报文表示了地址解析的过程,可以看到它的详细信息。

首先查看 PC 发出的 NS 报文,如图 10-3 所示。

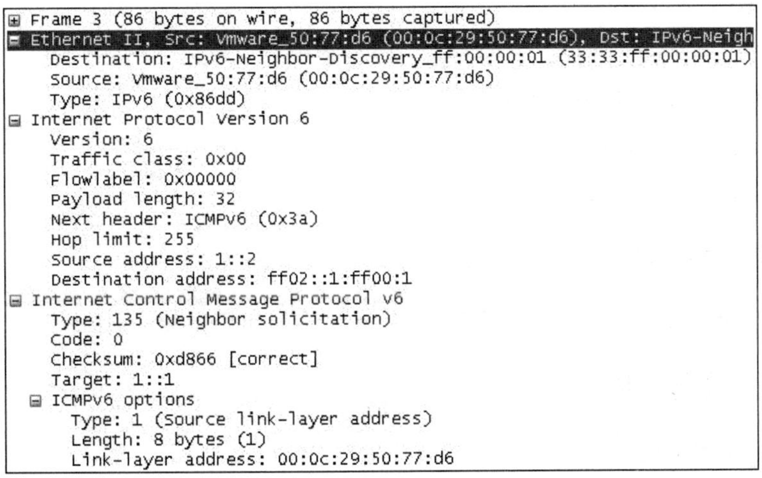

图 10-3　NS 报文

可以看到,地址 FF02::1:FF00:1 是 1::1 被请求节点组播地址,选项 Source link-layer address 中包含了 PC 自己的链路层地址。

再查看路由器回应的 NA 报文,如图 10-4 所示。

由图 10-4 可以看到 Flags 标志位字段中的 3 个标志位都置位了,Router 字段表示发送者是路由器,Solicited 字段表示此报文是对 NS 的回应,Override 字段表示本次地址解析结果覆盖以前的结果。另外,还可以看到,NA 报文是以单播方式发送的。

```
⊞ Frame 4 (86 bytes on wire, 86 bytes captured)
⊟ Ethernet II, Src: Hangzhou_43:11:36 (00:0f:e2:43:11:36), Dst:
      Destination: Vmware_50:77:d6 (00:0c:29:50:77:d6)
      Source: Hangzhou_43:11:36 (00:0f:e2:43:11:36)
      Type: IPv6 (0x86dd)
⊟ Internet Protocol Version 6
      Version: 6
      Traffic class: 0x00
      Flowlabel: 0x00000
      Payload length: 32
      Next header: ICMPv6 (0x3a)
      Hop limit: 255
      Source address: 1::1
      Destination address: 1::2
⊟ Internet Control Message Protocol v6
      Type: 136 (Neighbor advertisement)
      Code: 0
      Checksum: 0xa213 [correct]
    ⊟ Flags: 0xe0000000
        1... .... .... .... .... .... .... .... = Router
        .1.. .... .... .... .... .... .... .... = Solicited
        ..1. .... .... .... .... .... .... .... = Override
      Target: 1::1
    ⊟ ICMPv6 options
        Type: 2 (Target link-layer address)
        Length: 8 bytes (1)
        Link-layer address: 00:0f:e2:43:11:36
```

图 10-4　NA 报文

10.3　IPv6 路由器发现

10.3.1　实验内容与目标

（1）掌握如何在路由器配置发布路由器通告报文。

（2）掌握路由器发现/前缀发现的原理。

（3）掌握地址自动配置的原理。

（4）掌握重复地址检测的原理。

10.3.2　实验组网图

IPv6 路由器发现实验组网图与 IPv6 地址配置实验组网图相同，如图 10-1 所示。

10.3.3　实验设备与版本

实验设备与版本列表如表 10-1 所示。

10.3.4　实验过程

本实验首先需要配置路由器发布路由器通告报文，从而使 PC 自动获得网络前缀。然后通过分析 IPv6 地址自动配置过程中的交互报文，充分理解 IPv6 地址自动配置的原理。同时，通过分析重复地址检测过程中的报文而理解地址重复检测的过程。

首先需要删除在前面实验中给 PC 配置的地址 1∷2。在 netsh 工具中用 delete 命令来删除，如下所示。

```
netsh interface ipv6>delete address int=5 1::2
```

确定.

然后在路由器上配置取消对 RA 报文的抑制,以使路由器能进行前缀通告。

配置 RT:

♯在连接 PC 的接口上取消对 RA 消息发布的抑制。

```
[RT]interface Ethernet 0/0
[RT-Ethernet0/0]undo ipv6 nd ra halt
```

配置完成后,在路由器上使用命令 display this 来查看配置是否正确。如果不正确,需要参考前面实验中的配置命令来完成。

```
[RT-Ethernet0/0]display this
#
interface Ethernet0/0
port link-mode route
ipv6 address 1::1/64
ipv6 address auto link-local
undo ipv6 nd ra halt
#
return
```

1. 前缀发现

在地址自动配置过程中,PC 会给路由器发送 RS(路由器请求)报文,路由器会发送 RA(路由器通告)报文来回应。通常,PC 在刚启动或插拔网线后会发送 3 次 RS 报文,此后不再发送,而路由器除了会对 RS 报文响应外,还会周期性地发送 RA 报文。PC 收到路由器的 RA 报文后,从报文中获得前缀用于地址自动配置,此即前缀发现(Prefix Discovery)。

完成前面所述路由器的配置后,在 PC 上执行下面命令来查看所获得的地址(为简单起见,输出有删节)。

```
netsh interface ipv6>show address
接口 5: 本地连接
地址类型    DAD 状态    有效寿命        首选寿命        地址
---------------------------------------------------------------
临时       首选项      6d23h53m52s    23h51m5s       1::98a3:c8fb:696f:23ad
公用       首选项      29d23h53m52s   6d23h53m52s    1::20c:29ff:fe50:77d6
链接       首选项      infinite       infinite       fe80::20c:29ff:fe50:77d6
```

如上面显示,PC 获得了前缀"1::"。其中的临时地址 1::98A3:C8FB:696F:23AD 是随机生成的,每次会不相同。而公用地址 1::20C:29FF:FE50:77D6 是 PC 根据 EUI-64 规则结合路由器发布的前缀信息自动配置的。

通过报文分析软件进行报文捕获,可以看到其间的报文交互过程,如图 10-5 所示。

图 10-5 中的序列号为 63 和 67 的报文就是 RS 和 RA 的报文。而 Multicast listener report 报文是 MLD 协议的报文,这里不涉及。首先来查看 RS 报文,如图 10-6 所示。

```
62 69.99 fe80::20c:29ff:fe50:77d6 ff02::1:ff6f:23ad   ICMPv6 Multicast listener report
63 69.99 fe80::20c:29ff:fe50:77d6 ff02::2               ICMPv6 Router solicitation
64 69.99 ::                        ff02::1:ff6f:23ad   ICMPv6 Neighbor solicitation
65 69.99 ::                        ff02::1:ff50:77d6   ICMPv6 Neighbor solicitation
66 69.99 ::                        ff02::1:ff50:77d6   ICMPv6 Neighbor solicitation
67 70.45 fe80::20f:e2ff:fe43:1136 fe80::20c:29ff:fe50:77d6 ICMPv6 Router advertisement
76 73.99 fe80::20c:29ff:fe50:77d6 ff02::1:ff50:77d6   ICMPv6 Multicast listener report
78 74.83 fe80::20f:e2ff:fe43:1136 ff02::1:ff50:77d6   ICMPv6 Neighbor solicitation
79 74.83 fe80::20c:29ff:fe50:77d6 fe80::20f:e2ff:fe43:1136 ICMPv6 Neighbor advertisement
94 79.99 fe80::20c:29ff:fe50:77d6 ff02::1:ff6f:23ad   ICMPv6 Multicast listener report
```

图 10-5   PC 与 RT 之间交互报文

```
⊞ Frame 63 (70 bytes on wire, 70 bytes captured)
⊟ Ethernet II, Src: 192.168.1.1 (00:0c:29:50:77:d6), Dst: IPv6-Neighbor-
    Destination: IPv6-Neighbor-Discovery_00:00:00:02 (33:33:00:00:00:02)
    Source: 192.168.1.1 (00:0c:29:50:77:d6)
    Type: IPv6 (0x86dd)
⊟ Internet Protocol Version 6
    Version: 6
    Traffic class: 0x00
    Flowlabel: 0x00000
    Payload length: 16
    Next header: ICMPv6 (0x3a)
    Hop limit: 255
    Source address: fe80::20c:29ff:fe50:77d6
    Destination address: ff02::2
⊟ Internet Control Message Protocol v6
    Type: 133 (Router solicitation)
    Code: 0
    Checksum: 0x38c9 [correct]
  ⊟ ICMPv6 options
      Type: 1 (Source link-layer address)
      Length: 8 bytes (1)
      Link-layer address: 00:0c:29:50:77:d6
```

图 10-6   PC 发出的 RS 报文

图 10-7 是 RT 发出的 RA 的报文(由于报文太长,图中只显示了 ICMPv6 报头后的内容)。

```
⊟ Internet Control Message Protocol v6
    Type: 134 (Router advertisement)
    Code: 0
    Checksum: 0x3592 [correct]
    Cur hop limit: 64
  ⊟ Flags: 0x00
      0... .... = Not managed
      .0.. .... = Not other
      ..0. .... = Not Home Agent
      ...0 0... = Router preference: Medium
    Router lifetime: 1800
    Reachable time: 0
    Retrans time: 0
  ⊟ ICMPv6 options
      Type: 1 (Source link-layer address)
      Length: 8 bytes (1)
      Link-layer address: 00:0f:e2:43:11:36
  ⊟ ICMPv6 options
      Type: 5 (MTU)
      Length: 8 bytes (1)
      MTU: 1500
  ⊟ ICMPv6 options
      Type: 3 (Prefix information)
      Length: 32 bytes (4)
      Prefix length: 64
    ⊟ Flags: 0xc0
        1... .... = Onlink
        .1.. .... = Auto
        ..0. .... = Not router address
        ...0 .... = Not site prefix
      Valid lifetime: 0x00278d00
      Preferred lifetime: 0x00093a80
      Prefix: 1::
```

图 10-7   RT 发出的 RA 报文

读者可以仔细观察上述的 RA 报文,报文中包含了很多信息,如 Router lifetime(路由器生命周期)为 30 分钟、链路 MTU 为 1500、前缀是"1::"等。

另外,还可以看到,报文中 Prefix "1::"前缀信息选项中,Onlink 标志是置位的,表示该前缀是可以用作 on-link 判断的。Auto 表示该前缀可以被主机用于自动配置地址。

2. 路由器发现

PC 在获得前缀信息的同时,也获得了默认路由信息,此即路由器发现(Router Discovery)。查看 PC 上的路由信息,如下所示。

```
netsh interface ipv6>show routes
发行  类型        Met    前缀       索引    网关/接口名
----------------------------------------------------------------
no    Autoconf    8      1::/64     5       本地连接
no    Autoconf    256    ::/0       5       fe80::20f:e2ff:fe43:1136
```

可以看到,PC 有两条路由。一条是到 1::/64 的具体路由;另一条则是默认路由。默认路由的下一跳就是路由器的链路本地地址。

3. 重复地址检测

重复地址检测(DAD)的目的是保证地址在链路上是唯一的。在主机的 IPv6 协议栈启动时,系统会对每一个 IPv6 单播地址进行重复地址检测,包括链路本地地址,以及临时、公用单播地址。图 10-8 中序号为 64、65、66 的 NS 报文就是 DAD 检测用的报文。

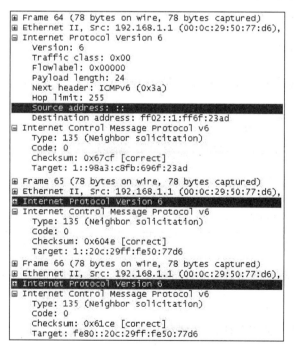

图 10-8　DAD 检测的 NS 报文

可以看到,在进行 DAD 的 NS 报文中,源地址都是"::"未指定地址,目的地址是 Solicited-node 组播组地址,用 Target 字段指明被检测的对象。

10.4　IPv6 地址解析(off-link)和 NUD

10.4.1　实验内容与目标

(1) 掌握 off-link 地址情况下 IPv6 地址解析的原理。

(2) 掌握 NUD(地址重复检测)的原理。

(3) 掌握 NUD 中邻居状态机的变化过程。

10.4.2　实验组网图

IPv6 地址解析实验和 NUD 组网图如图 10-9 所示。

图 10-9　IPv6 地址解析实验和 NUD 组网图

10.4.3　实验设备与版本

实验设备与版本列表如表 10-1 所示。

10.4.4　实验过程

1. 地址解析(off-link)

在上一个实验的基础上,在路由器上增加一个 Loopback 接口,所需配置如下所示。

```
[RT]interface LoopBack 1
[RT-LoopBack1]ipv6 address 2::1 128
```

配置完成后,首先在 PC 上查看目的缓存表,如下所示。

```
netsh interface ipv6>show destinationcache
Interface 5: 本地连接
PMTU   Destination Address                  Next Hop Address
--------------------------------------------------------------------
1500  1::1                                  1::1
```

然后在 PC 上启动软件捕获报文进行报文捕获,并执行如下的 ping 命令。

```
C:\>ping 2::1
```

以上的操作是为了使 PC 对 2::1 进行地址解析。ping 命令执行完成后,再一次查看目的缓存表,如下所示。

```
netsh interface ipv6>show destinationcache
接口 5: 本地连接
PMTU   目标地址                               下一跃点地址
```

```
--------------------------------------------------------------------
1500    1::1                              1::1
1500    2::1                              fe80::20f:e2ff:fe43:1136
```

可以看到 PC 的目的缓存表中有了 2::1 的记录。再查看邻居信息,如下所示。

```
netsh interface ipv6>show neighbors 5
接口 5: 本地连接
Internet 地址                    物理地址                 类型
--------------------------------------------------------------------
1::1                            00-0f-e2-43-11-36      停滞 (路由器)
fe80::20f:e2ff:fe43:1136        00-0f-e2-43-11-36      停滞 (路由器)
fe80::20c:29ff:fe50:77d6        00-0c-29-50-77-d6      永久
1::20c:29ff:fe50:77d6           00-0c-29-50-77-d6      永久
1::98a3:c8fb:696f:23ad          00-0c-29-50-77-d6      永久
```

因为地址 2::1 是路由器的 Loopback 接口地址,与 PC 的接口不在同一链路上,所以 PC 认为地址 2::1 是 off-link 的。IPv6 在与 off-link 地址进行通信时,需要通过默认路由来查找到下一跳的 IPv6 地址,然后再通过邻居表来查找到下一跳的物理地址。

2. NUD 中邻居状态变化过程

前面学习过,在主机的邻居缓存表中,包含以下 5 种状态。

(1) INCOMPLETE(未完成)。

(2) REACHABLE(可达)。

(3) STALE(失效)。

(4) DELAY(延迟)。

(5) PROBE(探测)。

在 PC 上观察这 5 种状态的变化。先在 PC 上用 ping 1::1 命令来与路由器进行通信,然后马上观察邻居表,可以发现 1::1 的邻居状态是可达的,如下所示。

```
netsh interface ipv6>show neighbors 5
接口 5: 本地连接
Internet 地址                    物理地址                 类型
--------------------------------------------------------------------
1::1                            00-0f-e2-43-11-36      可到达的 (11 秒) (路由器)
fe80::20f:e2ff:fe43:1136        00-0f-e2-43-11-36      可到达的 (34 秒) (路由器)
fe80::20c:29ff:fe50:77d6        00-0c-29-50-77-d6      永久
1::20c:29ff:fe50:77d6           00-0c-29-50-77-d6      永久
1::98a3:c8fb:696f:23ad          00-0c-29-50-77-d6      永久
```

过一段时间(约 1 分钟),再次观察邻居表,可以发现可达状态超时,变为失效(停滞)状态,如下所示。

```
netsh interface ipv6>show neighbors 5
接口 5: 本地连接
Internet 地址                    物理地址                 类型
--------------------------------------------------------------------
1::1                            00-0f-e2-43-11-36      停滞 (路由器)
fe80::20f:e2ff:fe43:1136        00-0f-e2-43-11-36      停滞 (路由器)
```

```
fe80::20c:29ff:fe50:77d6          00-0c-29-50-77-d6      永久
1::20c:29ff:fe50:77d6             00-0c-29-50-77-d6      永久
1::98a3:c8fb:696f:23ad            00-0c-29-50-77-d6      永久
```

在 PC 上再次用 ping 命令来与路由器进行通信,然后再观察邻居表。在很短的一段时间内,邻居状态为延迟状态,如下所示。

```
netsh interface ipv6>show neighbors 5
接口 5:本地连接
```

Internet 地址	物理地址	类型
1::1	00-0f-e2-43-11-36	延迟 (路由器)
fe80::20f:e2ff:fe43:1136	00-0f-e2-43-11-36	停滞 (路由器)
fe80::20c:29ff:fe50:77d6	00-0c-29-50-77-d6	永久
1::20c:29ff:fe50:77d6	00-0c-29-50-77-d6	永久
1::98a3:c8fb:696f:23ad	00-0c-29-50-77-d6	永久

然后很快变成可达状态,如下所示。

```
netsh interface ipv6>show neighbors 5
```

接口 5:本地连接

Internet 地址	物理地址	类型
1::1	00-0f-e2-43-11-36	可到达的 (38 秒) (路由器)
fe80::20f:e2ff:fe43:1136	00-0f-e2-43-11-36	停滞 (路由器)
fe80::20c:29ff:fe50:77d6	00-0c-29-50-77-d6	永久
1::20c:29ff:fe50:77d6	00-0c-29-50-77-d6	永久
1::98a3:c8fb:696f:23ad	00-0c-29-50-77-d6	永久

实际上,从停滞状态到可达状态,中间还要经历一个探测状态,表示 PC 在发送 NS 报文探测邻居的可达性,等待邻居的 NA 报文。由于在邻居可达的情况下,这个状态持续时间很短,可能不容易被观察到。可以在路由器上把 1::1 这个地址删除,人为造成不可达。

配置 RT:

```
[RT]interface Ethernet 0/0
[RT-Ethernet0/0]undo ipv6 address 1::1/64
```

然后再在 PC 上执行 ping 1::1 命令,此时状态变化情况如下所示。

```
netsh interface ipv6>show neighbors 5
接口 5:本地连接
```

Internet 地址	物理地址	类型
1::1	00-0f-e2-43-11-36	探测 (路由器)
fe80::20f:e2ff:fe43:1136	00-0f-e2-43-11-36	停滞 (路由器)
fe80::20c:29ff:fe50:77d6	00-0c-29-50-77-d6	永久
1::20c:29ff:fe50:77d6	00-0c-29-50-77-d6	永久
1::98a3:c8fb:696f:23ad	00-0c-29-50-77-d6	永久

最后,不可达的邻居会处于不完整(INCOMPLETE)状态,如下所示。

```
netsh interface ipv6>show neighbors 5
接口 5: 本地连接
```

Internet 地址	物理地址	类型
1::98a3:c8fb:696f:23ad	00-0c-29-50-77-d6	永久
1::1	无法访问	不完整（路由器）
fe80::20f:e2ff:fe43:1136	00-0f-e2-43-11-36	停滞（路由器）
fe80::20c:29ff:fe50:77d6	00-0c-29-50-77-d6	永久
1::20c:29ff:fe50:77d6	00-0c-29-50-77-d6	永久

用报文捕获软件来捕获用于 NUD 检测的 NS、NA 报文，报文的详细内容如图 10-10 和图 10-11 所示。

```
⊞ Frame 14 (86 bytes on wire, 86 bytes captured)
⊞ Ethernet II, Src: Hangzhou_43:11:36 (00:0f:e2:43:11:36),
⊟ Internet Protocol Version 6
    Version: 6
    Traffic class: 0x00
    Flowlabel: 0x00000
    Payload length: 32
    Next header: ICMPv6 (0x3a)
    Hop limit: 255
    Source address: fe80::20f:e2ff:fe43:1136
    Destination address: 1::2
⊟ Internet Control Message Protocol v6
    Type: 135 (Neighbor solicitation)
    Code: 0
    Checksum: 0x910b [correct]
    Target: 1::2
  ⊟ ICMPv6 options
    Type: 1 (Source link-layer address)
    Length: 8 bytes (1)
    Link-layer address: 00:0f:e2:43:11:36
```

图 10-10　NUD 的 NS 报文

```
⊞ Frame 15 (86 bytes on wire, 86 bytes captured)
⊞ Ethernet II, Src: 192.168.1.1 (00:0c:29:50:77:d6), Dst:
⊟ Internet Protocol Version 6
    Version: 6
    Traffic class: 0x00
    Flowlabel: 0x00000
    Payload length: 32
    Next header: ICMPv6 (0x3a)
    Hop limit: 255
    Source address: 1::2
    Destination address: fe80::20f:e2ff:fe43:1136
⊟ Internet Control Message Protocol v6
    Type: 136 (Neighbor advertisement)
    Code: 0
    Checksum: 0x8161 [correct]
  ⊟ Flags: 0x60000000
    0... .... .... .... .... .... .... .... = Not router
    .1.. .... .... .... .... .... .... .... = Solicited
    ..1. .... .... .... .... .... .... .... = Override
    Target: 1::2
  ⊟ ICMPv6 options
    Type: 2 (Target link-layer address)
    Length: 8 bytes (1)
    Link-layer address: 00:0c:29:50:77:d6
```

图 10-11　NUD 的 NA 报文

可以看到，进行 NUD 检测时，NS 报文和 NA 报文都是单播发送的。

10.5 IPv6 前缀重新编址

10.5.1 实验内容与目标

掌握 IPv6 前缀重新编制的工作过程。

10.5.2 实验组网图

IPv6 前缀重新编址实验组网图与 IPv6 地址解析实验组网图相同,如图 10-9 所示。

10.5.3 实验设备与版本

实验设备与版本列表如表 10-1 所示。

10.5.4 实验过程

在上一个实验的基础上,在路由器上进行如下配置,将接口前缀从 1::/64 改成 3::/64。

```
[RT]ipv6
[RT]interface Ethernet 0/0
[RT-Ethernet0/0]ipv6 address 3::1/64
[RT-Ethernet0/0]undo ipv6 address 1::1/64
```

配置完成后,在路由器上使用命令 dis this 来查看配置是否正确。如果不正确,需要参考前面实验中的配置命令来完成。

```
[RT-Ethernet0/0]dis this
#
interface Ethernet0/0
port link-mode route
ipv6 address 3::1/64
ipv6 address auto link-local
undo ipv6 nd ra halt
#
return
```

在 PC 上通过命令查看,可以看到有新前缀地址生成,如下所示。

```
netsh interface ipv6>show address
接口 5: 本地连接
```

地址类型	DAD 状态	有效寿命	首选寿命	地址
临时	首选项	6d23h56m46s	23h53m59s	3::3d73:20bb:d710:c44f
公用	首选项	29d23h56m46s	6d23h56m46s	3::20c:29ff:fe50:77d6
临时	首选项	6d23h50m20s	23h47m33s	1::3d73:20bb:d710:c44f
公用	首选项	29d23h50m20s	6d23h50m20s	1::20c:29ff:fe50:77d6
链接	首选项	infinite	infinite	fe80::20c:29ff:fe50:77d6

此时,路由器同时具有 3:: 和 1:: 两个前缀的地址。

在实际的实验环境中,新前缀 3:: 的生成过程需要一定时间,取决于路由器发布 RA 报文的间隔,在路由器上可以使用如下命令来调整。

ipv6 nd ra interval max-interval-value　min-interval-value

在 PC 上启动报文分析软件进行报文捕获,可以看到路由器会发送带有新前缀信息的 RA 报文,如图 10-12 所示。

```
Internet Protocol Version 6
Internet Control Message Protocol v6
    Type: 134 (Router advertisement)
    Code: 0
    Checksum: 0x3590 [correct]
    Cur hop limit: 64
  Flags: 0x00
    Router lifetime: 1800
    Reachable time: 0
    Retrans time: 0
  ICMPv6 options
    Type: 1 (Source link-layer address)
    Length: 8 bytes (1)
    Link-layer address: 00:0f:e2:43:11:36
  ICMPv6 options
    Type: 5 (MTU)
    Length: 8 bytes (1)
    MTU: 1500
  ICMPv6 options
    Type: 3 (Prefix information)
    Length: 32 bytes (4)
    Prefix length: 64
   Flags: 0xc0
      1... .... = Onlink
      .1.. .... = Auto
      ..0. .... = Not router address
      ...0 .... = Not site prefix
    valid lifetime: 0x00278d00
    Preferred lifetime: 0x00093a80
    Prefix: 3::
```

图 10-12　新前缀 RA 报文

注意,在路由器接口上没有任何地址存在的情况下,路由器会发送一个不带任何前缀信息的 RA 报文。

10.6　总　　结

本章通过一系列实验,分析了 IPv6 的 ND 协议,并对其中的各个功能的工作原理、报文结构做了分析。读者通过以上实验,可以对 ND 协议的工作原理以及 IPv6 节点之间报文交互过程有一个深入的了解。

第 11 章

IPv6 路由实验

本章包括如下实验：

- RIPng 配置与协议分析
- OSPFv3 配置与协议分析
- BGP4＋配置与协议分析
- IPv6-IS-IS 配置与协议分析

11.1 RIPng 配置与协议分析

11.1.1 实验内容与目标

（1）掌握 RIPng 协议的配置方法。

（2）加深理解 RIPng 协议的工作原理。

11.1.2 实验组网图

RIPng 实验组网图如图 11-1 所示。

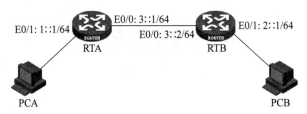

图 11-1 RIPng 实验组网图

11.1.3 实验设备与版本

实验设备与版本列表如表 11-1 所示。

表 11-1 实验设备与版本列表

名称和型号	版　　本	数量	描　　述
RT（MSR）	CMW5.20　Release 1808	2	每台至少带有 2 个以太网接口
SW	CMW3.10	1	不少于 8 个以太网接口
PC	Windows 系统	2	安装有报文分析软件 ethereal
第 5 类 UTP 以太网连接线		6	直通线
路由器专用配置电缆		2	

11.1.4 实验过程

本实验首先在路由器上进行 RIPng 配置，掌握 RIPng 的配置方法。然后通过分析路由器间的 RIPng 协议交互报文而对 RIPng 协议工作原理有深入理解。

1. 建立物理连接

图 11-1 是一个逻辑连接图。由于在实验中需要捕获报文而进行报文分析，所以路由器之间、PC 与路由器之间是用一台以太网交换机连接起来的，并用 VLAN 进行不同链路间的隔离。读者可以根据实际情况自己进行配置。图 11-2 是一个推荐的物理连接示意图。

检查路由器的软件版本及配置信息，确保路由器软件版本符合要求，所有配置为初始状

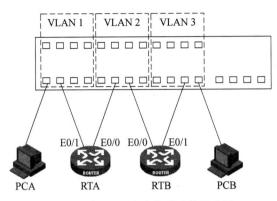

图 11-2   RIPng 实验物理连接示意图

态。如果配置不符合要求,需在用户模式下擦除设备中的配置文件,然后重启路由器以使系统采用默认的配置参数进行初始化。

2. 配置 RIPng

在两台路由器上启用 RIPng 协议。
配置 RTA:

```
<RTA>system-view
[RTA] ipv6
[RTA] ripng 1
[RTA-ripng-1] quit
[RTA] interface ethernet 0/0
[RTA-Ethernet0/0] ipv6 address 3::1 64
[RTA-Ethernet0/0] ripng 1 enable
[RTA-Ethernet0/0] quit
[RTA] interface ethernet 0/1
[RTA-Ethernet0/1] ipv6 address 1::1 64
[RTA-Ethernet0/1] undo ipv6 nd ra halt
[RTA-Ethernet0/1] ripng 1 enable
[RTA-Ethernet0/1] quit
```

配置 RTB:

```
<RTB>system-view
[RTB] ipv6
[RTB] ripng 1
[RTB-ripng-1] quit
[RTB] interface ethernet 0/0
[RTB-Ethernet0/0] ipv6 address 3::2 64
[RTB-Ethernet0/0] ripng 1 enable
[RTB-Ethernet0/0] quit
[RTB] interface ethernet 0/1
[RTB-Ethernet0/1] ipv6 address 2::1 64
[RTB-Ethernet0/1] undo ipv6 nd ra halt
[RTB-Ethernet0/1] ripng 1 enable
[RTB-Ethernet0/1] quit
```

以上配置完成后,在 PC 或路由器上用 ping 命令来测试网络可达性。结果应该是可达,如下所示。

```
[RTB]ping ipv6 1::1
  PING 1::1 : 56  data bytes, press CTRL_C to break
    Reply from 1::1
    bytes=56 Sequence=1 hop limit=64  time =4 ms
    Reply from 1::1
    bytes=56 Sequence=2 hop limit=64  time =1 ms
    Reply from 1::1
    bytes=56 Sequence=3 hop limit=64  time =3 ms
    Reply from 1::1
    bytes=56 Sequence=4 hop limit=64  time =2 ms
    Reply from 1::1
    bytes=56 Sequence=5 hop limit=64  time =2 ms

  ---1::1 ping statistics ---
    5 packet(s) transmitted
    5 packet(s) received
    0.00%packet loss
    round-trip min/avg/max=1/2/4 ms
```

再来查看一下路由器上的路由表项,如下所示。

```
[RTB]display ipv6 routing-table
Routing Table :
        Destinations : 7        Routes : 7

Destination : ::1/128                        Protocol   : Direct
NextHop     : ::1                            Preference : 0
Interface   : InLoop0                        Cost       : 0

Destination : 1::/64                         Protocol   : RIPng
NextHop     : FE80::20F:E2FF:FE50:4430       Preference : 100
Interface   : Eth0/0                         Cost       : 1

Destination : 2::/64                         Protocol   : Direct
NextHop     : 2::1                           Preference : 0
Interface   : Eth0/1                         Cost       : 0

Destination : 2::1/128                       Protocol   : Direct
NextHop     : ::1                            Preference : 0
Interface   : InLoop0                        Cost       : 0
...
```

可以看到,RTB 从接口 Eth0/0 上学习到了从 RTA 发布的路由项 1::/64,并且其下一跳是 RTA 的链路本地地址 FE80:：20F:E2FF:FE50:4430。

3. RIPng 协议报文分析

为了清楚地观察到协议交互的过程,实验中用报文分析软件来捕获并分析报文。为使

PC 能够捕获到 RTA 与 RTB 相交互的报文,需要在交换机上配置镜像,使交换机把连接到路由器接口的报文镜像到连接 PC 的接口上。交换机上配置镜像的方法与交换机的具体型号有关,可参考交换机的配置手册。

　　另外,由于 RIPng 协议报文是周期性交互的,所以在启动报文分析软件 ethereal 后的短时间内也许无法捕获到 RIPng 协议报文。这时可以在 RTA 的接口上使用 shutdown 命令关闭接口,再使用 undo shutdown 命令打开接口,以使路由器立即发出 RIPng 协议报文,如下所示。

```
[RTA-Ethernet0/0] shutdown
[RTA-Ethernet0/0] undo shutdown
```

在 PC 上查看捕获的报文,如图 11-3 所示。

10	9.743087	fe80::20f:e2ff:fe50:4430	ff02::9	RIPng	Response
29	25.731072	fe80::20f:e2ff:fe50:4430	ff02::9	RIPng	Request
38	28.527136	fe80::20f:e2ff:fe43:1136	ff02::9	RIPng	Request
41	28.540789	fe80::20f:e2ff:fe50:4430	fe80::20f:e2ff:fe43:1136	RIPng	Response
46	30.575749	fe80::20f:e2ff:fe43:1136	ff02::9	RIPng	Response
47	30.749852	fe80::20f:e2ff:fe50:4430	ff02::9	RIPng	Response

图 11-3　RIPng 协议交互报文

从图 11-3 中可以看到,RIPng 报文的源地址是链路本地地址,目的地址是 FF02::9。在路由器接口启动协议时,发送 Request 报文,内容如图 11-4 所示。

```
□ Internet Protocol Version 6
      Version: 6
      Traffic class: 0x00
      Flowlabel: 0x00000
      Payload length: 32
      Next header: UDP (0x11)
      Hop limit: 255
      Source address: fe80::20f:e2ff:fe43:1136
      Destination address: ff02::9
□ User Datagram Protocol, Src Port: 521 (521), Dst Port: 521 (521)
□ RIPng
      Command: Request (1)
      Version: 1
   □ IP Address: ::/0, Metric: 16
      IP Address: ::
      Tag: 0x0000
      Prefix length: 0
      Metric: 16
```

图 11-4　RIPng 中的 Request 报文

可以看到 RIPng 报文是承载于 UDP 协议上的,其端口号是 521。Request 报文中所携带的前缀为::/0,Metric 为 16,表明路由器请求所有的路由信息。对端路由器收到这个 Request 报文后,回应 Response 报文,如图 11-5 所示。

　　报文中包含了 1::/64 和 3::/64 的前缀及相应的度量值、前缀长度等信息。

　　另外,可以看到,路由器会周期性地发送 Response 报文,如图 11-6 所示。

　　这个更新周期的值可以用命令[RTB-ripng-1]timers update update-value 来调整。读者可以自己调整并观察效果。

11.1.5　思考题

　　在 RIPng 里有两类 RTE,分别是下一跳 RTE 和 IPv6 前缀 RTE。在本实验中看到的

```
⊟ Internet Protocol Version 6
    Version: 6
    Traffic class: 0x00
    Flowlabel: 0x00000
    Payload length: 52
    Next header: UDP (0x11)
    Hop limit: 255
    Source address: fe80::20f:e2ff:fe50:4430
    Destination address: fe80::20f:e2ff:fe43:1136
⊞ User Datagram Protocol, Src Port: 521 (521), Dst Port: 521 (521)
⊟ RIPng
    Command: Response (2)
    Version: 1
    ⊟ IP Address: 1::/64, Metric: 1
        IP Address: 1::
        Tag: 0x0000
        Prefix length: 64
        Metric: 1
    ⊟ IP Address: 3::/64, Metric: 1
        IP Address: 3::
        Tag: 0x0000
        Prefix length: 64
        Metric: 1
```

图 11-5   RIPng 中的 Response 报文

```
 47 30.749852 fe80::20f:e2ff:fe50:4430     ff02::9     RIPng Response
 54 37.752164 fe80::20f:e2ff:fe50:4430     ff02::9     RIPng Response
 83 57.584423 fe80::20f:e2ff:fe43:1136     ff02::9     RIPng Response
107 68.762064 fe80::20f:e2ff:fe50:4430     ff02::9     RIPng Response
132 85.592699 fe80::20f:e2ff:fe43:1136     ff02::9     RIPng Response
142 93.770092 fe80::20f:e2ff:fe50:4430     ff02::9     RIPng Response
153 112.60139 fe80::20f:e2ff:fe43:1136     ff02::9     RIPng Response
156 118.77815 fe80::20f:e2ff:fe50:4430     ff02::9     RIPng Response
162 140.61045 fe80::20f:e2ff:fe43:1136     ff02::9     RIPng Response
163 147.78749 fe80::20f:e2ff:fe50:4430     ff02::9     RIPng Response
```

图 11-6   周期性发送的 Response 报文

是哪一类 RTE?

答案: 在实验中看到的是 IPv6 前缀 RTE,下一跳 RTE 仅在一些特殊的情况下(如路由器需要显式地通告某条路由的下一跳不是自己)才使用。

11.2   OSPFv3 配置与协议分析

11.2.1   实验内容与目标

(1) 掌握 OSPFv3 的基本配置。

(2) 理解 OSPFv3 邻居关系建立过程。

(3) 了解 OSPFv3 协议的 LSDB 同步过程。

(4) 了解 OSPFv3 各种 LSA 的格式及作用。

11.2.2   实验组网图

OSPFv3 实验组网图如图 11-7 所示。

11.2.3   实验设备与版本

实验设备与版本列表如表 11-2 所示。

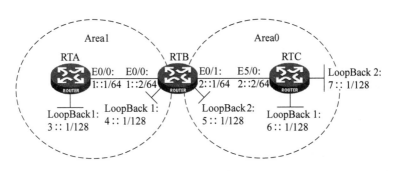

图 11-7　OSPFv3 实验组网图

表 11-2　实验设备与版本列表

名称和型号	版　　本	数量	描　　述
RT（MSR）	CMW5.20　　Release 1808	3	每台至少带有 2 个以太网接口
SW	CMW3.10	1	不少于 8 个以太网接口
PC	Windows 系统	1	安装有报文分析软件 ethereal
第 5 类 UTP 以太网连接线		4	直通线
路由器专用配置电缆		2	

11.2.4　实验过程

1. 建立物理连接

由于在实验中需要捕获报文并进行报文分析,所以路由器之间(RTA 与 RTB 之间、RTB 与 RTC 之间)是通过一台以太网交换机连接起来的,并用 VLAN 进行不同链路间的隔离。读者可以参考上一个实验的物理连接根据实际情况自己进行配置。

检查路由器的软件版本及配置信息,确保路由器软件版本符合要求,所有配置为初始状态。如果配置不符合要求,需在用户模式下擦除设备中的配置文件,然后重启路由器以使系统采用默认的配置参数进行初始化。

2. 配置 OSPFv3

在路由器上配置 OSPFv3 路由器协议。

配置 RTA:

```
[RTA]ipv6
[RTA]interface Ethernet 0/0
[RTA-Ethernet0/0]ipv6 address 1::1 64
[RTA-Ethernet0/0]ospfv3 1 area 1
[RTA-Ethernet0/0]undo ipv6 nd ra halt
[RTA]interface LoopBack 1
[RTA-LoopBack1]ipv6 address 3::1 128
[RTA-LoopBack1]ospfv3 1 area 1
[RTA]ospfv3 1
```

```
[RTA-ospfv3-1]router-id 1.1.1.1
```

配置 RTB：

```
[RTB]ipv6
[RTB]interface Ethernet 0/0
[RTB-Ethernet0/0]ipv6 address 1::2 64
[RTB-Ethernet0/0]ospfv3 1 area 1
[RTB-Ethernet0/0]undo ipv6 nd ra halt
[RTB]interface Ethernet 0/1
[RTB-Ethernet0/1]ipv6 address 2::1 64
[RTB-Ethernet0/1]ospfv3 1 area 0
[RTB-Ethernet0/1]undo ipv6 nd ra halt
[RTB]interface LoopBack 1
[RTB-LoopBack1]ipv6 address 4::1 128
[RTB-LoopBack1]ospfv3 1 area 1
[RTB]interface LoopBack 2
[RTB-LoopBack2]ipv6 address 5::1 128
[RTB-LoopBack2]ospfv3 1 area 0
[RTB]ospfv3 1
[RTB-ospfv3-1]router-id 2.2.2.2
```

配置 RTC：

```
[RTC]ipv6
[RTC]interface Ethernet 5/0
[RTC-Ethernet5/0]ipv6 address 2::2 64
[RTC-Ethernet5/0]ospfv3 1 area 0
[RTC-Ethernet5/0]undo ipv6 nd ra halt
[RTC]interface LoopBack 1
[RTC-LoopBack1]ipv6 address 6::1 128
[RTC-LoopBack1]ospfv3 1 area 0
[RTC]interface LoopBack 2
[RTC-LoopBack2]ipv6 address 7::1 128
[RTC-LoopBack2]ospfv3 1 area 0
[RTC]ospfv3 1
[RTC-ospfv3-1]router-id 3.3.3.3
[RTC-ospfv3-1]import-route direct
```

配置完成后，使用 ping 命令检查 RTA 到 RTC 的连通性。正常情况下应该是连通的，如果有问题，需检查配置是否正确。

3. 查看 OSPFv3 路由信息及邻居状态

查看 RTA 的 IPv6 路由表，如下所示。

```
<RTA>display ipv6 routing-table
Routing Table :
        Destinations : 10        Routes : 10

Destination : ::1/128                              Protocol   : Direct
NextHop     : ::1                                  Preference : 0
```

```
Interface    : InLoop0                      Cost      : 0

Destination : 1::/64                        Protocol  : Direct
NextHop     : 1::1                          Preference : 0
Interface    : Eth0/0                       Cost      : 0

Destination : 1::1/128                      Protocol  : Direct
NextHop     : ::1                           Preference : 0
Interface    : InLoop0                      Cost      : 0

Destination : 2::/64                        Protocol  : OSPFv3
NextHop     : FE80::20F:E2FF:FE50:4430      Preference : 10
Interface    : Eth0/0                       Cost      : 11

Destination : 3::1/128                       Protocol  : Direct
NextHop     : ::1                           Preference : 0
Interface    : InLoop0                      Cost      : 0

Destination : 4::1/128                       Protocol  : OSPFv3
NextHop     : FE80::20F:E2FF:FE50:4430      Preference : 10
Interface    : Eth0/0                       ost       : 10

Destination : 5::1/128                       Protocol  : OSPFv3
NextHop     : FE80::20F:E2FF:FE50:4430      Preference : 10
Interface    : Eth0/0                       Cost      : 10

Destination : 6::1/128                       Protocol  : OSPFv3
NextHop     : FE80::20F:E2FF:FE50:4430      Preference : 10
Interface    : Eth0/0                       Cost      : 11

Destination : 7::1/128                       Protocol  : OSPFv3
NextHop     : FE80::20F:E2FF:FE50:4430      Preference : 150
Interface    : Eth0/0                       Cost      : 1

Destination : FE80::/10                      Protocol  : Direct
NextHop     : ::                            Preference : 0
Interface    : NULL0                        Cost      : 0
```

可以看到，RTA 上拥有到达所有前缀的路由信息。

再查看 RTA 的 OSPFv3 路由表，如下所示。

```
<RTA>display ospfv3 routing

E1-Type 1 external route,    IA -Inter area route,    I-Intra area route
E2-Type 2 external route,     * -Selected route


          OSPFv3 Router with ID (1.1.1.1) (Process 1)
------------------------------------------------------------------
* Destination : 1::/64
  Type        : I                                    Cost      : 10
```

```
    NextHop     : directly-connected           Interface: Eth0/0

* Destination : 2::/64
    Type        : IA                           Cost      : 11
    NextHop     : FE80::20F:E2FF:FE50:4430      Interface: Eth0/0

* Destination : 3::1/128
    Type        : I                            Cost      : 0
    NextHop     : directly-connected           Interface: Loop1

* Destination : 4::1/128
    Type        : I                            Cost      : 10
    NextHop     : FE80::20F:E2FF:FE50:4430      Interface: Eth0/0

* Destination : 5::1/128
    Type        : IA                           Cost      : 10
    NextHop     : FE80::20F:E2FF:FE50:4430      Interface: Eth0/0

* Destination : 6::1/128
    Type        : IA                           Cost      : 11
    NextHop     : FE80::20F:E2FF:FE50:4430      Interface: Eth0/0

* Destination : 7::1/128
    Type        : E2                           Cost      : 11/1
    NextHop     : FE80::20F:E2FF:FE50:4430      Interface: Eth0/0
```

RTA 通过 OSPFv3 学习到了整个网络中所有前缀的信息。

可以发现，OSPFv3 路由表中表项内容包含了目的前缀、代价、类型、下一跳、本地接口等，与 OSPF 路由表中表项内容基本相同。

OSPFv3 路由类型有 4 种：第一类外部路由（Type 1 external route）、区域间路由（Inter area route）、域内路由（Intra area route）和第二类外部路由（Type 2 external route），其优先级顺序为域内路由、区域间路由、第一类外部路由、第二类外部路由。

查看 RTA 的邻居状态，如下所示。

```
<RTA>display ospfv3 peer

        OSPFv3 Area ID 0.0.0.1 (Process 1)
-------------------------------------------------------------
Neighbor ID    Pri  State      Dead Time  Interface   Instance ID
2.2.2.2        1    Full/DR    00:00:40   Eth0/0      0
```

查看 RTB 的邻居状态，如下所示。

```
[RTB]display ospfv3 peer

        OSPFv3 Area ID 0.0.0.0 (Process 1)
-------------------------------------------------------------
Neighbor ID    Pri  State      Dead Time  Interface   Instance ID
3.3.3.3        1    Full/DR    00:00:33   Eth0/1      0
```

```
            OSPFv3 Area ID 0.0.0.1 (Process 1)
------------------------------------------------------------------
Neighbor ID    Pri   State          Dead Time   Interface     Instance ID
1.1.1.1        1     Full/Backup    00:00:35    Eth0/0        0
```

邻居状态为 Full 表明邻居关系建立成功,LSDB 同步完成。此时,DR/BDR 已经选举结束,由于 RTB 的 Router ID 较大,所以被选举为本链路上的 DR。

4. 查看 LSDB 信息

查看 RTA 中的 LSDB,如下所示。

```
<RTA>display ospfv3 lsdb


            OSPFv3 Router with ID (1.1.1.1) (Process 1)
              Link-LSA (Interface Ethernet0/0)
------------------------------------------------------------------
Link State ID   Origin Router   Age    SeqNum       CkSum      Prefix
0.15.0.0        1.1.1.1         1599   0x80000004   0x7361     1
0.15.0.0        2.2.2.2         0482   0x8000000e   0xf497     1

              Router-LSA (Area 0.0.0.1)
------------------------------------------------------------------
Link State ID   Origin Router   Age    SeqNum       CkSum      Link
0.0.0.0         1.1.1.1         1594   0x80000006   0xe204     1
0.0.0.0         2.2.2.2         1593   0x80000012   0xaf26     1

              Network-LSA (Area 0.0.0.1)
------------------------------------------------------------------
Link State ID   Origin Router   Age    SeqNum       CkSum
0.15.0.0        2.2.2.2         1593   0x8000000e   0x9b5d

            Inter-Area-Prefix-LSA (Area 0.0.0.1)
------------------------------------------------------------------
Link State ID   Origin Router   Age    SeqNum       CkSum
0.0.0.1         2.2.2.2         0482   0x8000000e   0x4151
0.0.0.2         2.2.2.2         0477   0x8000000d   0x2fae
0.0.0.3         2.2.2.2         0427   0x8000000d   0x414e

            Inter-Area-Router-LSA (Area 0.0.0.1)
------------------------------------------------------------------
Link State ID   Origin Router   Age    SeqNum       CkSum
0.0.0.1         2.2.2.2         0427   0x8000000d   0x56ae

            Intra-Area-Prefix-LSA (Area 0.0.0.1)
------------------------------------------------------------------
Link State ID   Origin Router   Age    SeqNum       CkSum      Prefix  Reference
0.0.0.1         1.1.1.1         1593   0x80000006   0x3436     1       Router-LSA
0.0.0.1         2.2.2.2         1593   0x80000012   0x4411     1       Router-LSA
```

```
0.0.0.3        2.2.2.2           1593    0x80000004  0x7827   1  Network-LSA


                  AS-external-LSA
------------------------------------------------------------------
Link State ID   Origin Router    Age    SeqNum     CkSum
0.0.0.0        3.3.3.3          0498    0x8000000d  0x4f19
0.0.0.1        3.3.3.3          0498    0x8000000d  0x5115
```

以上输出显示了 RTA 的链路状态数据库信息。如果想查看更详细的 LSDB 信息,可以通过如下的命令。

```
[RTA]display ospfv3 lsdb ?
  external      External Link State Advertisements
grace           Grace Link State Advertisements
  inter-prefix  Inter-area Prefix Link State Advertisements
  inter-router  Inter-area Router Link State Advertisements
  intra-prefix  Intra-area Prefix Link State Advertisements
  link          Link-Local Link State Advertisements
  network       Network Link State Advertisements
  router        Router Link State Advertisements
  statistic     Statistic of Link State Advertisements
  total         Total of the LSDB
  <cr>
```

比如,查看 RTA 生成的 Link-LSA 详细信息,可使用如下命令。

```
[RTA]display ospfv3 lsdb link originate-router 1.1.1.1


           OSPFv3 Router with ID (1.1.1.1) (Process 1)



              Link-LSA (Interface Ethernet0/0)
------------------------------------------------------------------
   LS age              : 277
   LS Type             : Link-LSA
   Link State ID       : 0.15.0.0
   Originating Router: 1.1.1.1
   LS Seq Number       : 0x80000002
   Checksum            : 0x775F
   Length              : 56
   Priority            : 1
   Options             : 0x000013 (-|R|-|-|E|V6)
   Link-Local Address: FE80::20F:E2FF:FE43:1136
   Number of Prefixes: 1
       Prefix          : 1::/64
       Prefix Options: 0 (-|-|-|-)
```

由上面输出可以看到 RTA 生成的 Link-LSA 所包含的前缀及前缀选项。

5. 观察邻居建立及 LSDB 同步过程

在交换机上配置镜像，使交换机把连接到 RTA 的接口上的报文镜像到连接 PC 的接口上。交换机上配置镜像的方法与交换机的具体型号有关，可参考交换机的配置手册。

启动 PC 上的报文分析软件以捕获报文，在 RTA 的接口上使用 shutdown 命令关闭接口，再使用 undo shutdown 命令打开接口，以使路由器重新进行 OSPFv3 邻居建立过程。

```
[RTA-Ethernet0/0] shutdown
[RTA-Ethernet0/0] undo shutdown
```

在 PC 上查看捕获到的 OSPFv3 协议报文，可以看到两台路由器之间通过发送 Hello、DD、LSR、LSU、LSAck 报文建立邻居关系及同步 LSDB 的过程，如图 11-8 所示。

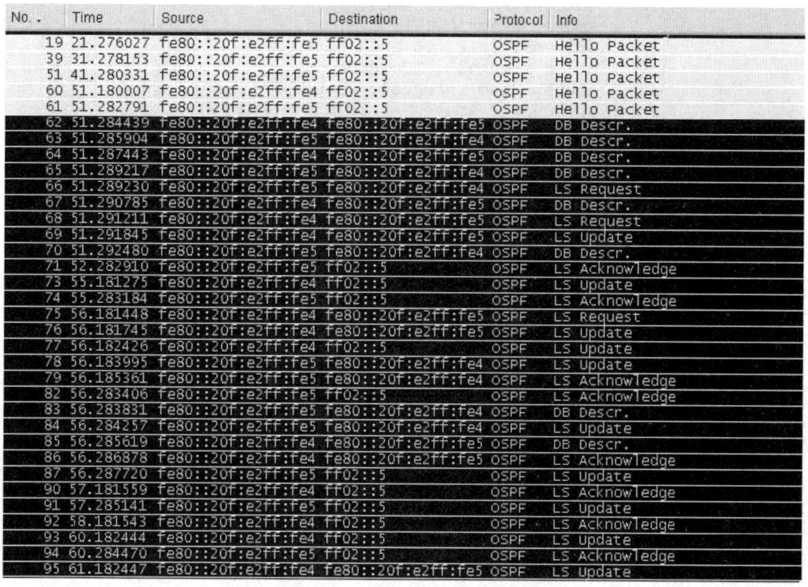

No.	Time	Source	Destination	Protocol	Info
19	21.276027	fe80::20f:e2ff:fe5	ff02::5	OSPF	Hello Packet
39	31.278153	fe80::20f:e2ff:fe5	ff02::5	OSPF	Hello Packet
51	41.280331	fe80::20f:e2ff:fe5	ff02::5	OSPF	Hello Packet
60	51.180007	fe80::20f:e2ff:fe4	ff02::5	OSPF	Hello Packet
61	51.282791	fe80::20f:e2ff:fe5	ff02::5	OSPF	Hello Packet
62	51.284439	fe80::20f:e2ff:fe4	fe80::20f:e2ff:fe5	OSPF	DB Descr.
63	51.285904	fe80::20f:e2ff:fe5	fe80::20f:e2ff:fe4	OSPF	DB Descr.
64	51.287443	fe80::20f:e2ff:fe4	fe80::20f:e2ff:fe5	OSPF	DB Descr.
65	51.289217	fe80::20f:e2ff:fe5	fe80::20f:e2ff:fe4	OSPF	DB Descr.
66	51.289230	fe80::20f:e2ff:fe4	fe80::20f:e2ff:fe5	OSPF	LS Request
67	51.290785	fe80::20f:e2ff:fe4	fe80::20f:e2ff:fe5	OSPF	DB Descr.
68	51.291211	fe80::20f:e2ff:fe5	fe80::20f:e2ff:fe4	OSPF	LS Request
69	51.291845	fe80::20f:e2ff:fe5	fe80::20f:e2ff:fe4	OSPF	DB Descr.
70	51.292480	fe80::20f:e2ff:fe5	fe80::20f:e2ff:fe4	OSPF	LS Update
71	52.282910	fe80::20f:e2ff:fe4	ff02::5	OSPF	LS Acknowledge
73	55.181275	fe80::20f:e2ff:fe4	ff02::5	OSPF	LS Update
74	55.283184	fe80::20f:e2ff:fe5	ff02::5	OSPF	LS Acknowledge
75	56.181448	fe80::20f:e2ff:fe4	fe80::20f:e2ff:fe5	OSPF	LS Request
76	56.181745	fe80::20f:e2ff:fe5	fe80::20f:e2ff:fe4	OSPF	LS Update
77	56.182426	fe80::20f:e2ff:fe4	ff02::5	OSPF	LS Update
78	56.183995	fe80::20f:e2ff:fe5	fe80::20f:e2ff:fe4	OSPF	LS Acknowledge
79	56.185361	fe80::20f:e2ff:fe5	fe80::20f:e2ff:fe4	OSPF	LS Update
82	56.283406	fe80::20f:e2ff:fe5	ff02::5	OSPF	LS Acknowledge
83	56.283831	fe80::20f:e2ff:fe5	fe80::20f:e2ff:fe4	OSPF	DB Descr.
84	56.284257	fe80::20f:e2ff:fe4	fe80::20f:e2ff:fe5	OSPF	LS Update
85	56.285619	fe80::20f:e2ff:fe5	fe80::20f:e2ff:fe4	OSPF	DB Descr.
86	56.286878	fe80::20f:e2ff:fe4	fe80::20f:e2ff:fe5	OSPF	LS Acknowledge
87	56.287720	fe80::20f:e2ff:fe5	ff02::5	OSPF	LS Update
90	57.181559	fe80::20f:e2ff:fe4	ff02::5	OSPF	LS Acknowledge
91	57.285141	fe80::20f:e2ff:fe5	ff02::5	OSPF	LS Update
92	58.181543	fe80::20f:e2ff:fe4	ff02::5	OSPF	LS Acknowledge
93	60.182444	fe80::20f:e2ff:fe5	ff02::5	OSPF	LS Update
94	60.284470	fe80::20f:e2ff:fe4	ff02::5	OSPF	LS Acknowledge
95	61.182447	fe80::20f:e2ff:fe4	fe80::20f:e2ff:fe5	OSPF	LS Update

图 11-8　邻居关系建立过程

路由器在启动 OSPFv3 后，首先发送 Hello 报文以进行邻居发现及 DR/BDR 的选举。选举完成后，RTA 和 RTB 都会发送 DD 报文对自己的 LSDB 进行描述，针对 RTB 中有而自己没有的 LSA，RTA 会使用单播方式发送 LSR 报文请求 RTB 回复这些 LSA，RTB 使用 LSU 回复这些被请求的 LSA，最后 RTA 发送 LSAck 对接收的 LSA 进行确认。同样，RTB 也会发送 LSR 请求 RTA 中的某些 LSA。这个过程持续进行，直到邻居之间的 LSDB 实现同步，此时邻居进入 Full 状态，路由器之间建立邻居关系。

由于 OSPFv3 中仅有 Hello 报文和 DD 报文的格式有所变化，而 DD 报文只是对 Options 字段作了扩展，所以下面仅列出 Hello 报文格式，如图 11-9 所示。

图 11-9 所示为 RTA 发送的 Hello 报文，从报文中可以看到，报文源地址为 RTA 接口 Ethernet 0/0 的链路本地地址，目的地址为 AllSPFRouters 组播地址。OSPFv3 头和 Hello 报文中没有携带 IPv6 地址信息，仅携带有 Router ID。

```
⊟ Internet Protocol Version 6
    Version: 6
    Traffic class: 0x00
    Flowlabel: 0x00000
    Payload length: 40
    Next header: OSPF IGP (0x59)
    Hop limit: 1
    Source address: fe80::20f:e2ff:fe43:1136
    Destination address: ff02::5
⊟ Open Shortest Path First
  ⊟ OSPF Header
      OSPF version: 3
      Message Type: Hello Packet (1)
      Packet Length: 40
      Source OSPF Router: 1.1.1.1 (1.1.1.1)
      Area ID: 0.0.0.1
      Packet Checksum: 0xfce2 [correct]
      Instance ID: 0
      Reserved: 0
  ⊟ OSPF Hello Packet
      Interface ID: 983040
      Router Priority: 1
      Options: 0x13 (V6/E/R)
      Hello Interval: 10 seconds
      Router Dead Interval: 40 seconds
      Designated Router: 2.2.2.2
      Backup Designated Router: 1.1.1.1
      Active Neighbor: 2.2.2.2
```

图 11-9　Hello 报文格式

6. OSPFv3 中各种 LSA 的分析

在 PC 上对捕获到的 OSPFv3 中各种 LSA 进行分析。图 11-10 为 RTB 发送的 LSU 报文。RTB 发送的 LSU 是对 RTA 发送的 LSR 的回应，LSU 中包含了各种类型的 LSA。

（1）Router-LSA

OSPFv3 的 Router-LSA 中不再包含地址前缀信息，仅仅描述了路由器周围的拓扑连接情况。因为 RTB 仅有一个接口（Ethernet 0/0）处于 Area 1 中，所以它发送给 RTA 的 Router-LSA 仅有一条，如图 11-11 所示。

```
⊞ Internet Protocol Version 6
⊟ Open Shortest Path First
  ⊟ OSPF Header
      OSPF version: 3
      Message Type: LS Update (4)
      Packet Length: 408
      Source OSPF Router: 2.2.2.2 (2.2.2.2)
      Area ID: 0.0.0.1
      Packet Checksum: 0xe4e0 [correct]
      Instance ID: 0
      Reserved: 0
  ⊟ LS Update Packet
      Number of LSAs: 9
    ⊞ Link-LSA (Type: 0x0008)
    ⊞ Router-LSA (Type: 0x2001)
    ⊞ Inter-Area-Prefix-LSA (Type: 0x2003)
    ⊞ Inter-Area-Prefix-LSA (Type: 0x2003)
    ⊞ Inter-Area-Prefix-LSA (Type: 0x2003)
    ⊞ Inter-Area-Router-LSA (Type: 0x2004)
    ⊞ Intra-Area-Prefix-LSA (Type: 0x2009)
    ⊞ AS-External-LSA (Type: 0x4005)
    ⊞ AS-External-LSA (Type: 0x4005)
```

图 11-10　RTB 发送的 LSU 报文

```
⊟ Router-LSA (Type: 0x2001)
    LS Age: 1 seconds
    LSA Type: 0x2001 (Router-LSA)
    Link State ID: 0.0.0.0
    Advertising Router: 2.2.2.2 (2.2.2.2)
    LS Sequence Number: 0x80000012
    LS Checksum: af26
    Length: 40
    Flags: 0x01 (...B)
    Options: 0x13 (V6/E/R)
    Router Interfaces:
    Type: 2 (Connection to a transit network)
    Reserved: 0
    Metric: 10
    Interface ID: 983040
    Neighbor Interface ID: 983040
    Neighbor Router ID: 2.2.2.2
```

图 11-11　Router-LSA

由图 11-11 可见,LSA Type 值是 0x2001,表明这是一个 Router-LSA;接口的 Type 值为 2,表明接口连接到一个 Transit 链路;Neighbor Router ID 是 2.2.2.2,表明链路上 DR 的 Router ID 是 2.2.2.2(自己是 DR)。

（2）Network-LSA

Network-LSA 是由 DR 生成的,并且包括 Transit 链路上的拓扑连接情况,如图 11-12 所示。

由图 11-12 可见,LSA Type 值是 0x2002,表明这是一个 Network-LSA。Network-LSA 中包含 Transit 链路上各路由器的 Router ID 信息,其中包括 DR 本身的 Router ID。图 11-12 中 Transit 链路连接有两台路由器 RTA 和 RTB,其 Router ID 分别为 2.2.2.2 和 1.1.1.1,其中第一个 Router ID 2.2.2.2 为 Transit 链路上 DR 的 Router ID。与 Router-LSA 一样,Network-LSA 中不包含任何地址前缀信息。

（3）Link-LSA

由于 OSPFv3 中的 Router-LSA 和 Network-LSA 中没有包含地址前缀,所以新增了 Link-LSA 和 Intra-Area-Prefix-LSA 发布本地链路和区域内的地址前缀信息。

Link-LSA 用于发布路由器接口链路本地地址以及链路上的所有其他 IPv6 地址前缀。如图 11-13 所示,Link-LSA 包含了 RTB 在接口 Ethernet 0/0 所属链路上的地址前缀信息,包括接口链路本地地址 FE80::20F:E2FF:FE50:4430 和链路上的全球单播地址前缀 1::/64。

```
Network-LSA (Type: 0x2002)
  LS Age: 1 seconds
  LSA Type: 0x2002 (Network-LSA)
  Link State ID: 0.15.0.0
  Advertising Router: 2.2.2.2 (2.2.2.2)
  LS Sequence Number: 0x80000008
  LS Checksum: a757
  Length: 32
  Reserved: 0
  Options: 0x13 (V6/E/R)
  Attached Router: 2.2.2.2
  Attached Router: 1.1.1.1
```

图 11-12　Network-LSA

```
Link-LSA (Type: 0x0008)
  LS Age: 555 seconds
  LSA Type: 0x0008 (Link-LSA)
  Link State ID: 0.15.0.0
  Advertising Router: 2.2.2.2 (2.2.2.2)
  LS Sequence Number: 0x80000006
  LS Checksum: 058f
  Length: 56
  Router Priority: 1
  Options: 0x13 (V6/E/R)
  Link-local Interface Address: fe80::20f:e2ff:fe50:4430
  # prefixes: 1
  PrefixLength: 64
  PrefixOptions: 0x00 ()
  Reserved: 0
  Address Prefix: 0001:0000:0000:0000
```

图 11-13　Link-LSA

（4）Intra-Area-Prefix-LSA

Intra-Area-Prefix-LSA 用于通告区域内的路由。Intra-Area-Prefix-LSA 分为两种,当其参考的 LSA 类型为 Router-LSA 时,其通告的地址前缀为路由器周边链路上（除 Transit 链路）的地址前缀;当其参考的 LSA 类型为 Network-LSA 时,其通告的地址前缀是 Transit 链路上的地址前缀。RTB 会生成这两种 Intra-Area-Prefix-LSA。

如图 11-14 所示,该 Intra-Area-Prefix-LSA 参考的 LSA Type 为 0x2002,表明该 LSA 参考了 Network-LSA,其通告的地址前缀是 Transit 链路上的地址前缀 1::/64。

```
Intra-Area-Prefix-LSA (Type: 0x2009)
  LS Age: 3600 seconds
  LSA Type: 0x2009 (Intra-Area-Prefix-LSA)
  Link State ID: 0.0.0.3
  Advertising Router: 2.2.2.2 (2.2.2.2)
  LS Sequence Number: 0x80000005
  LS Checksum: 7628
  Length: 44
  # prefixes: 1
  Referenced LS type 0x2002 (Network-LSA)
  Referenced Link State ID: 0.15.0.0
  Referenced Advertising Router: 2.2.2.2
  PrefixLength: 64
  PrefixOptions: 0x00 ()
  Metric: 0
  Address Prefix: 0001:0000:0000:0000
```

图 11-14　描述 Transit 链路地址前缀的
Intra-Area-Prefix-LSA

如图 11-15 所示,该 Intra-Area-Prefix-LSA 参考的 LSA Type 为 0x2001,表明该 LSA 参考了 Router-LSA,其通告的地址前缀是 RTB 的 LoopBack 地址 4::1/128。

```
Intra-Area-Prefix-LSA (Type: 0x2009)
    LS Age: 1 seconds
    LSA Type: 0x2009 (Intra-Area-Prefix-LSA)
    Link State ID: 0.0.0.1
    Advertising Router: 2.2.2.2 (2.2.2.2)
    LS Sequence Number: 0x8000000f
    LS Checksum: 4a0e
    Length: 52
    # prefixes: 1
    Referenced LS type 0x2001 (Router-LSA)
    Referenced Link State ID: 0.0.0.0
    Referenced Advertising Router: 2.2.2.2
    PrefixLength: 128
    PrefixOptions: 0x02 (LA)
    Metric: 0
    Address Prefix: 0004:0000:0000:0000:0000:0000:0000:0001
```

图 11-15　描述其他链路地址前缀的 Intra-Area-Prefix-LSA

（5）Inter-Area-Prefix-LSA

Inter-Area-Prefix-LSA 由 ABR 生成,描述了其他区域的地址前缀信息。一个 Inter-Area-Prefix-LSA 中包含一个地址前缀,不包含链路本地地址信息。

图 11-16 所示为 RTB 生成的描述 Area0 中地址前缀 5::1/128 的 Inter-Area-Prefix-LSA,该 LSA 在 Area1 中发布。

```
Inter-Area-Prefix-LSA (Type: 0x2003)
    LS Age: 1670 seconds
    LSA Type: 0x2003 (Inter-Area-Prefix-LSA)
    Link State ID: 0.0.0.2
    Advertising Router: 2.2.2.2 (2.2.2.2)
    LS Sequence Number: 0x80000005
    LS Checksum: 4951
    Length: 44
    Reserved: 0
    Metric: 0
    PrefixLength: 128
    PrefixOptions: 0x00 ()
    Reserved: 0
    Address Prefix: 0005:0000:0000:0000:0000:0000:0000:0001
```

图 11-16　Inter-Area-Prefix-LSA

（6）Inter-Area-Router-LSA

Inter-Area-Router-LSA 由 ABR 生成,描述到达 ASBR 的路由。由于 RTC 引入了外部路由,所以 RTC 为 ASBR。RTB 生成相应 LSA 向 Area1 中通告,该 LSA 中包含 ASBR 的 Router ID(3.3.3.3),如图 11-17 所示。

```
Inter-Area-Router-LSA (Type: 0x2004)
    LS Age: 375 seconds
    LSA Type: 0x2004 (Inter-Area-Router-LSA)
    Link State ID: 0.0.0.3
    Advertising Router: 2.2.2.2 (2.2.2.2)
    LS Sequence Number: 0x80000003
    LS Checksum: 56b6
    Length: 32
    Reserved: 0
    Options: 0x13 (V6/E/R)
    Reserved: 0
    Metric: 1
    Destination Router ID: 3.3.3.3
```

图 11-17　Inter-Area-Router-LSA

（7）AS-external-LSA

AS-external-LSA 由 ASBR 生成,描述了到达自治系统外部的路由信息。由于 RTC 引入了直连路由,该路由将被作为外部路由在 AS-external-LSA 中发布。图 11-18 所示的地址前缀为 6::1/128 和 7::1/128。

如上所述,OSPFv3 使用了以上 7 种 LSA 来对网络进行准确而详细的描述。而且,不同的 LSA 类型分别描述了前缀信息与网络拓扑。读者可以观察并体会这些 LSA 的作用。

```
AS-External-LSA (Type: 0x4005)
    LS Age: 1550 seconds
    LSA Type: 0x4005 (AS-External-LSA)
    Link State ID: 0.0.0.0
    Advertising Router: 3.3.3.3 (3.3.3.3)
    LS Sequence Number: 0x80000005
    LS Checksum: 5f11
    Length: 44
    Flags: 0x04 (E..)
    Metric: 1
    PrefixLength: 128
    PrefixOptions: 0x00 ()
    Referenced LS type 0x0000 (Unknown)
    Address Prefix: 0006:0000:0000:0000:0000:0000:0000:0001
AS-External-LSA (Type: 0x4005)
    LS Age: 1550 seconds
    LSA Type: 0x4005 (AS-External-LSA)
    Link State ID: 0.0.0.1
    Advertising Router: 3.3.3.3 (3.3.3.3)
    LS Sequence Number: 0x80000005
    LS Checksum: 610d
    Length: 44
    Flags: 0x04 (E..)
    Metric: 1
    PrefixLength: 128
    PrefixOptions: 0x00 ()
    Referenced LS type 0x0000 (Unknown)
    Address Prefix: 0007:0000:0000:0000:0000:0000:0000:0001
```

图 11-18　AS-external-LSA

11.3　BGP4＋配置与协议分析

11.3.1　实验内容与目标

（1）掌握 BGP4＋的基本配置。

（2）掌握 BGP4＋扩展属性以及应用。

11.3.2　实验组网图

BGP4＋实验组网图如图 11-19 所示。

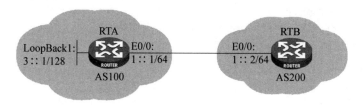

图 11-19　BGP4＋实验组网图

11.3.3　实验设备与版本

实验设备与版本列表如表 11-3 所示。

表 11-3 实验设备与版本列表

名称和型号	版　　本	数量	描　　述
RT（MSR）	CMW5.20　Release 1808	2	每台至少带有 1 个以太网接口
SW	CMW3.10	1	不少于 8 个以太网接口
PC	Windows 系统	1	安装有报文分析软件 ethereal
第 5 类 UTP 以太网连接线		4	直通线
路由器专用配置电缆		1	

11.3.4　实验过程

1. 建立物理连接

由于在实验中需要捕获报文并进行报文分析，所以路由器之间通过一台以太网交换机连接起来，并用 VLAN 进行不同链路间的隔离。读者可以根据实际情况自己进行配置。

检查路由器的软件版本及配置信息，确保路由器软件版本符合要求，所有配置为初始状态。如果配置不符合要求，需在用户模式下擦除设备中的配置文件，然后重启路由器以使系统采用默认的配置参数进行初始化。

2. 配置 BGP4＋

在 RTA 和 RTB 上进行 BGP4＋配置。
配置 RTA：

```
<RTA>system-view
[RTA]ipv6
[RTA]interface Ethernet0/0
[RTA-Ethernet0/0]ipv6 address 1::1/64
[RTA]interface LoopBack1
[RTA-LoopBack1]ipv6 address 3::1/128
[RTA]bgp 100
[RTA-bgp]router-id 1.1.1.1
[RTA-bgp]ipv6-family
[RTA-bgp-af-ipv6]peer 1::2 as-number 200
[RTA-bgp-af-ipv6]network 3::1 128
```

配置 RTB：

```
<RTB>system-view
[RTB]ipv6
[RTB]interface Ethernet0/0
[RTB-Ethernet0/0]ipv6 address 1::2/64
[RTB]bgp 200
[RTB-bgp]router-id 2.2.2.2
[RTB-bgp]ipv6-family
[RTB-bgp-af-ipv6]peer 1::1 as-number 100
```

3. 查看 BGP4＋邻居及路由信息

通过以下命令查看邻居状态是否已建立。

```
[RTA]display bgp ipv6 peer

BGP local router ID : 1.1.1.1
Local AS number : 100
Total number of peers : 1          Peers in established state : 1

  Peer              AS   MsgRcvd  MsgSent   OutQ PrefRcv Up/Down   State

  1::2             200      4        7       0      0  00:02:13  Established
[RTB]display bgp ipv6 peer

BGP local router ID : 2.2.2.2
Local AS number : 200
Total number of peers : 1          Peers in established state : 1

  Peer              AS   MsgRcvd  MsgSent   OutQ PrefRcv Up/Down   State

  1::1             100      6        4       0      1 00:02:40 Established
```

以上输出中显示状态是 Established，说明路由器之间建立了邻居关系，路由信息交换成功。如果不是 Established 状态，需检查配置是否正确。

查看 RTB 的 IPv6 路由表，可以看到 RTB 学习到了 3∷1/128 的前缀信息，如下所示。

```
[RTB]display ipv6 routing-table
Routing Table :
        Destinations : 9        Routes : 9

Destination : ::1/128                    Protocol  : Direct
NextHop     : ::1                        Preference : 0
Interface   : InLoop0                    Cost      : 0

Destination : 1::/64                     Protocol  : Direct
NextHop     : 1::2                       Preference : 0
Interface   : Eth0/0                     Cost      : 0

Destination : 1::2/128                   Protocol  : Direct
NextHop     : ::1                        Preference : 0
Interface   : InLoop0                    Cost      : 0

Destination : 3::1/128                   Protocol  : BGP4+
NextHop     : 1::1                       Preference : 255
Interface   : Eth0/0                     Cost      : 0

Destination : FE80::/10                  Protocol  : Direct
NextHop     : ::                         Preference : 0
Interface   : NULL0                      Cost      : 0
```

再查看 RTB 的 BGP 路由表，如下所示。

```
[RTB]dis  bgp ipv6 routing-table

Total Number of Routes: 1

BGP Local router ID is 2.2.2.2
Status codes: * -valid, > -best, d -damped,
              h -history,  i -internal, s -suppressed, S -Stale
              Origin : i -IGP, e -EGP, ? -incomplete

*   Network  : 3::1                        PrefixLen : 128
    NextHop  : 1::1                        LocPrf    :
    PrefVal  : 0                           Label     : NULL
    MED      : 0
    Path/Ogn : 100 i
```

路由表中显示了目的前缀为 3::1，前缀长度为 128，下一跳地址为 1::1。

4．BGP4＋协议报文分析

在交换机上配置镜像，使交换机把连接 RTA 接口上的报文镜像到连接 PC 的接口上。交换机上配置镜像的方法与交换机的具体型号有关，可参考交换机的配置手册。

启动 PC 上的报文分析软件以捕获报文，在 RTA 的接口 Ethernet 0/0 上使用 shutdown 命令关闭接口，再使用 undo shutdown 命令打开接口，以使路由器重新进行 BGP 邻居建立过程。

```
[RTA-Ethernet0/0] shutdown
[RTA-Ethernet0/0] undo shutdown
```

在 PC 上对捕获到的报文进行查看。可以发现，在 RTA 和 RTB 的 BGP 连接建立后，路由器之间通过发送 UPDATE 消息来通告前缀信息，如图 11-20 所示。

```
⊟ Border Gateway Protocol
  ⊟ UPDATE Message
      Marker: 16 bytes
      Length: 83 bytes
      Type: UPDATE Message (2)
      Unfeasible routes length: 0 bytes
      Total path attribute length: 60 bytes
    ⊟ Path attributes
      ⊞ ORIGIN: INCOMPLETE (4 bytes)
      ⊞ AS_PATH: 100 (7 bytes)
      ⊞ MULTI_EXIT_DISC: 0 (7 bytes)
      ⊟ MP_REACH_NLRI (42 bytes)
        ⊞ Flags: 0x90 (Optional, Non-transitive, Complete, Extended Length)
          Type code: MP_REACH_NLRI (14)
          Length: 38 bytes
          Address family: IPv6 (2)
          Subsequent address family identifier: Unicast (1)
        ⊟ Next hop network address (16 bytes)
            Next hop: 1::1 (16)
          Subnetwork points of attachment: 0
        ⊟ Network layer reachability information (17 bytes)
          ⊟ 3::1/128
              MP Reach NLRI prefix length: 128
              MP Reach NLRI prefix: 3::1
```

图 11-20　UPDATE 消息通告可达路由

由图 11-20 可见,RTA 向 RTB 发送 UPDATE 消息来通告前缀信息。消息中的 NLRI 字段显示可达目的地前缀为 3::1 以及前缀长度为 128；Next hop 字段显示到达目的地所经过的下一跳地址为 1::1。

当某条路由不可用时,路由器会发送包含 MP_UNREACH_NLRI 属性的 UPDATE 消息撤销该路由。

使用以下命令将 RTA 的 LoopBack1 删除。

```
[RTA]undo interface LoopBack 1
```

在 PC 上再次对捕获到的报文进行查看。可以发现,RTA 会向 RTB 再次通告 UPDATE 消息,如图 11-21 所示。

```
□ Border Gateway Protocol
  □ UPDATE Message
      Marker: 16 bytes
      Length: 56 bytes
      Type: UPDATE Message (2)
      Unfeasible routes length: 0 bytes
      Total path attribute length: 33 bytes
    □ Path attributes
      □ MP_UNREACH_NLRI (33 bytes)
        ⊞ Flags: 0x90 (Optional, Non-transitive, Complete, Extended Length)
          Type code: MP_UNREACH_NLRI (15)
          Length: 29 bytes
          Address family: IPv6 (2)
          Subsequent address family identifier: Unicast (1)
        □ Withdrawn routes (26 bytes)
          ⊞ 1::/64
          □ 3::1/128
              MP Unreach NLRI prefix length: 128
              MP Unreach NLRI prefix: 3::1
```

图 11-21 UPDATE 消息撤销路由

从图 11-21 中可以看到该 UPDATE 消息的路径属性是 MP_UNREACH_NLRI,属性中的 Withdrawn routes 字段显示本 UPDATE 消息要撤销两条路由：1::/64 和 3::1/128。并且能够看到,MP_UNREACH_NLRI 属性中并不包含下一跳字段。

此时,再次查看 RTB 的 BGP 路由表,如下所示,3::1/128 这条路由已经被删除。

```
[RTB]display bgp ipv6 routing-table

Total Number of Routes: 0
```

同样,IPv6 路由表中的相关表项也被删除,如下所示。

```
[RTB]display ipv6 routing-table
Routing Table :
       Destinations : 8      Routes : 8

Destination : ::1/128                    Protocol   : Direct
NextHop     : ::1                        Preference : 0
Interface   : InLoop0                    Cost       : 0

Destination : 1::/64                      Protocol   : Direct
NextHop     : 1::2                        Preference : 0
Interface   : Eth0/0                      Cost       : 0
```

```
Destination : 1::2/128                              Protocol   : Direct
NextHop     : ::1                                   Preference : 0
Interface   : InLoop0                               Cost       : 0


Destination : FE80::/10                             Protocol   : Direct
NextHop     : ::                                    Preference : 0
Interface   : NULL0                                 Cost       : 0
```

11.4　IPv6-IS-IS 配置与协议分析

11.4.1　实验内容与目标

（1）掌握 IPv6-IS-IS 的配置方法。

（2）加深理解 IPv6-IS-IS 的工作原理。

11.4.2　实验组网图

IPv6-IS-IS 实验组网图如图 11-22 所示。

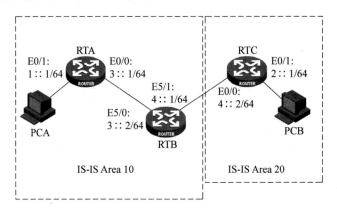

图 11-22　IPv6-IS-IS 实验组网图

11.4.3　实验设备与版本

实验设备与版本列表如表 11-4 所示。

表 11-4　实验设备与版本列表

名称和型号	版　　本	数量	描　　述
RT（MSR）	CMW5.20　Release 1808	3	每台至少带有 2 个以太网接口
SW	CMW3.10	1	不少于 8 个以太网接口
PC	Windows 系统	2	安装有报文分析软件 ethereal
第 5 类 UTP 以太网连接线		8	直通线
路由器专用配置电缆		1	

11.4.4   实验过程

本实验的目的是理解 IPv6-IS-IS 的工作原理,熟悉 IPv6-IS-IS 的配置方法。所以首先进行 IPv6-IS-IS 的配置工作,然后进行 IPv6-IS-IS 协议分析。

1. 建立物理连接

由于在实验中需要捕获报文而进行报文分析,所以路由器之间是用一台以太网交换机连接起来的,并用 VLAN 进行不同链路间的隔离。读者可以根据实际情况自己进行配置。

检查路由器的软件版本及配置信息,确保路由器软件版本符合要求,所有配置为初始状态。如果配置不符合要求,需在用户模式下擦除设备中的配置文件,然后重启路由器以使系统采用默认的配置参数进行初始化。

2. 配置 IPv6-IS-IS

按照实验组网图 11-22,在路由器上启用 IPv6-IS-IS 协议。

配置 RTA:

```
<RTA>system-view
[RTA] ipv6
[RTA] isis 1
[RTA-isis-1] is-level level-1
[RTA-isis-1] network-entity 10.0000.0000.0001.00
[RTA-isis-1] ipv6 enable
[RTA-isis-1] quit
[RTA] interface ethernet 0/0
[RTA-Ethernet0/0] ipv6 address 3::1 64
[RTA-Ethernet0/0] isis ipv6 enable 1
[RTA-Ethernet0/0] quit
[RTA] interface ethernet 0/1
[RTA-Ethernet0/1] ipv6 address 1::1 64
[RTA-Ethernet0/1] undo ipv6 nd ra halt
[RTA-Ethernet0/1] isis ipv6 enable 1
[RTA-Ethernet0/1] quit
```

配置 RTB:

```
<RTB>system-view
[RTB] ipv6
[RTB] isis 1
[RTB-isis-1] network-entity 10.0000.0000.0002.00
[RTB-isis-1] ipv6 enable
[RTB-ripng-1] quit
[RTB] interface ethernet 5/0
[RTB-Ethernet5/0] ipv6 address 3::2 64
[RTB-Ethernet5/0] isis ipv6 enable 1
[RTB-Ethernet5/0] quit
[RTB] interface ethernet 5/1
[RTB-Ethernet5/1] ipv6 address 4::1 64
[RTB-Ethernet5/1] isis ipv6 enable 1
```

```
[RTB-Ethernet5/1] quit
```

配置 RTC：

```
<RTC>system-view
[RTC] ipv6
[RTC] isis 1
[RTA-isis-1] is-level level-2
[RTC-isis-1] network-entity 20.0000.0000.0003.00
[RTC-isis-1] ipv6 enable
[RTC-ripng-1] quit
[RTC] interface ethernet 0/0
[RTC-Ethernet0/0] ipv6 address 4::2 64
[RTC-Ethernet0/0] isis ipv6 enable 1
[RTC-Ethernet0/0] quit
[RTC] interface ethernet 0/1
[RTC-Ethernet0/1] ipv6 address 2::1 64
[RTC-Ethernet0/1] undo ipv6 nd ra halt
[RTC-Ethernet0/1] isis ipv6 enable 1
[RTC-Ethernet0/1] quit
```

配置完成后，在 PC 或路由器上用 ping 命令来测试网络可达性，结果应该是可达，如下所示。

```
<RTC>ping ipv6 1::1
  PING 1::1 : 56   data bytes, press CTRL_C to break
    Reply from 1::1
    bytes=56 Sequence=1 hop limit=63   time =3 ms
    Reply from 1::1
    bytes=56 Sequence=2 hop limit=63   time =2 ms
    Reply from 1::1
    bytes=56 Sequence=3 hop limit=63   time =2 ms
    Reply from 1::1
    bytes=56 Sequence=4 hop limit=63   time =2 ms
    Reply from 1::1
    bytes=56 Sequence=5 hop limit=63   time =3 ms

  ---1::1 ping statistics ---
    5 packet(s) transmitted
    5 packet(s) received
    0.00%packet loss
    round-trip min/avg/max =2/2/3 ms
```

同时查看路由表，如下所示，可以看到路由器学习到了远端网络的路由。

```
<RTC>display ipv6 routing-table
Routing Table :
       Destinations : 8      Routes : 8
Destination : ::1/128                      Protocol   : Direct
NextHop     : ::1                          Preference : 0
Interface   : InLoop0                      Cost       : 0

Destination : 1::/64                       Protocol   : ISISv6
NextHop     : FE80::20F:E2FF:FE42:F34C     Preference : 15
```

```
Interface    : Eth0/0                          Cost          : 30
...
Destination : 3::/64                           Protocol      : ISISv6
NextHop      : FE80::20F:E2FF:FE42:F34C         Preference : 15
Interface    : Eth0/0                          Cost          : 20
...
```

可以使用以下的命令来查看更多的 IPv6-IS-IS 相关信息。

（1）查看 IS-IS 的摘要信息：display isis brief。

（2）查看 IS-IS 的链路状态数据库：display isis lsdb。

（3）查看 IS-IS 的邻居信息：display isis peer。

3．IPv6-IS-IS 协议报文分析

在交换机上配置镜像，使交换机把连接 RTA 接口上的报文镜像到连接 PC 的接口上。交换机上配置镜像的方法与交换机的具体型号有关，可参考交换机的配置手册。

启动 PC 上的报文分析软件以捕获报文，在 RTA 的接口 Ethernet 0/0 上使用 shutdown 命令关闭接口，再使用 undo shutdown 命令打开接口，以使路由器重新进行 IPv6-IS-IS 邻居建立过程，如下所示。

```
[RTA-Ethernet0/0] shutdown
[RTA-Ethernet0/0] undo shutdown
```

在 PC 上对捕获到的报文进行查看，报文如图 11-23 所示。

```
14 3.276834   Hangzhou_42:f3:4b   ISIS-all-level-1-I ISIS   L1 HELLO, System-ID: 0000.0000.0002
15 3.279236   Hangzhou_50:44:30   ISIS-all-level-1-I ISIS   L1 HELLO, System-ID: 0000.0000.0001
16 3.281014   Hangzhou_42:f3:4b   ISIS-all-level-1-I ISIS   L1 HELLO, System-ID: 0000.0000.0002
19 4.301762   Hangzhou_50:44:30   ISIS-all-level-1-I ISIS   L1 LSP, LSP-ID: 0000.0000.0001.00-00,
21 5.726923   Hangzhou_42:f3:4b   ISIS-all-level-1-I ISIS   L1 LSP, LSP-ID: 0000.0000.0002.00-00,
23 7.313306   Hangzhou_50:44:30   ISIS-all-level-1-I ISIS   L1 LSP, LSP-ID: 0000.0000.0001.00-00,
26 10.935191  Hangzhou_50:44:30   ISIS-all-level-1-I ISIS   L1 HELLO, System-ID: 0000.0000.0001
```

图 11-23　IPv6-IS-IS 协议交互报文

报文中包含 Hello 报文和 LSP 报文。查看 Hello 报文的详细内容，如图 11-24 所示。

```
☐ ISO 10589 ISIS InTRA Domain Routeing Information Exchange Protocol
   Intra Domain Routing Protocol Discriminator: ISIS (0x83)
   PDU Header Length   : 27
   Version (==1)       : 1
   System ID Length    : 6
   PDU Type            : L1 HELLO (R:000)
   Version2 (==1)      : 1
   Reserved (==0)      : 0
   Max.AREAS: (0==3)   : 3
 ☐ ISIS HELLO
   Circuit type                 : Level 1 and 2, reserved(0x00 == 0)
   System-ID {Sender of PDU} : 0000.0000.0002
   Holding timer                : 30
   PDU length                   : 1497
   Priority                     : 64, reserved(0x00 == 0)
   System-ID {Designated IS} : 0000.0000.0002.01
 ⊞ Area address(es) (2)
 ⊞ IS Neighbor(s) (6)
 ☐ IPv6 Interface address(es) (16)
     IPv6 interface address    : fe80::20f:e2ff:fe42:f34b (fe80::20f:e2ff:fe42:f34b)
 ☐ Protocols Supported (1)
     NLPID(s): IPv6 (0x8e)
 ⊞ Restart Signaling (3)
```

图 11-24　IPv6-IS-IS 中的 Hello 报文

从图 11-24 中可以看到 IS-IS 报文中的 NLPID 值是 0x8E,表示支持 IPv6 路由。再查看 LSP 报文的详细内容,如图 11-25 所示。

```
⊟ ISO 10589 ISIS Link State Protocol Data Unit
    PDU length: 98
    Remaining Lifetime: 1199s
    LSP-ID: 0000.0000.0001.00-00
    Sequence number: 0x0000001b
    Checksum: 0x3ad2 (correct)
  ⊞ Type block(0x01): Partition Repair:0, Attached bits:0, Overload bit:0, IS type:1
  ⊞ Protocols supported (1)
  ⊟ Area address(es) (2)
      Area address (1): 10
  ⊟ IPv6 Interface address(es) (32)
      IPv6 interface address: 1::1 (1::1)
      IPv6 interface address: 3::1 (3::1)
  ⊟ IPv6 reachability (28)
    ⊟ IPv6 prefix: 1::/64, Metric: 10, Distribution: up, internal, no sub-TLVs present
        IPv6 prefix: 1::/64
        Metric: 10
        Distribution: up, internal
        no sub-TLVs present
    ⊟ IPv6 prefix: 3::/64, Metric: 10, Distribution: up, internal, no sub-TLVs present
        IPv6 prefix: 3::/64
```

图 11-25   IPv6-IS-IS 中的 LSP 报文

可以看到,报文中有两个 TLV 分别为 IPv6 Interface address 和 IPv6 reachability。IPv6 Interface address 中有两个 IPv6 地址,分别是 1::1 和 3::1,是 RTA 上接口 Eth0/0 和 Eth0/1 的地址。TLV IPv6 reachability 中则携带了 RTA 上相关的前缀及其他信息,包括 Metric 值等。

从中可以发现,IS-IS 协议通过所定义的新的 NLPID 和新的两个 TLV 来支持 IPv6。

11.5   总   结

本章通过在路由器上进行动手操作,掌握了如何配置 IPv6 路由协议。另外,通过分析各种 IPv6 动态路由协议报文,了解了这些协议所用到的报文内容及含义,对于理解这些协议如何工作有很大的帮助。

第 12 章

IPv6 安全实验

本章包括如下实验：

IPv6 ACL 的配置

12.1 IPv6 ACL 的配置

12.1.1 实验内容与目标

（1）掌握基本 IPv6 ACL 的配置和应用。

（2）掌握高级 IPv6 ACL 的配置和应用。

（3）掌握 IPv6 ACL 时间段的配置和应用。

（4）理解 IPv6 ACL 的匹配顺序。

12.1.2 实验组网图

IPv6 ACL 实验组网图如图 12-1 所示。

图 12-1　IPv6 ACL 实验组网图

12.1.3 实验设备与版本

实验设备与版本列表如表 12-1 所示。

表 12-1　实验设备与版本列表

名称和型号	版　　本	数量	描　　述
RT(MSR)	CMW5.20　Release 1808	3	每台至少带有 2 个以太网接口
SW	CMW3.10	1	不少于 8 个以太网接口
PC	Windows 系统	1	
第 5 类 UTP 以太网连接线		4	直通线
路由器专用配置电缆		1	

12.1.4 实验过程

本实验首先进行 IPv6 ACL 的配置，包括基本 ACL、高级 ACL、基于时间段的 ACL 等，并对 ACL 的效果进行测试与查看。最后设计一个 ACL 匹配顺序的实验，以帮助理解匹配顺序的作用。

1．建立物理连接

图 12-1 是一个逻辑组网图。由于路由器以太口之间不能用直通线连接，所以在物理组网中，需要用一台以太网交换机进行转接，并用 VLAN 进行不同链路间的隔离。读者可以根据实际情况自行配置。

检查路由器的软件版本及配置信息,确保路由器软件版本符合要求,所有配置为初始状态。如果配置不符合要求,需在用户模式下擦除设备中的配置文件,然后重启路由器以使系统采用默认的配置参数进行初始化。

按照图 12-1 所示进行 IPv6 地址配置,并配置路由协议来保证网络互通,具体配置可参考 IPv6 路由实验部分。

2．基本 IPv6 ACl 配置

与 IPv4 中的基本 ACL 一样,IPv6 基本 ACL 是基于源地址来过滤报文的。本实验通过在 RTC 上配置 IPv6 ACL 2000,禁止源 IPv6 地址为 2::1/64 的报文通过,而允许源 IPv6 地址为 4::1/64 的报文通过。

在 RTC 上配置基本 ACL 如下所示。

```
<RTC>system-view
System View:return to User View with Ctrl+Z.
[RTC]acl ipv6 number 2000
[RTC-acl6-basic-2000]rule permit source 4::1 128
[RTC-acl6-basic-2000]rule deny source 2::1 64
[RTC-acl6-basic-2000]display acl ipv6 2000
 Basic IPv6 ACL 2000,named-none-,2 rules,
 ACL's step is 5
 rule 0 permit source 4::1/128
 rule 5 deny source 2::1/64
```

将 ACL 应用于 RTC 的接口 Ethernet 0/9,如下所示。

```
[RTC]interface Ethernet 0/9
[RTC-Ethernet0/9]firewall packet-filter ipv6 2000 inbound
```

在 RTA 上对 ACL 的效果进行测试。首先向 RTC 发送源地址为 2::1 的 ICMP 报文,结果是超时不可达,如下所示。

```
[RTA]ping ipv6 -a 2::1 5::1
  Ping 5::1:56 data bytes,press CTRL_C to break
    Request time out
    Request time out
    Request time out
    Request time out
    Request time out

  --- 5::1 ping statistics ---
    5 packet(s) transmitted
    0 packet(s) received
    100.00%  packet loss
    round-trip min/avg/max=0/0/0 ms
```

然后在 RTA 上发送源地址为 4::1 的 ICMP 报文,结果是可达,如下所示。

```
[RTA]ping ipv6-a 4::1 5::1
  Ping 5::1:56 data bytes,press CTRL_C to break
```

```
      Reply from 5::1
      bytes=56 Sequence=1 hop limit=63 time=2 ms
      Reply from 5::1
      bytes=56 Sequence=2 hop limit=63 time=4 ms
      Reply from 5::1
      bytes=56 Sequence=3 hop limit=63 time=3 ms
      Reply from 5::1
      bytes=56 Sequence=4 hop limit=63 time=3 ms
      Reply from 5::1
      bytes=56 Sequence=5 hop limit=63 time=2 ms

   --- 5::1 ping statistics ---
      5 packet(s) transmitted
      5 packet(s) received
      0.00%  packet loss
      round-trip min/avg/max=2/2/4ms
```

在 RTC 上查看 IPv6 ACL 统计,如下所示。

```
[RTC]display acl ipv6 2000
 Basic IPv6 ACL 2000,named-none-,2 rules,
 ACL's step is 5
 rule 0 permit source 4::1/128(5 times matched)
 rule 5 deny source 2::1/64(5 times matched)
```

从 IPv6 ACL 统计结果可以看到,源地址为 4::1 的 5 个 ICMP 报文被允许通过,源地址为 2::1 的 5 个 ICMP 报文被拒绝。

3. 高级 IPv6 ACL 配置

IPv6 基本 ACL 是基于源地址来过滤报文的,IPv6 高级 ACL 则可以基于源地址、目的地址及上层协议来过滤报文。本实验通过在 RTC 上配置 IPv6 ACL 3000,允许源地址为 4::1、目的地址为 5::1 的报文通过,而拒绝源地址为 4::1、目的地址为 3::1 的报文。

在 RTC 上配置高级 ACL 如下所示。

```
<RTC>system-view
System View:return to User View with Ctrl+Z.
[RTC]acl ipv6 number 3000
[RTC-acl6-adv-3000]rule permit ipv6 source 4::1 128 destination 5::1 128
[RTC-acl6-adv-3000]rule deny ipv6 source 4::1 128 destination 3::1 64
[RTC-acl6-adv-3000]display acl ipv6 3000
 Advanced IPv6 ACL 3000,named -none-,2 rules,
 ACL's step is 5
 rule 0 permit ipv6 source 4::1/128 destination 5::1/128
 rule 5 deny ipv6 source 4::1/128 destination 3::1/64
```

将高级 ACL 应用于 RTC 的接口 Ethernet 0/9,如下所示。

```
[RTC]interface Ethernet 0/9
[RTC-Ethernet0/9]firewall packet-filter ipv6 3000 inbound
```

在 RTA 上对 ACL 的效果进行测试。首先向 RTC 发送源地址为 4∷1,目的地址为 5∷1 的 ICMP 报文,结果可达。

```
[RTA]ping ipv6-a 4::1 5::1
  Ping 5::1:56 data bytes,press CTRL_C to break
    Reply from 5::1
    bytes=56 Sequence=1 hop limit=63 time=2ms
    Reply from 5::1
    bytes=56 Sequence=2 hop limit=63 time=2ms
    Reply from 5::1
    bytes=56 Sequence=3 hop limit=63 time=2ms
    Reply from 5::1
    bytes=56 Sequence=4 hop limit=63 time=3ms
    Reply from 5::1
    bytes=56 Sequence=5 hop limit=63 time=3ms

  --- 5::1 ping statistics ---
    5 packet(s) transmitted
    5 packet(s) received
    0.00% packet loss
round-trip min/avg/max=2/2/3 ms
```

然后在 RTA 上发送源地址为 4∷1,目的地址为 3∷1 的 ICMP 报文,结果是超时不可达,如下所示。

```
[RTA]ping ipv6-a 4::1 3::1
  Ping 3::1:56 data bytes,press CTRL_C to break
    Request time out
    Request time out
    Request time out
    Request time out
    Request time out

  --- 3::1 ping statistics ---
    5 packet(s) transmitted
    0 packet(s) received
    100.00% packet loss
    round-trip min/avg/max=0/0/0ms
```

在 RTC 上查看 IPv6 ACL 统计,如下所示。

```
[RTC]display acl ipv6 3000
 Advanced IPv6 ACL 3000,2 rules,
 ACL's step is 5
 rule 0 permit ipv6 source 4::1/128 destination 5::1/128(5 times matched)
 rule 5 deny ipv6 source 4::1/128 destination 3::1/64(5 times matched)
```

从 IPv6 ACL 统计结果可以看到,源地址为 4∷1 且目的地址为 5∷1 的 5 个 ICMP 报文被允许通过,源地址为 4∷1 且目的地址为 3∷1 的 5 个 ICMP 报文被拒绝。

4. 基于时间段的 IPv6 ACL 配置

IPv6 ACL 可以实现在特定时间对报文进行过滤。本实验通过在 RTC 上配置 IPv6

ACL 3001 和时间段,从而使源 IPv6 地址为 5∷1、目的地址为 4∷1 的报文在该时间段内被路由器允许通过,在该时间段外被拒绝。

在 RTC 上定义一个时间段,名称为 msr,生效时间为 2009-06-25 20∶00 到 2009-06-25 21∶00,如下所示。

```
[RTC]time-range msr from 20:00 06/25/2009 to 21:00 06/25/2009
```

调整系统时间为 2009-06-25 21∶30,如下所示。

```
<RTC>clock datetime 21:30:00 06/25/2009
```

定义 IPv6 ACL 3001,通过查看 ACL 统计发现此时该 ACL 处于非活动(Inactive)状态,如下所示。

```
[RTC]acl ipv6 number 3001
[RTC-acl6-adv-3001]rule deny ipv6 source 5::1 128 destination 4::1 128 time-
 range msr
[RTC-acl6-adv-3001]display acl ipv6 3001
 Advanced IPv6 ACL 3001,named-none-,1 rule,
 ACL's step is 5
 rule 0 deny ipv6 source 5::1/128 destination 4::1/128 time-range msr(Inactive)
```

将 ACL 应用于 RTC 的接口 Ethernet 0/9,如下所示。

```
[RTC]interface Ethernet 0/9
[RTC-Ethernet0/9]firewall packet-filter ipv6 3001 outbound
```

由于当前的系统时间不处于 ACL 生效时间段内,所以 ACL 不生效,源地址为 5∷1、目的地址为 4∷1 的报文可以通过接口 Ethernet 0/9,如下所示。

```
[RTC]ping ipv6-a 5::1 4::1
  Ping 4::1:56 data bytes,press CTRL_C to break
    Reply from 4::1
    bytes=56 Sequence=1 hop limit=63 time=3 ms
    Reply from 4::1
    bytes=56 Sequence=2 hop limit=63 time=3 ms
    Reply from 4::1
    bytes=56 Sequence=3 hop limit=63 time=2 ms
    Reply from 4::1
    bytes=56 Sequence=4 hop limit=63 time=2 ms
    Reply from 4::1
    bytes=56 Sequence=5 hop limit=63 time=2 ms

  --- 4::1 ping statistics ---
    5 packet(s) transmitted
    5 packet(s) received
    0.00%  packet loss
    round-trip min/avg/max=2/2/3ms
```

在 RTC 上修改系统时间至 2009-06-25 20∶30,如下所示。

```
<RTC>clock datetime 20:30:00 06/25/2009
```

此时系统时间处于 ACL 生效时间段内,所以源地址为 5::1/128、目的地址为 4::1/128 的报文无法通过接口 Ethernet 0/9,如下所示。

```
[RTC]ping ipv6-a 5::1 4::1
  Ping 4::1:56 data bytes,press CTRL_C to break
    Request time out
    Request time out
    Request time out
    Request time out
    Request time out

  --- 4::1 ping statistics ---
    5 packet(s) transmitted
    0 packet(s) received
    100.00% packet loss
    round-trip min/avg/max=0/0/0ms
```

查看 ACL 的统计,发现 ACL 处于活动状态且 5 个 ICMP 报文被匹配,如下所示。

```
[RTC]display acl ipv6 3001
Advanced IPv6 ACL 3001,named-none-,1 rule,
ACL's step is 5
rule 0 deny ipv6 source 5::1/128 destination 4::1/128 time- range msr (5 times
matched)(Active)
```

5. IPv6 ACL 匹配顺序的配置

IPv6 ACL 的匹配顺序决定了 ACL 中各个规则的优先程度。本实验通过在 RTC 上配置 IPv6 ACL 3002 并调整 ACL 的匹配顺序,允许源地址为 4::1 且目的地址为 5::1 的报文通过,拒绝其他源地址为 4::1 的报文通过。

首先在 RTC 上配置 IPv6 ACL 3002 且不指定匹配顺序,此时 ACL 按照默认匹配顺序,各规则按照配置顺序进行匹配,如下所示。

```
<RTC>system-view
System View:return to User View with Ctrl+Z.
[RTC]acl ipv6 number 3002
[RTC-acl6-adv-3002]rule deny ipv6 source 4::1 128
[RTC-acl6-adv-3002]rule permit ipv6 source 4::1 128 destination 5::1 128
[RTC-acl6-adv-3002]display acl ipv6 3002
 Advanced IPv6 ACL 3002,2 rules,
 ACL's step is 5
 rule 0 deny ipv6 source 4::1/128
 rule 5 permit ipv6 source 4::1/128 destination 5::1/128
```

应用在接口 Ethernet 0/9,如下所示。

```
[RTC]interface Ethernet 0/9
[RTC-Ethernet0/9]firewall packet-filter ipv6 3002 inbound
```

在 RTA 上测试,因为默认匹配顺序为按配置顺序,规则“rule deny ipv6 source 4::1

128"先生效,所以所有源地址为 4::1 的报文都被路由器拒绝,如下所示。

```
[RTA]ping ipv6 -a 4::1 3::1
  Ping 3::1:56 data bytes,press CTRL_C to break
    Request time out
    Request time out
    Request time out
    Request time out
    Request time out

  --- 3::1 ping statistics ---
    5 packet(s) transmitted
    0 packet(s) received
    100.00%  packet loss
    round- trip min/avg/max=0/0/0ms

  [RTA]ping ipv6 -a 4::1 5::1
  Ping 5::1:56 data bytes,press CTRL_C to break
  Request time out
  Request time out
  Request time out
  Request time out
  Request time out

  --- 5::1 ping statistics ---
    5 packet(s) transmitted
    0 packet(s) received
    100.00%  packet loss
    round-trip min/avg/max=0/0/0 ms

  [RTC-acl6-adv-3002]display acl ipv6 3002
  Advanced IPv6 ACL 3002,2 rules,
  ACL's step is 5
  rule 0 deny ipv6 source 4::1/128 (10 times matched)
  rule 5 permit ipv6 source 4::1/128 destination 5::1/128
```

以上的 IPv6 ACL 的效果不符合预期,所以需要进行调整。首先取消 IPv6 ACL 3002 在接口上的报文过滤功能,然后删除 IPv6 ACL 3002,如下所示。

```
[RTC]interface Ethernet 0/9
[RTC-Ethernet0/9]undo firewall packet-filter ipv6 inbound
[RTC]undo acl ipv6 number 3002
```

重新配置 IPv6 ACL 3002,配置匹配顺序为按照深度优先,如下所示。

```
[RTC]acl ipv6 number 3002 match-order auto
[RTC-acl6-adv-3002]rule deny ipv6 source 4::1 128
[RTC-acl6-adv-3002]rule permit ipv6 source 4::1 128 destination 5::1 128
[RTC-acl6-adv-3002]display acl ipv6 3002
 Advanced IPv6 ACL 3002,2 rules,match-order is auto,
```

```
ACL's step is 5
  rule 5 permit ipv6 source 4::1/128 destination 5::1/128
  rule 0 deny ipv6 source 4::1/128
```

将 ACL 应用于接口 Ethernet 0/9,如下所示。

```
[RTC]interface Ethernet 0/9
[RTC-Ethernet0/9]firewall packet-filter ipv6 3002 inbound
```

在 RTA 上再次测试,此时发现源地址为 4::1 且目的地址为 3::1 的报文仍然被拒绝,但源地址为 4::1 且目的地址为 5::1 的报文可以通过,符合预期的目标,如下所示。

```
[RTA]ping ipv6 -a 4::1 3::1
  Ping 3::1:56 data bytes,press CTRL_C to break
    Request time out
    Request time out
    Request time out
    Request time out
    Request time out

  --- 3::1 ping statistics---
    5 packet(s) transmitted
    0 packet(s) received
    100.00% packet loss
    round-trip min/avg/max=0/0/0 ms

[RTA]ping ipv6 -a 4::1 5::1
  Ping 5::1::56 data bytes,press CTRL_C to break
    Reply from 5::1
    bytes=56 Sequence=1 hop limit=63 time=3 ms
    Reply from 5::1
    bytes=56 Sequence=2 hop limit=63 time=2 ms
    Reply from 5::1
    bytes=56 Sequence=3 hop limit=63 time=2 ms
    Reply from 5::1
    bytes=56 Sequence=4 hop limit=63 time=3 ms
    Reply from 5::1
    bytes=56 Sequence=5 hop limit=63 time=3 ms

  --- 5::1 ping statistics ---
    5 packet(s) transmitted
    5 packet(s) received
    0.00% packet loss
    round-trip min/avg/max=2/2/3 ms
```

再查看 ACL 统计信息,如下所示。

```
[RTC]display acl ipv6 3002
 Advanced IPv6 ACL 3002,2 rules,match-order is auto,
 ACL's step is 5
```

```
rule 5 permit ipv6 source 4::1/128 destination 5::1/128 (5 times matched)
rule 0 deny ipv6 source 4::1/128 (5 times matched)
```

12.2 总　　结

　　本章在路由器上进行基本 IPv6 ACL、高级 IPv6 ACL、时间段等配置,并通过实验理解 IPv6 ACL 的匹配顺序的原理和使用。在实验中还使用了一些命令来查看 IPv6 ACL 的统计信息。

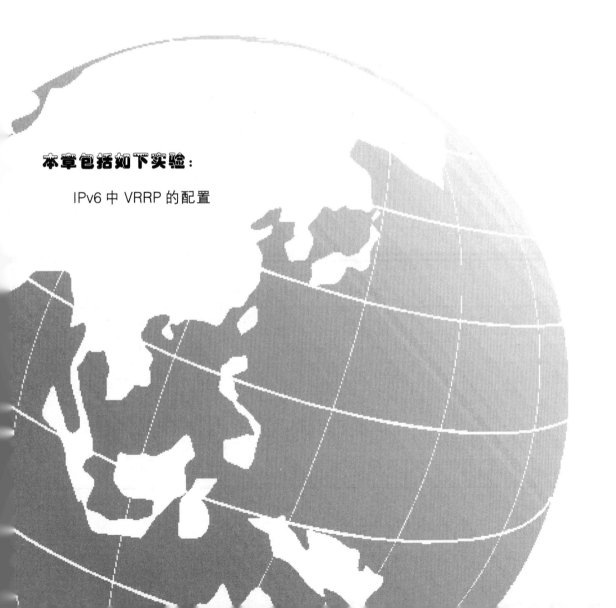

第 13 章

IPv6 VRRP 实验

本章包括如下实验:

　　IPv6 中 VRRP 的配置

13.1　IPv6 中 VRRP 的配置

13.1.1　实验内容与目标

（1）掌握 IPv6 中 VRRP 协议的工作原理。

（2）掌握 IPv6 中 VRRP 单备份组的配置。

（3）掌握 IPv6 中 VRRP 多备份组的配置。

（4）掌握 IPv6 中 VRRP 监视接口的配置。

13.1.2　实验组网图

IPv6 VRRP 实验组网图如图 13-1 所示。

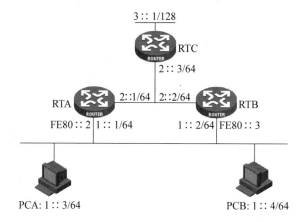

图 13-1　IPv6 VRRP 实验组网图

13.1.3　实验设备与版本

实验设备与版本列表如表 13-1 所示。

表 13-1　实验设备与版本列表

名称和型号	版　　本	数量	描　　述
RT（MSR）	CMW5.20　Release 1808	3	每台至少带有 2 个以太网接口
SW	CMW3.10	1	不少于 8 个以太网接口
PC	Windows 系统	2	安装有 Windows XP SP1 或 Windows XP SP2
第 5 类 UTP 以太网连接线		7	直通线
路由器专用配置电缆		1	

13.1.4 实验过程

本实验进行 IPv6 VRRP 的配置,包括 VRRP 单备份组、多备份组及监视接口。

1. 建立物理连接

图 13-1 是一个逻辑组网图。在物理组网中,需要用一台以太网交换机进行转接,并用 VLAN 进行不同链路间的隔离。读者可以根据实际情况自行配置。

检查路由器的软件版本及配置信息,确保路由器软件版本符合要求,所有配置为初始状态。如果配置不符合要求,需在用户模式下擦除设备中的配置文件,然后重启路由器以使系统采用默认的配置参数进行初始化。

2. VRRP 单备份组的配置

按图 13-2 所示进行组网,并在路由器上使能 IPv6 转发功能,在 PC 及路由器接口上进行相应 IPv6 地址的配置。同时,为了达到全网路由可达的目的,需要配置路由协议。读者可以自己选择一种路由协议,如静态、RIPng 等。以上具体配置命令在本实验中未给出,可以参考基础实验及路由协议实验而自行配置。

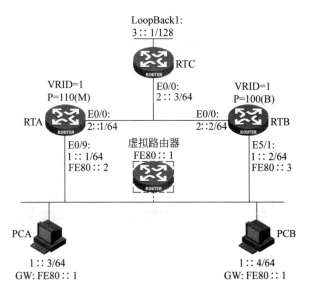

图 13-2 VRRP 单备份组

IPv6 地址及路由协议配置完成后,在 PCA 及 PCB 上配置相应的 IPv6 地址及网关,然后测试网络可通性。在全网可通后,然后在路由器上配置 VRRP 单备份组。

(1) 配置 RTA

在接口 Ethernet 0/9 上配置链路本地地址 FE80::2。

```
[RTA]interface Ethernet 0/9
[RTA-Ethernet0/9]ipv6 address fe80::2 link-local
```

创建备份组 1,并配置备份组 1 的虚拟 IPv6 地址为 FE80::1。

```
[RTA-Ethernet0/9]vrrp ipv6 vrid 1 virtual-ip fe80::1 link-local
```

♯配置 RTA 在备份组中的优先级为 110。

```
[RTA-Ethernet0/9]vrrp ipv6 vrid 1 priority 110
```

♯配置允许发布 RA 消息。

```
[RTA-Ethernet0/9]undo ipv6 nd ra halt
```

（2）配置 RTB

♯在接口 Ethernet 5/1 上配置链路本地地址 FE80::3。

```
[RTB]interface Ethernet 5/1
[RTB-Ethernet5/1]ipv6 address fe80::3 link-local
```

♯创建备份组 1，并配置备份组 1 的虚拟 IPv6 地址为 FE80::1。

```
[RTB-Ethernet5/1]vrrp ipv6 vrid 1 virtual-ip fe80::1 link-local
```

♯配置允许发布 RA 消息。

```
[RTB-Ethernet5/1]undo ipv6 nd ra halt
```

（3）验证配置结果

通过 display vrrp ipv6 命令查看配置后的结果，显示 RTA 上备份组 1 的详细信息如下所示。

```
[RTA]display vrrp ipv6 verbose
 IPv6 Standby Information:
 Run Method      :VIRTUAL-MAC
 Virtual Ip Ping :Enable
 Interface       :Ethernet0/9
 VRID            :1              Adver.Timer  :100
 Admin Status    :UP             State        :Master
 Config Pri      :110            Run Pri      :110
 Preempt Mode    :YES            Delay Time   :0
 Auth Type       :NONE
 Virtual IP      :FE80::1
 Virtual MAC     :0000-5e00-0201
 Master IP       :FE80::2
```

显示 RTB 上备份组 1 的详细信息如下所示。

```
[RTB]display vrrp ipv6 verbose
 IPv6 Standby Information:
 Run Method      :VIRTUAL-MAC
 Virtual Ip Ping :Enable
 Interface       :Ethernet5/1
 VRID            :1              Adver.Timer  :100
 Admin Status    :UP             State        :Backup
 Config Pri      :100            Run Pri      :100
 Preempt Mode    :YES            Delay Time   :0
```

```
Auth Type        :NONE
Virtual IP       :FE80::1
Master IP        :FE80::2
```

以上信息显示在 VRRP 备份组 1 中，RTA 为 Master，RTB 为 Backup。此时如果从 PCA 上发送报文到 RTC，报文会被 RTA 所转发。

将 RTA 上的接口 Ethernet 0/9 关闭，如下所示。

```
[RTA-Ethernet0/9]shutdown
```

在 PCA 上发送报文到 RTC，结果仍然是可达的。通过 display vrrp ipv6 命令查看 RTB 上备份组的信息，如下所示。

```
[RTB]display vrrp ipv6 verbose
IPv6 Standby Information:
Run Method      :VIRTUAL-MAC
Virtual Ip Ping :Enable
Interface       :Ethernet5/1
VRID            :1              Adver. Timer :100
Admin Status    :UP             State        :Master
Config Pri      :100            Run Pri      :100
Preempt Mode    :YES            Delay Time   :0
Auth Type       :NONE
Virtual IP      :FE80::1
Virtual MAC     :0000-5e00-0201
Master IP       :FE80::3
```

以上显示信息表示 RTA 出现故障后，RTB 的 VRRP 状态进行了切换，成为 Master，PCA 发出的到 RTC 的报文将会通过 RTB 转发。

3. VRRP 多备份组的配置

按图 13-3 所示进行组网。同样，使能 IPv6 转发功能、IPv6 地址配置、路由协议等具体配置命令在本实验中未给出，读者可以参考基础实验及路由协议实验来自己配置。

在 IPv6 地址及路由协议配置完成后，在 PCA 及 PCB 上配置相应的 IPv6 地址及网关，然后测试网络可通性。在全网可通后，然后在路由器上配置 VRRP。

（1）配置 RTA

♯在接口 Ethernet 0/9 上配置链路本地地址 FE80::2。

```
[RTA]interface Ethernet 0/9
[RTA-Ethernet0/9]ipv6 address fe80::2 link-local
```

♯创建备份组 1，并配置备份组 1 的虚拟 IPv6 地址为 FE80::1。

```
[RTA-Ethernet0/9]vrrp ipv6 vrid 1 virtual-ip fe80::1 link-local
```

♯配置 RTA 在备份组 1 中的优先级为 110。

```
[RTA-Ethernet0/9]vrrp ipv6 vrid 1 priority 110
```

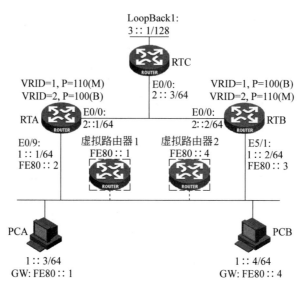

图 13-3　VRRP 多备份组

创建备份组 2，并配置备份组 2 的虚拟 IPv6 地址为 FE80∷4。

```
[RTA-Ethernet0/9]vrrp ipv6 vrid 2 virtual-ip fe80::4 link-local
```

配置允许发布 RA 消息。

```
[RTA-Ethernet0/9]undo ipv6 nd ra halt
```

（2）配置 RTB

在接口 Ethernet 5/1 上配置链路本地地址 FE80∷3。

```
[RTB]interface Ethernet 5/1
[RTB-Ethernet5/1]ipv6 address fe80::3 link-local
```

创建备份组 1，并配置备份组 1 的虚拟 IPv6 地址为 FE80∷1。

```
[RTB-Ethernet5/1]vrrp ipv6 vrid 1 virtual-ip fe80::1 link-local
```

创建备份组 2，并配置备份组 2 的虚拟 IPv6 地址为 FE80∷4。

```
[RTB-Ethernet5/1]vrrp ipv6 vrid 2 virtual-ip fe80::4 link-local
```

配置 RTB 在备份组 2 中的优先级为 110。

```
[RTB-Ethernet5/1]vrrp ipv6 vrid 2 priority 110
```

配置允许发布 RA 消息。

```
[RTB-Ethernet5/1]undo ipv6 nd ra halt
```

（3）验证配置结果

显示 RTA 备份组的详细信息如下所示。

```
[RTA]display vrrp ipv6 verbose
 IPv6 Standby Information:
```

```
Run Method        :VIRTUAL-MAC
Virtual Ip Ping :Enable
Interface         :Ethernet0/9
VRID              :1              Adver. Timer :100
Admin Status      :UP            State         :Master
Config Pri        :110           Run Pri       :110
Preempt Mode      :YES           Delay Time    :0
Auth Type         :NONE
Virtual IP        :FE80::1
Virtual MAC       :0000-5e00-0201
Master IP         :FE80::2


Interface         :Ethernet0/9
VRID              :2              Adver.Timer :100
Admin Status      :UP            State         :Backup
Config Pri        :100           Run Pri       :100
Preempt Mode      :YES           Delay Time    :0
Auth Type         :NONE
Virtual IP        :FE80::4
Master IP         :FE80::3
```

显示 RTB 上备份组的详细信息如下所示。

```
[RTB]display vrrp ipv6 verbose
 IPv6 Standby Information:
 Run Method        :VIRTUAL-MAC
 Virtual Ip Ping :Enable
 Interface         :Ethernet5/1
 VRID              :1              Adver. Timer :100
 Admin Status      :UP            State         :Backup
 Config Pri        :100           Run Pri       :100
 Preempt Mode      :YES           Delay Time    :0
 Auth Type         :NONE
 Virtual IP        :FE80::1
 Master IP         :FE80::2


 Interface         :Ethernet5/1
 VRID              :2              Adver.Timer :100
 Admin Status      :UP            State         :Master
 Config Pri        :110           Run Pri       :110
 Preempt Mode      :YES           Delay Time    :0
 Auth Type         :NONE
 Virtual IP        :FE80::4
 Virtual MAC       :0000-5e00-0202
 Master IP         :FE80::3
```

以上显示信息表明,在 VRRP 备份组 1 中 RTA 为 Master,RTB 为 Backup,默认网关为 FE80::1 的主机 PCA 发出的到 RTC 的报文被 RTA 转发;VRRP 备份组 2 中 RTA 为 Backup,RTB 为 Master,默认网关为 FE80::4 的主机 PCB 发出的到 RTC 的报文被 RTB 转发。

将 RTA 上的接口 Ethernet 0/9 关闭,如下所示。

```
[RTA-Ethernet0/9]shutdown
```

在 PCA 及 PCB 上发送报文到 RTC,结果仍然是可达的。查看 RTB 上备份组的信息如下所示。

```
[RTB]display vrrp ipv6 verbose
 IPv6 Standby Information
 Run Method      :VIRTUAL-MAC
 Virtual Ip Ping :Enable
 Interface       :Ethernet5/1
 VRID            :1                Adver. Timer :100
 Admin Status    :UP               State        :Master
 Config Pri      :100              Run Pri      :100
 Preempt Mode    :YES              Delay Time   :0
 Auth Type       :NONE
 Virtual IP      :FE80::1
 Virtual MAC     :0000-5e00-0201
 Master IP       :FE80::3

 Interface       :Ethernet5/1
 VRID            :2                Adver. Timer :100
 Admin Status    :UP               State        :Master
 Config Pri      :110              Run Pri      :110
 Preempt Mode    :YES              Delay Time   :0
 Auth Type       :NONE
 Virtual IP      :FE80::4
 Virtual MAC     :0000-5e00-0202
 Master IP       :FE80::3
```

以上信息显示 RTA 出现故障后,RTB 成为备份组 1 中的 Master,PCA 发出的到 RTC 的报文被 RTB 所转发。

重新将 RTA 上的接口 Ethernet 0/9 启用,再关闭 RTB 上的接口 Ethernet 5/1,如下所示。

```
[RTA-Ethernet0/9]undo shutdown
[RTB-Ethernet5/1]shutdown
```

在 PCA 及 PCB 上发送报文到 RTC,结果仍然是可达的。再查看 RTA 上备份组的信息如下所示。

```
[RTA]display vrrp ipv6 verbose
 IPv6 Standby Information:
 Run Method      :VIRTUAL-MAC
 Virtual Ip Ping :Enable
 Interface       :Ethernet0/9
 VRID            :1                Adver.Timer :100
 Admin Status    :UP               State       :Master
 Config Pri      :110              Run Pri     :110
 Preempt Mode    :YES              Delay Time  :0
 Auth Type       :NONE
```

```
Virtual IP       :FE80::1
Virtual MAC      :0000-5e00-0201
Master IP        :FE80::2

Interface        :Ethernet0/9
VRID             :2                Adver.Timer  :100
Admin Status     :UP               State        :Master
Config Pri       :100              Run Pri      :100
Preempt Mode     :YES              Delay Time   :0
Auth Type        :NONE
Virtual IP       :FE80::4
Virtual MAC      :0000-5e00-0202
Master IP        :FE80::2
```

以上信息显示,当 RTB 出现故障后,RTA 成为备份组 2 中的 Master,PCB 发出的到 RTC 的报文被 RTA 转发。

4．VRRP 监视接口的配置

VRRP 的监视接口功能更好地扩充了备份功能：不仅能在备份组中某路由器的接口出现故障时提供备份功能,还能在路由器的其他接口不可用时提供备份功能。当被监视的接口处于 down 状态时,拥有该接口的路由器的优先级会自动降低一个指定的数额,从而导致备份组内其他路由器的优先级高于这个路由器的优先级,使其他优先级高的路由器转变为 Master。

按图 13-2 进行组网。同样,使能 IPv6 转发功能、IPv6 地址配置、路由协议等具体配置命令在本实验中未给出,读者可以参考基础实验及路由协议实验来自己配置。下面仅给出与 VRRP 相关的配置。

在 IPv6 地址及路由协议配置完成后,在 PCA 及 PCB 上配置相应的 IPv6 地址和网关,然后测试网络可通性。在全网可通后,在路由器上配置 VRRP。

（1）配置 RTA

♯ 在接口 Ethernet 0/9 上配置链路本地地址 FE80::2。

```
[RTA]interface Ethernet 0/9
[RTA-Ethernet0/9]ipv6 address fe80::2 link-local
```

♯ 创建备份组 1,并配置备份组 1 的虚拟 IPv6 地址为 FE80::1。

```
[RTA-Ethernet0/9]vrrp ipv6 vrid 1 virtual-ip fe80::1 link-local
```

♯ 配置 RTA 在备份组中的优先级为 110。

```
[RTA-Ethernet0/9]vrrp ipv6 vrid 1 priority 110
```

♯ 设置监视接口。

```
[RTA-Ethernet0/9]vrrp ipv6 vrid 1 track interface Ethernet 0/0 reduced 20
```

♯ 配置允许发布 RA 消息。

```
[RTA-Ethernet0/9]undo ipv6 nd ra halt
```

（2）配置 RTB

＃在接口 Ethernet 5/1 上配置链路本地地址 FE80::3。

```
[RTB]interface Ethernet 5/1
[RTB-Ethernet5/1]ipv6 address fe80::3 link-local
```

＃创建备份组 1，并配置备份组 1 的虚拟 IPv6 地址为 FE80::1。

```
[RTB-Ethernet5/1]vrrp ipv6 vrid 1 virtual-ip fe80::1 link-local
```

＃配置允许发布 RA 消息。

```
[RTB-Ethernet5/1]undo ipv6 nd ra halt
```

（3）验证配置结果

显示 RTA 上备份组 1 的详细信息如下所示。

```
[RTA]display vrrp ipv6 verbose
 IPv6 Standby Information:
 Run Method        :VIRTUAL-MAC
 Virtual Ip Ping  :Enable
 Interface        :Ethernet0/9
 VRID             :1                Adver.Timer  :100
 Admin Status     :UP               State        :Master
 Config Pri       :110              Run Pri      :110
 Preempt Mode     :YES              Delay Time   :0
 Auth Type        :NONE
 Track IF         :Ethernet0/0      Pri Reduced  :20
 Virtual IP       :FE80::1
 Virtual MAC      :0000-5e00-0201
 Master IP        :FE80::2
```

显示 RTB 上备份组 1 的详细信息如下所示。

```
[RTB]display vrrp ipv6 verbose
 IPv6 Standby Information:
 Run Method        :VIRTUAL-MAC
 Virtual Ip Ping  :Enable
 Interface        :Ethernet5/1
 VRID             :1                Adver.Timer  :100
 Admin Status     :UP               State        :Backup
 Config Pri       :100              Run Pri      :100
 Preempt Mode     :YES              Delay Time   :0
 Auth Type        :NONE
 Virtual IP       :FE80::1
 Master IP        :FE80::2
```

以上信息显示，在备份组 1 中 RTA 为 Master，监视接口为 Ethernet 0/0，RTB 为 Backup，PCA 发出的到 RTC 的报文被 RTA 转发。

将 RTA 上的接口 Ethernet 0/0 关闭，如下所示。

```
[RTA-Ethernet0/0]shutdown
```

可以看到 RTA 有 VRRP 切换的信息输出。显示 RTA 上备份组 1 的详细信息如下所示。

```
[RTA]
%Jun 26 14:25:30:875 2007 RTA DRVMSG/1/DRVMSG:Ethernet0/0:change status to down
%Jun 26 14:25:30:876 2007 RTA IFNET/4/UPDOWN:
 Protocol IPv6 on the interface Ethernet0/0 is DOWN
%Jun 26 14:25:33:978 2007 RTA VRRP/4/MasterChange:
 IPv6 Ethernet0/9|Virtual Router 1:MASTER -->BACKUP reason:Received VRRP packet


[RTA]display vrrp ipv6 verbose
 IPv6 Standby Information:
 Run Method       :VIRTUAL-MAC
 Virtual Ip Ping  :Enable
 Interface        :Ethernet0/9
 VRID             :1             Adver.Timer  :100
 Admin Status     :UP            State        :Backup
 Config Pri       :110           Run Pri      :90
 Preempt Mode     :YES           Delay Time   :0
 Auth Type        :NONE
 Track IF         :Ethernet0/0   Pri Reduced  :20
 Virtual IP       :FE80::1
 Master IP        :FE80::3
```

显示 RTB 上备份组 1 的详细信息如下所示。

```
[RTB]display vrrp ipv6 verbose
 IPv6 Standby Information:
 Run Method       :VIRTUAL-MAC
 Virtual Ip Ping  :Enable
 Interface        :Ethernet5/1
 VRID             :1             Adver.Timer  :100
 Admin Status     :UP            State        :Master
 Config Pri       :100           Run Pri      :100
 Preempt Mode     :YES           Delay Time   :0
 Auth Type        :NONE
 Virtual IP       :FE80::1
 Virtual MAC      :0000-5e00-0201
 Master IP        :FE80::3
```

以上信息表明,RTA 的接口 Ethernet 0/0 不可用时,RTA 的优先级降低为 90,成为 Backup,RTB 成为 Master,PCA 发出的到 RTC 的报文被 RTB 转发。

重新启用 RTA 上的接口 Ethernet 0/0,如下所示。

```
[RTA-Ethernet0/0]undo shutdown
```

查看 RTA 上备份组 1 的详细信息如下所示。

```
[RTA]display vrrp ipv6 verbose
 IPv6 Standby Information:
 Run Method       :VIRTUAL-MAC
 Virtual Ip Ping  :Enable
```

```
Interface          :Ethernet0/9
VRID               :1                Adver.Timer   :100
Admin Status       :UP               State         :Master
Config Pri         :110              Run Pri       :110
Preempt Mode       :YES              Delay Time    :0
Auth Type          :NONE
Track IF           :Ethernet0/0      Pri Reduced   :20
Virtual IP         :FE80::1
Virtual MAC        :0000-5e00-0201
Master IP          :FE80::2
```

查看 RTB 上备份组 1 的详细信息如下所示。

```
[RTB]display vrrp ipv6 verbose
IPv6 Standby Information:
Run Method         :VIRTUAL-MAC
Virtual Ip Ping    :Enable
Interface          :Ethernet5/1
VRID               :1                Adver.Timer   :100
Admin Status       :UP               State         :Backup
Config Pri         :100              Run Pri       :100
Preempt Mode       :YES              Delay Time    :0
Auth Type          :NONE
Virtual IP         :FE80::1
Master IP          :FE80::2
```

可以看到被监视接口的状态由 DOWN 变为 UP 后，路由器的 VRRP 优先级数会自动恢复到设定值，RTA 重新成为备份组 1 中的 Master。

13.2　总　　结

本章学习了如何在 IPv6 的网络环境中配置 VRRP。从中可以看到，IPv6 中的 VRRP 与 IPv4 中 VRRP 的工作原理和配置大同小异。这对快速掌握 IPv6 中 VRRP 的配置与维护大有好处。

第 14 章

IPv6 组播实验

本章包括如下实验:

- MLD 协议配置与分析
- IPv6 PIM-DM 协议配置与分析
- IPv6 PIM-SM 协议配置与分析
- IPv6 PIM-SSM 协议配置与分析

14.1　MLD 协议配置与分析

14.1.1　实验内容与目标

（1）掌握 MLD 协议的配置。

（2）理解 MLD 协议的工作原理。

14.1.2　实验组网图

MLD 协议实验组网图如图 14-1 所示。

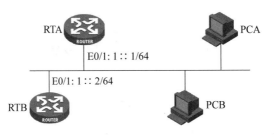

图 14-1　MLD 协议实验组网图

14.1.3　实验设备与版本

实验设备与版本列表如表 14-1 所示。

表 14-1　实验设备与版本列表

名称和型号	版　　本	数量	描　　述
RT（MSR）	CMW5.20　Release 1808	2	每台至少带有 1 个以太网接口
SW	CMW3.10	1	不少于 8 个以太网接口
PC	Windows 系统	2	安装有 Windows XP SP1 或 Windows XP SP2
第 5 类 UTP 以太网连接线		4	直通线
路由器专用配置电缆		2	

14.1.4　实验过程

本实验首先进行 MLD 协议的配置，然后通过分析 MLD 报文来深入理解 MLD 协议工作原理。

1.　建立物理连接

图 14-1 是一个逻辑连接图。在进行物理连接时，需要用一台以太网交换机进行转接，并用 VLAN 进行不同链路间的隔离。读者可以根据实际情况自行配置。

检查路由器的软件版本及配置信息,确保路由器软件版本符合要求,所有配置为初始状态。如果配置不符合要求,需在用户模式下擦除设备中的配置文件,然后重启路由器以使系统采用默认的配置参数进行初始化。

2. 配置 MLD 协议

使能 IPv6 组播路由,并在相关接口上使能 MLD 和 IPv6 PIM-DM,配置 MLD 版本为 1。

配置 RTA:

```
<RTA>system-view
[RTA] multicast IPv6 routing-enable
[RTA] interface ethernet 0/1
[RTA-Ethernet0/1] ipv6 address 1::1 64
[RTA-Ethernet0/1] mld enable
[RTA-Ethernet0/1] mld version 1
[RTA-Ethernet0/1] pim ipv6 dm
```

配置 RTB:

```
<RTB>system-view
[RTB] multicast IPv6 routing-enable
[RTB] interface ethernet 0/1
[RTB-Ethernet0/1] ipv6 address 1::2 64
[RTB-Ethernet0/1] mld enable
[RTB-Ethernet0/1] mld version 1
[RTB-Ethernet0/1] pim ipv6 dm
```

3. 观察并分析 MLD 协议

以上配置完成后,在 PC 上用报文分析软件来捕获并分析报文。为了更快捕获到需要的报文,可以断开连接 PC 的网线,再连接,以触发报文的交互。如图 14-2 所示为捕获到的 MLD 报文。

No. .	Time	Source	Destination	Protocol	Info
1513	141.600366	fe80::20d:56ff:fe6d:8f23	ff02::1:ff6d:8f23	ICMPv6	Multicast listener report
1514	141.600407	fe80::20d:56ff:fe6d:8f23	ff02::2	ICMPv6	Router solicitation
1515	141.600426	::	ff02::1:ff6d:8f23	ICMPv6	Neighbor solicitation
1563	145.606165	fe80::20d:56ff:fe6d:8f23	ff02::2	ICMPv6	Router solicitation
1568	146.607597	fe80::20d:56ff:fe6d:8f23	ff02::1:ff6d:8f23	ICMPv6	Multicast listener report
1585	149.611942	fe80::20d:56ff:fe6d:8f23	ff02::2	ICMPv6	Router solicitation

图 14-2　MLD 报文

可以看到以上 MLD 报文是主机发送给 Solicited-Node 组播地址 FF02::1:FF6D:8F23 的。报文的详细内容如图 14-3 所示。

此报文的目的地址是 FF02::1:FF6D:8F23,而非路由器组播地址 FF02::2。不过,因为这个报文的扩展头是 Hop-by-hop 选项,所以路由器一定会查看它的详细内容,就会发现这是一个 MLD 报告报文。

在 PCA 上查看加入组的情况如下。

```
C:\Documents and Settings\Administrator>netsh
```

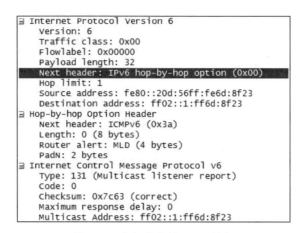

图 14-3 主机发出的 MLD 报文

```
netsh>interface ipv6
netsh interface ipv6>show join
```

接口 5：本地连接

作用域	参照	报告时间	最近	地址
接口	1	永不过期	否	ff01::1
链接	1	永不过期	否	ff02::1
链接	1	0s	是	ff02::1:ff6d:8f23

可以看到，主机加入了 FF02::1:FF6D:8F23 这个组播地址。FF02::1:FF6D:8F23 这个组播地址是一个 Solicited-Node 组播地址，在地址冲突检测中会用到。

为了更好地观察 MLD 协议的工作原理，在这里要使用一个免费的 IPv6 组播软件 VLC 来测试加入某个组播地址的过程。首先从网站 http://www.videolan.org/上下载软件 VLC，然后按照提示解压缩后安装到 PCA 中。

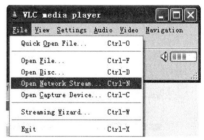

图 14-4 使用 VLC 软件

在 PCA 上启动 VLC 软件，执行 File→Open Network Stream 命令，如图 14-4 所示。

在打开的窗口中选择 Force IPv6 复选框，并选择 UDP/RTP Multicast 单选按钮，然后在 Address 文本框中输入要加入的组播地址"ff0e::10"，如图 14-5 所示。

单击 OK 按钮以使软件发出 MLD 协议报文的同时，用报文分析软件来捕获报文并查看，如图 14-6 所示。

由图 14-6 可见，主机会连续发出 2 个 MLD 报告报文。很显然，其目的是增加健壮性。这两个报文之间的间隔时间称为主动报告间隔（Unsolicited Report Interval），也就是一个节点最初重复发送报告之间的时间间隔。再查看主机上的组播地址状态如下所示。

```
netsh interface ipv6>show join
```
接口 5：本地连接

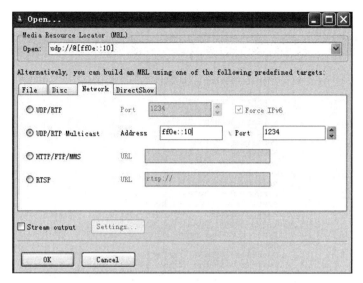

图 14-5　设置参数

```
312 960.99143 fe80::20d:56ff:fe6 ff0e::10          ICMPv6 Multicast listener report
313 967.79748 fe80::20f:e2ff:fe5 ff02::d           PIMv2  Hello
314 970.50511 fe80::20d:56ff:fe6 ff0e::10          ICMPv6 Multicast listener report
315 997.80717 fe80::20f:e2ff:fe5 ff02::d           PIMv2  Hello
320 1027.8166 fe80::20f:e2ff:fe5 ff02::d           PIMv2  Hello
```

图 14-6　捕获的 MLD 报文

作用域	参照	报告时间	最近	地址
接口	1	永不过期	否	ff01::1
链接	1	永不过期	否	ff02::1
链接	1	0s	是	ff02::1:ff6d:8f23
全局	1	0s	是	ff0e::10

然后再查看路由器上的组播相关表项如下所示。

```
[RTB]dis mld group
Interface group report information
 Ethernet0/1(FE80::20F:E2FF:FE43:1137):
  Total 1 MLD Group reported
   Group Address:FF0E::10
    Last Reporter:FE80::20D:56FF:FE6D:8F23
    Uptime:00:05:02
    Expires:00:03:22
```

路由器建立了一个 MLD 的组播地址表项,成员是 FE80::20D:56FF:FE6D:8F23,就是 PCA。

再查看路由器发出的查询报文,如图 14-7 所示。

由图 14-7 可见,路由器会发出查询报文,其 Type 值是 130,目的地址是 FF02::1,表明想查询网络中所有的主机;报文中的 Multicast Address 值为 0(::),表明想查询所有的组播

图 14-7　MLD 查询报文

地址，所以这是一个普遍组查询报文（General Query）。而主机收到这个报文后，会回应报告报文报告自己所侦听的组播地址。因为主机加入了 2 个组播地址，所以会回应 2 个报告报文，分别是报告加入组播地址 FF02::1:FF6D:8F23 和 FF0E::10。

下面来看一个主机发送的离开报文（Done Message）。在 VLC 上操作停止接收组播流，PCA 就会发出一个离开报文。用报文分析软件捕获它并查看，如图 14-8 所示。

图 14-8　MLD 离开报文

主机发出的离开报文的 Type 值是 132，目的地址为 FF02::2，Multicast Address 中携带组播地址 FF0E::10。

在主机发出离开报文后，路由器也会发送查询报文，不过这次不是普遍查询报文，而是特定组查询（Multicast-Address-Specific Query）报文，目的地址为 FF0E::10，Multicast

Address 值也是 FF0E::10,如图 14-9 所示。

```
□ Internet Protocol Version 6
     Version: 6
     Traffic class: 0x00
     Flowlabel: 0x00000
     Payload length: 32
     Next header: IPv6 hop-by-hop option (0x00)
     Hop limit: 1
     Source address: fe80::20f:e2ff:fe43:1137
     Destination address: ff0e::10
□ Hop-by-hop Option Header
     Next header: ICMPv6 (0x3a)
     Length: 0 (8 bytes)
     Router alert: MLD (4 bytes)
     PadN: 2 bytes
□ Internet Control Message Protocol v6
     Type: 130 (Multicast listener query)
     Code: 0
     Checksum: 0x887c (correct)
     Maximum response delay: 1000
     Multicast Address: ff0e::10
```

图 14-9　特定组查询报文

在上述过程中,看到了主机发出的报告报文及离开报文,也查看了路由器发出的查询报文。通过以上信息,读者可以自己分析总结一下 MLD 的工作过程。

下面再来看一下目前网络中哪一个路由器是查询器,如下所示。

```
[RTB]display mld interface
Interface information
 Ethernet0/1(FE80::20F:E2FF:FE43:1137):
    MLD is enabled
    Current MLD version is 1
    Value of query interval for MLD(in seconds):125
    Value of other querier present interval for MLD(in seconds):255
    Value of maximum query response time for MLD(in seconds):10
    Querier for MLD:FE80::20F:E2FF:FE43:1137 (this router)

 [RTA]display mld interface
Interface information
 Ethernet0/1(FE80::20F:E2FF:FE50:4431):
    MLD is enabled
    Current MLD version is 1
    Value of query interval for MLD(in seconds):125
    Value of other querier present interval for MLD(in seconds):255
    Value of maximum query response time for MLD(in seconds):10
    Querier for MLD:FE80::20F:E2FF:FE43:1137
```

从以上信息可以看到,目前 RTB 是查询器(Querier)。因为 RTB 接口上的 IPv6 地址(FE80::20F:E2FF:FE43:1137)比 RTA 接口上的 IPv6 地址(FE80::20F:E2FF:FE50:4431)要小,MLD 查询器选举规则是 IPv6 地址小的路由器会成为查询器。RTA 是非查询器(Non-Querier)。要注意,只有查询器会周期性地发出普遍查询报文,这个周期称为查询间隔(Query Interval),默认值是 125 秒。

同时可以发现,主机在收到普遍查询报文后的一定时间内回应报告报文,这个时间是不固定的,图 14-10 所示的 4 个报告报文的延期时间分别为 0.28 秒、6 秒、2 秒、2 秒(延期时间

图 14-10　报文延期时间

的计算是用报告报文的时间戳减去查询报文的时间戳）。但所有这些延期时间都在默认的 Maximum response delay 值（10 秒）内，如图 14-11 所示。

图 14-11　报文详细信息

把查询器 RTB 的 Maximum response delay 值调整成一个比较大的值（25 秒），如下所示。

```
[RTB-Ethernet0/1]mld max-response-time 25
```

再看一下路由器发出普遍查询报文后主机回应的报告报文，如图 14-12 所示。

图 14-12　调整响应时间后的报文信息

报告报文的延期时间分别变为 16 秒、5 秒，但都在 25 秒之内。这个称为查询响应间隔（Query Response Interval），主机在收到普遍查询报文后，在查询响应间隔内随机回应报告报文。

14.1.5　思考题

在上述实验中，为什么主机在收到普遍查询报文后，在查询响应间隔内随机回应报告报文呢？

答案：为了减少网络中的突发流量，提升网络的性能。

14.2　IPv6 PIM-DM 协议配置与分析

14.2.1　实验内容与目标

（1）掌握如何在路由器上配置 IPv6 PIM-DM 协议。

（2）理解 IPv6 PIM-DM 协议的工作原理。

14.2.2　实验组网图

IPv6 PIM-DM 实验组网图如图 14-13 所示。

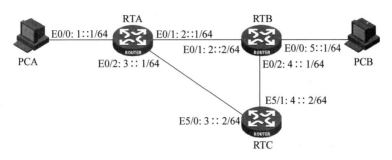

图 14-13　IPv6 PIM-DM 实验组网图

14.2.3　实验设备与版本

实验设备与版本列表如表 14-2 所示。

表 14-2　实验设备与版本列表

名称和型号	版　　本	数量	描　　述
RT（MSR）	CMW5.20　Release 1808	3	每台至少带有 3 个以太网接口
SW	CMW3.10	1	不少于 8 个以太网接口
PC	Windows 系统	2	安装有 Windows XP SP1 或 Windows XP SP2
第 5 类 UTP 以太网连接线		10	直通线
路由器专用配置电缆		2	

14.2.4　实验过程

本实验的目的是掌握 IPv6 PIM-DM 的配置，并加深理解 IPv6 PIM-DM 的工作原理。

1. 建立物理连接

图 14-13 是一个逻辑连接图。在进行物理连接时，需要用一台以太网交换机进行转接，并用 VLAN 进行不同链路间的隔离。读者可以根据实际情况自行配置。

检查路由器的软件版本及配置信息，确保路由器软件版本符合要求，所有配置为初始状态。如果配置不符合要求，需在用户模式下擦除设备中的配置文件，然后重启路由器以使系统采用默认的配置参数进行初始化。

2. 配置 IPv6 PIM-DM 协议

（1）配置 RTA

♯ 使能 IPv6 基本能力，配置接口上的 IPv6 地址，并启用 OSPFv3 协议。

```
[RTA] IPv6
[RTA] ospfv3 1
[RTA-ospfv3-1] router-id 1.1.1.1
[RTA-ospfv3-1] quit
[RTA] interface ethernet 0/0
[RTA-Ethernet0/0] IPv6 address 1::1 64
[RTA-Ethernet0/0] ospfv3 1 area 0
[RTA-Ethernet0/0] quit
[RTA] interface ethernet 0/1
[RTA-Ethernet0/1] IPv6 address 2::1 64
[RTA-Ethernet0/1] ospfv3 1 area 0
[RTA-Ethernet0/1] quit
[RTA] interface ethernet 0/2
[RTA-Ethernet0/2] IPv6 address 3::1 64
[RTA-Ethernet0/2] ospfv3 1 area 0
[RTA-Ethernet0/2] quit
```

使能 IPv6 组播路由，并在各接口上使能 IPv6 PIM-DM。

```
[RTA] multicast IPv6 routing-enable
[RTA] interface ethernet 0/0
[RTA-Ethernet0/0] pim IPv6 dm
[RTA-Ethernet0/0] quit
[RTA] interface ethernet 0/1
[RTA-Ethernet0/1] pim IPv6 dm
[RTA-Ethernet0/1] quit
[RTA] interface ethernet 0/2
[RTA-Ethernet0/2] pim IPv6 dm
[RTA-Ethernet0/2] quit
```

在连接 PC 的接口上使能 MLD，并取消对 RA 消息发布的抑制。

```
[RTA] interface ethernet 0/0
[RTA-Ethernet0/0] mld enable
[RTA-Ethernet0/0] mld version 1
[RTA-Ethernet0/0]undo IPv6 nd ra halt
```

（2）配置 RTB

使能 IPv6 基本能力，配置接口上的 IPv6 地址，并启用 OSPFv3 协议。

```
[RTB] IPv6
[RTB] ospfv3 1
[RTB-ospfv3-1] router-id 2.2.2.2
[RTB-ospfv3-1] quit
[RTB] interface ethernet 0/0
[RTB-Ethernet0/0] IPv6 address 5::1 64
[RTB-Ethernet0/0] ospfv3 1 area 0
[RTB-Ethernet0/0] quit
[RTB] interface ethernet 0/1
[RTB-Ethernet0/1] IPv6 address 2::2 64
[RTB-Ethernet0/1] ospfv3 1 area 0
[RTB-Ethernet0/1] quit
```

```
[RTB] interface ethernet 0/2
[RTB-Ethernet0/2] IPv6 address 4::1 64
[RTB-Ethernet0/2] ospfv3 1 area 0
[RTB-Ethernet0/2] quit
```

♯ 使能 IPv6 组播路由,并在各接口上使能 IPv6 PIM-DM。

```
[RTB] multicast IPv6 routing-enable
[RTB] interface ethernet 0/0
[RTB-Ethernet0/0] pim IPv6 dm
[RTB-Ethernet0/0] quit
[RTB] interface ethernet 0/1
[RTB-Ethernet0/1] pim IPv6 dm
[RTB-Ethernet0/1] quit
[RTB] interface ethernet 0/2
[RTB-Ethernet0/2] pim IPv6 dm
[RTB-Ethernet0/2] quit
```

♯ 在连接 PC 的接口上使能 MLD,并取消对 RA 消息发布的抑制。

```
[RTB] interface ethernet 0/0
[RTB-Ethernet0/0] mld enable
[RTB-Ethernet0/0] mld version 1
[RTA-Ethernet0/0]undo IPv6 nd ra halt
```

（3） 配置 RTC

♯ 使能 IPv6 基本能力,配置接口的 IPv6 地址,并用 OSPFv3 协议进行互联。

```
[RTC] IPv6
[RTC] ospfv3 1
[RTC-ospfv3-1] router-id 3.3.3.3
[RTC-ospfv3-1] quit
[RTC] interface ethernet 5/0
[RTC-Ethernet5/0] IPv6 address 3::2 64
[RTC-Ethernet5/0] ospfv3 1 area 0
[RTC-Ethernet5/0] quit
[RTC] interface ethernet 5/1
[RTC-Ethernet5/1] IPv6 address 4::2 64
[RTC-Ethernet5/1] ospfv3 1 area 0
[RTC-Ethernet5/1] quit
```

♯ 使能 IPv6 组播路由,并在各接口上使能 IPv6 PIM-DM。

```
[RTC] multicast IPv6 routing- enable
[RTC] interface ethernet 5/0
[RTC-Ethernet5/0] pim IPv6 dm
[RTC-Ethernet5/0] quit
[RTC] interface ethernet 5/1
[RTC-Ethernet5/1] pim IPv6 dm
[RTC-Ethernet5/1] quit
```

配置完成后,进行连通性测试以确保各路由器间的路由可达。

3．观察 PIM-DM 组播路由表项

在这个实验里，PCA 是组播服务器端（组播源），PCB 是组播客户端（接收者）。按照如下步骤在 PCA 上启动组播服务。

在 PCA 上，进入 VLC 程序所在的目录下（假设 VLC 这个程序被放在 C 盘的 IPv6 目录下），如下所示。

```
C:\Documents and Settings\TC>cd\
C:\>cd IPv6
C:\IPv6>cd vlc
```

用如下的命令行来启动 VLC，并发布一个 IPv6 的组播流。

```
C:\IPv6\vlc>vlc -vvv 123.wmv --ipv6 --sout udp:[ff0e::10] --ttl 12
```

其中 123.wmv 是要发布的数据流的文件，把它放在与 VLC 相同的目录下；[ff0e::10] 是组播数据流的目的地址。

在客户端 PCB 上，启动 VLC 软件，并设定加入组播地址 FF0E::10，以接收从 PCA 发出的组播视频流。然后在路由器上查看组播路由表信息，如下所示。

```
<RTA>display multicast IPv6 routing-table
IPv6 multicast routing table
 Total 1 entry
 00001.(1::65DE:9EA3:B53C:9EE3,FF0E::10)
       Uptime:00:02:09
       Upstream Interface:Ethernet0/0
       List of 1 downstream interface
           1:Ethernet0/1
<RTB>display multicast IPv6 routing-table
IPv6 multicast routing table
 Total 1 entry
 00001.(1::65DE:9EA3:B53C:9EE3,FF0E::10)
       Uptime:00:02:45
       Upstream Interface:Ethernet0/1
       List of 1 downstream interface
           1:Ethernet0/0
```

可以看到，路由器中建立了 IPv6 组播路由表项，组播数据的扩散路径是 PCA→RTA→RTB→PCB。

完成实验后，保留物理连接及配置，供下一个实验使用。

14.2.5 思考题

在 RTC 上查看 IPv6 组播路由表项，可以看到如下信息。

```
<RTC>display pim IPv6 routing-table
Vpn-instance:public net
Total 0 (*,G) entry;1 (S,G) entry
```

```
(1::FDBA:12C7:F741:215C,FF0E::10)
    Protocol:pim-dm,Flag:
    UpTime:00:30:59
    Upstream interface:Ethernet5/0
        Upstream neighbor:FE80::20F:E2FF:FE43:113C
        RPF prime neighbor:FE80::20F:E2FF:FE43:113C
    Downstream interface(s) information:None
```

也就是 RTC 认为 Ethernet 5/0 接口是它的上游接口。为什么 RTC 不认为 Ethernet 5/1 是它的上游接口呢？

答案：组播用 RPF 检查机制来维护组播表项的正确性。此时在 RTC 的单播路由表项中，到达网络 1::/64 的下一跳是 Ethernet 5/0，所以 Ethernet 5/0 是通过 RPF 检查的合法的上游接口。

14.3　IPv6 PIM-SM 协议配置与分析

14.3.1　实验内容与目标

（1）掌握如何在路由器上配置 IPv6 PIM-SM 协议。

（2）理解 IPv6 PIM-SM 协议的工作原理。

（3）理解嵌入式 RP 的配置和原理。

14.3.2　实验组网图

IPv6 PIM-SM 实验组网图与 IPv6 PIM-DM 实验组网图完全相同，如图 14-13 所示。

14.3.3　实验设备与版本

实验设备与版本列表如表 14-2 所示。

14.3.4　实验过程

本实验的目的是掌握 IPv6 PIM-SM 的配置，并深入理解 IPv6 PIM-SM 的工作原理。

1．建立物理连接

本实验与 IPv6 PIM-DM 实验的物理连接完全相同。

2．配置 IPv6 PIM-SM 协议

在 IPv6 PIM-DM 实验的基础上，取消 IPv6 PIM-DM，启动 IPv6 PIM-SM。

（1）配置 RTA

```
[RTA] interface ethernet 0/0
[RTA-Ethernet0/0] undo pim IPv6 dm
[RTA] interface ethernet 0/1
[RTA-Ethernet0/1] undo pim IPv6 dm
[RTA] interface ethernet 0/2
```

```
[RTA-Ethernet0/2] undo pim IPv6 dm
[RTA] interface ethernet 0/0
[RTA-Ethernet0/0] pim IPv6 sm
[RTA] interface ethernet 0/1
[RTA-Ethernet0/1] pim IPv6 sm
[RTA] interface ethernet 0/2
[RTA-Ethernet0/2] pim IPv6 sm
```

（2）配置 RTB

```
[RTB] interface ethernet 0/0
[RTB-Ethernet0/0] undo pim IPv6 dm
[RTB] interface ethernet 0/1
[RTB-Ethernet0/1] undo pim IPv6 dm
[RTB] interface ethernet 0/2
[RTB-Ethernet0/2] undo pim IPv6 dm
[RTB] interface ethernet 0/0
[RTB-Ethernet0/0] pim IPv6 sm
[RTB] interface ethernet 0/1
[RTB-Ethernet0/1] pim IPv6 sm
[RTB] interface ethernet 0/2
[RTB-Ethernet0/2] pim IPv6 sm
```

（3）配置 RTC

```
[RTC] interface ethernet 5/0
[RTC-Ethernet5/0] undo pim IPv6 dm
[RTC] interface ethernet 5/1
[RTC-Ethernet5/1] undo pim IPv6 dm
[RTC] interface ethernet 5/0
[RTC-Ethernet5/0] pim IPv6 sm
[RTC] interface ethernet 5/1
[RTC-Ethernet5/1] pim IPv6 sm
```

PIM-SM 配置的关键点是 RP 的配置，选定 RTC 作为 RP。

（4）在 RTC 上配置 RP

```
[RTC] acl IPv6 number 2000
[RTC- acl6-basic-2000] rule permit source ff0e::10 64
[RTC-acl6-basic-2000] quit
[RTC] pim IPv6
[RTC-pim6] c-bsr 4::2
[RTC-pim6] c-rp 4::2 group-policy 2000
```

3. 观察 PIM-SM 组播路由表项

配置完成后，在 PCA 上发布组播流，在 PCB 上接收。查看各路由器的组播表如下所示。

```
<RTA>display multicast IPv6 routing-table
IPv6 multicast routing table
 Total 1 entry
```

```
      00001.(1::FDBA:12C7:F741:215C,FF0E::10)
            Uptime:00:00:17
            Upstream Interface:Ethernet0/0
            List of 1 downstream interface
                1:Ethernet0/1
<RTB>display multicast IPv6 routing-table
IPv6 multicast routing table
 Total 1 entry

 00001.(1::FDBA:12C7:F741:215C,FF0E::10)
            Uptime:00:00:56
            Upstream Interface:Ethernet0/1
            List of 1 downstream interface
                1:Ethernet0/0
```

可以看到,路由器中建立了 IPv6 组播路由表项,与 IPv6 PIM-DM 实验一样,组播数据的扩散路径是 PCA→RTA→RTB→PCB,组播流并没有经过 RTC。这是因为在默认情况下,PIM-SM 启用了从 RPT 到 SPT 的切换,目前的数据转发路径是 SPT。为了观察 RPT,可以在 RTB 上做如下配置。

```
[RTB-pim6]spt-switch-threshold infinity
```

这个命令的效果是使路由器不进行从 RPT 到 SPT 的切换。然后再查看 IPv6 组播路由表项,可以发现,现在 IPv6 组播数据的转发路径变成了 PCA → RTA → RTC → RTB→PCB。

读者可以思考:上述有关 RPT 切换到 SPT 的配置[RTB-pim6]spt-switch-threshold infinity 是在 RTB 上配置的。如果配置在其他路由器上,有作用吗? 为什么?

结论是在其他路由器上配置不起作用。因为 RTB 是连接着接收者 PCB 的 DR,由其负责发起从 RPT 向 SPT 的切换。所以上述命令应该配置在 RTB 上。

4. 嵌入式 RP 的配置

使用嵌入式 RP,路由器可以从 IPv6 组播地址中分析出 RP,从而不再需要在路由器上配置 RP 和 BSR。在 RTC 上取消 RP 的配置,如下所示。

```
[RTC-pim6]undo c-bsr
[RTC-pim6]undo c-rp 4::2
```

根据路由器 RP 的地址 4::2/64 来计算对应的嵌入式 RP 的组播地址,得出结果是 FF7E:240:4::/96。所以在 PCA 上发布到组播地址 FF7E:240:4::1 的视频流,如下所示。

```
C:\IPv6\vlc>vlc -vvv 123.wmv --ipv6 --sout udp:[ff7e:240:4::1] --ttl 12
```

在 PCB 上配置 VLC 以接收该视频流。同时,查看各路由器的 IPv6 PIM 组播表如下所示。

```
<RTA>display pim IPv6 routing-table
 Vpn-instance:public net
 Total 0(*,G) entry;1(S,G)entry
```

```
(1::FDBA:12C7:F741:215C,FF7E:240:4::1)
    RP:4::2
    Protocol:pim-sm,Flag:SPT LOC ACT
    UpTime:00:06:49
    Upstream interface:Ethernet0/0
        Upstream neighbor:NULL
        RPF prime neighbor:NULL
    Downstream interface(s) information:
    Total number of downstreams:1
        1:Ethernet0/2
            Protocol:pim-sm,UpTime:00:06:23,Expires:00:03:08
<RTB>display pim IPv6 routing-table
 Vpn-instance:public net
 Total 1 (*,G) entry; 1 (S,G) entry
...
(1::FDBA:12C7:F741:215C,FF7E:240:4::1)
    RP:4::2
    Protocol:pim-sm,Flag:ACT
    UpTime:00:01:13
    Upstream interface:Ethernet0/2
        Upstream neighbor:FE80::20F:E2FF:FE42:F34C
        RPF prime neighbor:FE80::20F:E2FF:FE42:F34C
    Downstream interface(s) information:
    Total number of downstreams:1
        1:Ethernet0/0
            Protocol:pim-sm,UpTime:-,Expires:-
```

查看 RP 信息如下所示。

```
<RTA>display pim IPv6 rp-info
 Vpn-instance:public net
 PIM-SM Embedded RP information:
    Group FF7E:240:4::1
        Embedded RP Address:4::2
<RTB>display pim IPv6 rp-info
 Vpn-instance:public net
 PIM-SM Embedded RP information:
    Group FF7E:240:4::1
        Embedded RP Address:4::2
```

完成实验后,保留物理连接及配置,供下一个实验使用。

14.3.5 思考题

1. 不改变路由器的配置,在 PCA 上发布组播地址为 FF7E：240：4::2 的视频流,并在 PCB 上配置 VLC 来接收,能接收到吗？发布 FF7E：E40：4::2 呢？为什么？

2. 同样,在 PCA 上发布组播地址为 FF73：240：4::2 的视频流,PCB 能接收到吗？发布 FF72：E40：4::2 呢？为什么？

答案：

1. 在 PCA 上发布组播地址为 FF7E：240：4::2 的视频流,PCB 能收到。因为路由器能根据 FF7E：240：4：：2 而解析出 RP 的地址 4：：2,从而将数据通过 RP(RTC)转发到 PCB。但发布 FF7E：E40：4：：2 的视频流时,PCB 收不到。因为路由器根据 FF7E：E40：4：：2 解析出 RP 的地址是 4：：E,而此时网络中并没有 4：：E 这个地址存在,无法形成 RPT 与 SPT。

2. 在 IPv6 组播地址的格式中,字段 Scope 用来标识该 IPv6 组播地址的应用范围。只有该字段值大于 Link-local,也就是字段值大于 2 时,路由器才会转发该报文。所以,组播地址为 FF73：240：4：：2 的视频流,PCB 能收到;而 FF72：E40：4：：2 的视频流,路由器不转发,PCB 无法收到。

14.4　IPv6 PIM-SSM 协议配置与分析

14.4.1　实验内容与目标

(1) 掌握如何在路由器上配置 IPv6 PIM-SSM 协议。

(2) 理解 IPv6 PIM-SSM 协议的工作原理。

14.4.2　实验组网图

IPv6 PIM-SSM 实验组网图与 IPv6 PIM-DM 的实验组网图完全相同,如图 14-13 所示。

14.4.3　实验设备与版本

实验设备与版本列表如表 14-2 所示。

14.4.4　实验过程

本实验的目的是掌握 PIM-SSM 的配置,并深入理解 PIM-SSM 的工作原理。PIM-SSM 实际上是通过 PIM-SM 和 MLDv2 来实现的,所以并不需要去掉 PIM-SM 的配置,保持它们不变。不过由于 Windows XP 操作系统并不能支持 MLDv2,所以在路由器上来模拟加入一个 MLDv2 的组播成员组。

1. IPv6 PIM-SSM 协议的配置

在 IPv6 PIM-SM 实验的基础上,保持路由器上的配置不变,并在 RTB 上增加如下配置。

```
[RTB-Ethernet0/0]mld static-group FF3E::1 source 1::2
```

以上命令是使 RTB 的接口 Ethernet 0/0 静态加入了组播组 FF3E::1,并且只接收从源 1::2 发来的组播流。

然后再查看并修改 PCA 的 IPv6 地址到 1::2,如下所示。

```
C:\Documents and Settings\Administrator>netsh
netsh>interface IPv6
netsh interface IPv6>show address
…
```

```
接口 4: 本地连接
地址类型            DAD 状态    有效寿命              首选寿命   地址
-----              ---        ------               ----      ----
链接               首选项      infinite             infinite  fe80::20d:56ff:fe6d:8f23
...
netsh interface IPv6>add address 1::2 interface=4
确定.
```

在 RTA 上配置对 RA 消息发布的抑制,如下所示。

```
[RTA-Ethernet0/0]IPv6 nd ra halt
```

以上的操作目的是确保使 PCA 仅有一个 IPv6 全局地址 1::2,以能够发出以 1::2 为源的组播流。查看 PCA 的地址如下所示。

```
netsh interface IPv6>show address
```

如果有多个全局地址存在,可以断开连接 RTA 与 PCA 之间的电缆,使 PCA 刷新地址表项。

2. 观察 PIM-SSM 组播路由表项

在 PCA 上发布到组播组 FF3E::1 的视频流。

```
C:\IPv6\vlc>vlc -vvv 123.wmv --ipv6 --sout udp:[ff3e::1] --ttl 12
```

然后在 PCB 上的 VLC 软件上配置接收到 FF3E::1 的视频流,结果是能够收到。同时,查看 PIM IPv6 组播路由表如下。

```
[RTB]display pim IPv6 routing-table
 Vpn-instance:public net
 Total 1 (S,G) entry

 (1::2,FF3E::1)
     Protocol:pim-ssm,Flag:
     UpTime:00:25:21
     Upstream interface:Ethernet0/1
         Upstream neighbor:FE80::20F:E2FF:FE43:1137
         RPF prime neighbor:FE80::20F:E2FF:FE43:1137
     Downstream interface(s) information:
     Total number of downstreams:1
         1:Ethernet0/0
             Protocol:static,UpTime:00:25:21,Expires:-
[RTA]display pim IPv6 routing- table
 Vpn-instance:public net
 Total 1 (S,G) entry

 (1::2,FF3E::1)
     Protocol:pim-ssm,Flag:LOC
     UpTime:00:26:00
     Upstream interface:Ethernet0/0
         Upstream neighbor:NULL
         RPF prime neighbor:NULL
```

```
Downstream interface(s) information:
Total number of downstreams:1
    1:Ethernet0/1
        Protocol:pim-ssm,UpTime:00:26:00,Expires:00:02:31
```

3．IPv6 PIM-SSM 原理分析

为了观察 IPv6 PIM-SSM 建立通道的过程,需要在 RTA 和 RTB 之间进行报文的捕获和分析。在以太网交换机镜像配置,把 RTA 和 RTB 之间的交互报文镜像到连接 PC 的端口上,以便于在 PC 上用报文分析软件进行报文的捕获。

镜像配置成功后,在 RTB 上执行取消及加入组(1::2,FF3E::1)的操作,如下所示。

```
[RTB-Ethernet0/0]undo mld static-group FF3E::1 source 1::2
[RTB-Ethernet0/0]mld static-group FF3E::1 source 1::2
```

与此同时,在 PC 上捕获 RTA 和 RTB 之间的报文并观察,可以看到 RTB 发出了剪枝消息和加入消息给 RTA,如图 14-14 和图 14-15 所示。

图 14-14　剪枝消息

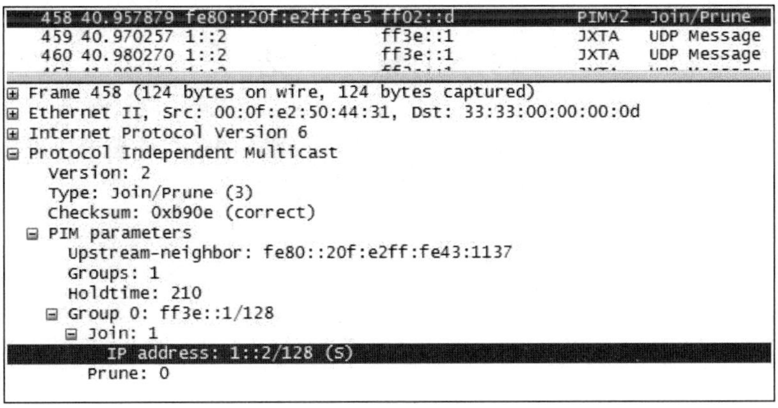

图 14-15　加入消息

从图 14-14 和图 14-15 可以分析出 IPv6 PIM-SSM 的工作原理。RTB 在配置了静态的 MLD 组加入后,发送了加入报文给 RTA,表示要接收组播流(1::2,FF3E::1);RTA 就会

生成相应的组播转发表项信息,并把组播流转发给 RTB,如下所示。

```
RTA>display pim IPv6 routing-table
 Vpn-instance:public net
 Total 1 (S,G) entry

(1::2,FF3E::1)
        Protocol:pim-ssm,Flag:LOC
        UpTime:00:26:00
        Upstream interface:Ethernet0/0
            Upstream neighbor:NULL
            RPF prime neighbor:NULL
        Downstream interface(s) information:
        Total number of downstreams:1
            1:Ethernet0/1
                Protocol:pim-ssm,UpTime:00:26:00,Expires:00:02:31
```

14.4.5　思考题

1. 剪枝消息和加入消息是单播报文还是组播报文?

2. 在这个组网图中,组播数据流(1::2,FF3E::1)经过 RTC 吗?

3. 如果在 PCA 上发布 FF7E::1 的组播流,在 RTB 上配置加入组(1::2,FF7E::1),PCB 能否收到组播流? 为什么?

答案:

1. 剪枝消息和加入消息是从接收者侧的 DR 逐跳发送 RP 的,所以是组播报文。

2. 组播数据流(1::2,FF3E::1)不经过 RTC。因为 PIM-SSM 的转发路径是 SPT,它不构建 RPT,数据流不用经过 RP 转发。

3. PCA 上发布 FF7E::1 的组播流,PCB 不能收到。因为协议规定 IPv6 PIM-SSM 必须使用 FF3x::/96 地址范围。不在此范围内的组播数据流需要按照 IPv6 PIM-SM 的流程进行处理,被转发给 RP,而此网络中未配置 RP,所以 PCB 无法收到。

14.5　总　　结

本章通过实验对 MLD、PIM-DM、PIM-SM、PIM-SSM 的工作原理进行了分析。读者可以根据以上实验更好地掌握它们的配置、工作原理及特点。

第 15 章

IPv6 过渡技术实验

本章包括如下实验：

- GRE 隧道与手动隧道配置与分析
- 自动隧道配置与分析
- 6to4 隧道配置与分析
- ISATAP 隧道配置与分析
- NAT-PT 配置与分析
- 6PE 隧道配置与分析

15.1 GRE 隧道与手动隧道配置与分析

15.1.1 实验内容与目标

（1）掌握 GRE 隧道与手动隧道的配置方法。

（2）加深理解 GRE 隧道与手动隧道的工作原理。

15.1.2 实验组网图

IPv6 GRE 隧道与手动隧道配置组网图如图 15-1 所示。

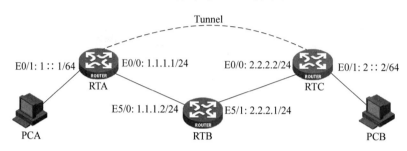

图 15-1 IPv6 GRE 隧道与手动隧道配置组网图

15.1.3 实验设备与版本

实验设备与版本列表如表 15-1 所示。

表 15-1 实验设备与版本列表

名称和型号	版　　本	数量	描　　述
RT（MSR）	CMW5.20　Release 1808	3	每台至少带有 2 个以太网接口
SW	CMW3.10	1	不少于 8 个以太网接口
PC	Windows 系统	2	安装有 Windows XP SP1 或 Windows XP SP2
第 5 类 UTP 以太网连接线		8	直通线
路由器专用配置电缆		2	

15.1.4 实验过程

本实验的目标是掌握 GRE 隧道与手动隧道的配置方法，并理解 GRE 隧道与手动隧道技术工作原理。

1. 建立物理连接

图 15-1 是一个逻辑连接图。由于在实验中需要捕获报文而进行报文分析，所以路由器之间、PC 与路由器之间是用一台以太网交换机连接起来的，并用 VLAN 进行不同链路间的

隔离。读者可以根据实际情况自己进行配置。

检查路由器的软件版本及配置信息,确保路由器软件版本符合要求,所有配置为初始状态。如果配置不符合要求,需在用户模式下擦除设备中的配置文件,然后重启路由器以使系统采用默认的配置参数进行初始化。

2. GRE 隧道的配置

首先在路由器上的物理接口配置 IPv4 地址,并使能 OSPF 协议。

配置 RTA:

```
<RTA>system-view
[RTA] interface Ethernet0/0
[RTA-Ethernet0/0] ip address 1.1.1.1 255.255.255.0
[RTA-Ethernet0/0] quit
[RTA] ospf
[RTA-ospf-1] area 0
[RTA-ospf-1-area-0.0.0.0] network 1.1.1.0 0.0.0.255
[RTA-ospf-1-area-0.0.0.0] quit
```

配置 RTB:

```
<RTB>system-view
[RTB] interface Ethernet5/0
[RTB-Ethernet5/0] ip address 1.1.1.2 255.255.255.0
[RTB-Ethernet5/0] quit
[RTB-Ethernet5/1] ip address 2.2.2.1 255.255.255.0
[RTB-Ethernet5/1] quit
[RTB] ospf
[RTB-ospf-1] area 0
[RTB-ospf-1-area-0.0.0.0] network 1.1.1.0 0.0.0.255
[RTB-ospf-1-area-0.0.0.0] network 2.2.2.0 0.0.0.255
[RTB-ospf-1-area-0.0.0.0] quit
```

配置 RTC:

```
<RTC>system-view
[RTC] interface Ethernet0/0
[RTC-Ethernet0/0] ip address 2.2.2.2 255.255.255.0
[RTC-Ethernet0/0] quit
[RTC] ospf
[RTC-ospf-1] area 0
[RTC-ospf-1-area-0.0.0.0] network 2.2.2.0 0.0.0.255
[RTC-ospf-1-area-0.0.0.0] quit
```

配置完成后,在 RTA 及 RTC 上进行网络连通性测试。

测试成功后,在 RTA 及 RTC 上使能 IPv6 基本功能,创建 GRE 隧道并配置 IPv6 地址,然后配置 IPv6 路由。

配置 RTA:

```
[RTA] ipv6
```

```
[RTA] interface Ethernet0/1
[RTA-Ethernet0/1] ipv6 address 1::1 64
[RTA-Ethernet0/1] undo ipv6 nd ra halt
[RTA-Ethernet0/1] quit
[RTA]interface tunnel 1
[RTA-Tunnel1]ipv6 address 3::1 64
[RTA-Tunnel1]source 1.1.1.1
[RTA-Tunnel1]destination 2.2.2.2
[RTA] ipv6 route-static 2::0 64 tunnel 1
```

配置 RTC：

```
[RTC] ipv6
[RTC] interface Ethernet0/1
[RTC-Ethernet0/1] ipv6 address 2::2 64
[RTC-Ethernet0/1] undo ipv6 nd ra halt
[RTC-Ethernet0/1] quit
[RTC] interface tunnel 1
[RTC-Tunnel1]ipv6 address 3::2 64
[RTC-Tunnel1]source 2.2.2.2
[RTC-Tunnel1]destination 1.1.1.1
[RTC]ipv6 route-static 1::0 64 tunnel 1
```

配置完成后，在 PCA 及 PCB 上用 ping 命令来测试 IPv6 网络的连通性。结果是可达，如下所示。

```
C:\Documents and Settings\Administrator>ping 1::1
Pinging 1::1 with 32 bytes of data:
Reply from 1::1:time=3ms
Reply from 1::1:time=2ms
Reply from 1::1:time=2ms
Reply from 1::1:time=2ms

Ping statistics for 1::1:
    Packets:Sent=4,Received=4,Lost=0 (0%  loss),
Approximate round trip times in milli-seconds:
    Minimum=2ms,Maximum=3ms,Average=2ms
```

3. GRE 隧道原理分析

在交换机上配置镜像，使交换机把 RTA 和 RTB 之间接口的报文镜像到连接 PC 的接口上。交换机上配置镜像的方法与交换机的具体型号有关，具体可参考交换机的配置手册。用报文分析软件来捕获并分析报文，如图 15-2 所示为捕获的 GRE 隧道报文。

读者自行查看所捕获报文的源 IP 地址、目的 IP 地址、源 IPv6 地址、目的 IPv6 地址，并分析 GRE 隧道的工作原理。

4. 手动隧道配置与分析

配置 IPv6 in IPv4 手动隧道时，仅需在隧道视图下配置隧道类型为"ipv6-ipv4"即可，如下所示。

```
[RTA]interface Tunnel 1
[RTA-Tunnel1]tunnel-protocol ipv6-ipv4
[RTC]interface Tunnel 1
[RTC-Tunnel1]tunnel-protocol ipv6-ipv4
```

```
⊞ Frame 2 (118 bytes on wire, 118 bytes captured)
⊞ Ethernet II, Src: 00:e0:fc:20:d6:0e, Dst: 00:e0:fc:20:d6:a6
⊟ Internet Protocol, Src Addr: 1.1.1.1 (1.1.1.1), Dst Addr: 2.2.2.2 (2.2.2.2)
    Version: 4
    Header length: 20 bytes
  ⊞ Differentiated Services Field: 0x00 (DSCP 0x00: Default; ECN: 0x00)
    Total Length: 104
    Identification: 0x00fb (251)
  ⊞ Flags: 0x00
    Fragment offset: 0
    Time to live: 255
    Protocol: GRE (0x2f)
    Header checksum: 0xb466 (correct)
    Source: 1.1.1.1 (1.1.1.1)
    Destination: 2.2.2.2 (2.2.2.2)
⊟ Generic Routing Encapsulation (IPv6)
  ⊞ Flags and version: 0000
    Protocol Type: IPv6 (0x86dd)
⊟ Internet Protocol Version 6
    Version: 6
    Traffic class: 0x00
    Flowlabel: 0x00000
    Payload length: 40
    Next header: ICMPv6 (0x3a)
    Hop limit: 127
    Source address: 1::20c6:a965:af34:7f2e
    Destination address: 2::210:5cff:fee5:f239
⊟ Internet Control Message Protocol v6
    Type: 128 (Echo request)
    Code: 0
    Checksum: 0x8c2d (correct)
    ID: 0x0000
    Sequence: 0x000b
    Data (32 bytes)
```

图 15-2　GRE 隧道报文

如图 15-3 所示为所捕获的手动隧道报文。

```
⊟ Internet Protocol, Src Addr: 1.1.1.1 (1.1.1.1), Dst Addr: 2.2.2.2 (2.2.2.2)
    Version: 4
    Header length: 20 bytes
  ⊞ Differentiated Services Field: 0x00 (DSCP 0x00: Default; ECN: 0x00)
    Total Length: 100
    Identification: 0x038c (908)
  ⊞ Flags: 0x00
    Fragment offset: 0
    Time to live: 255
    Protocol: IPv6 (0x29)
    Header checksum: 0xb1df (correct)
    Source: 1.1.1.1 (1.1.1.1)
    Destination: 2.2.2.2 (2.2.2.2)
⊟ Internet Protocol Version 6
    Version: 6
    Traffic class: 0x00
    Flowlabel: 0x00000
    Payload length: 40
    Next header: ICMPv6 (0x3a)
    Hop limit: 127
    Source address: 1::7589:66ea:93f8:9610
    Destination address: 2::210:5cff:fee5:f239
⊟ Internet Control Message Protocol v6
    Type: 128 (Echo request)
    Code: 0
    Checksum: 0x7e35 (correct)
    ID: 0x0000
    Sequence: 0x0015
    Data (32 bytes)
```

图 15-3　手动隧道报文

　　读者自行查看所捕获报文的源 IP 地址、目的 IP 地址、源 IPv6 地址、目的 IPv6 地址，并分析和比较手动隧道与 GRE 隧道的不同之处。

完成此次实验后,需保留实验连接与配置,供下一个实验使用。

15.2 自动隧道配置与分析

15.2.1 实验内容与目标

(1) 掌握自动隧道的配置方法。

(2) 加深理解自动隧道的工作原理。

15.2.2 实验组网图

IPv6 自动隧道配置实验组网图与手动隧道配置组网图完全相同,如图 15-1 所示。

15.2.3 实验设备与版本

实验设备与版本列表如表 15-1 所示。

15.2.4 实验过程

本实验的目标是掌握自动隧道的配置方法,并理解它的工作原理。

1. 建立物理连接

本实验与 IPv6 手动隧道配置实验的物理连接完全相同。

2. 自动隧道配置

在手动隧道配置实验的基础上,做如下配置。

配置 RTA:

```
[RTA]interface Tunnel2
[RTA-Tunnel2]ipv6 address::1.1.1.1/96
[RTA-Tunnel2]tunnel-protocol ipv6-ipv4 auto-tunnel
[RTA-Tunnel2]source 1.1.1.1
```

配置 RTC:

```
[RTC]interface Tunnel2
[RTC-Tunnel2]ipv6 address::2.2.2.2/96
[RTC-Tunnel2]tunnel-protocol ipv6-ipv4 auto-tunnel
[RTC-Tunnel2]source 2.2.2.2
```

配置完成后,在 RTA 上用 ping 命令检查隧道是否建立成功,如下所示。

```
[RTA]ping ipv6::2.2.2.2
  PING::2.2.2.2:56 data bytes,press CTRL_C to break
    Reply from::2.2.2.2
    bytes=56 Sequence=1 hop limit=64 time=2 ms
    Reply from::2.2.2.2
    bytes=56 Sequence=2 hop limit=64 time=2 ms
```

```
  Reply from::2.2.2.2
  bytes=56 Sequence=3 hop limit=64 time=2 ms
  Reply from::2.2.2.2
  bytes=56 Sequence=4 hop limit=64 time=2 ms
  Reply from::2.2.2.2
  bytes=56 Sequence=5 hop limit=64 time=2 ms

---::2.2.2.2 ping statistics---
  5 packet(s) transmitted
  5 packet(s) received
  0.00%  packet loss
  round-trip min/avg/max=2/2/2 ms
```

3. 自动隧道原理分析

如图 15-4 所示是捕获的由 RTA 发往 RTC 的自动隧道报文。

```
⊞ Ethernet II, Src: 00:e0:fc:20:d6:0e, Dst: 00:e0:fc:20:d6:a6
⊟ Internet Protocol, Src Addr: 1.1.1.1 (1.1.1.1), Dst Addr: 2.2.2.2 (2.2.2.2)
    Version: 4
    Header length: 20 bytes
  ⊞ Differentiated Services Field: 0x00 (DSCP 0x00: Default; ECN: 0x00)
    Total Length: 124
    Identification: 0x0673 (1651)
  ⊞ Flags: 0x00
    Fragment offset: 0
    Time to live: 255
    Protocol: IPv6 (0x29)
    Header checksum: 0xaee0 (correct)
    Source: 1.1.1.1 (1.1.1.1)
    Destination: 2.2.2.2 (2.2.2.2)
⊟ Internet Protocol Version 6
    Version: 6
    Traffic class: 0x00
    Flowlabel: 0x00000
    Payload length: 64
    Next header: ICMPv6 (0x3a)
    Hop limit: 255
    Source address: ::1.1.1.1
    Destination address: ::2.2.2.2
⊟ Internet Control Message Protocol v6
    Type: 128 (Echo request)
    Code: 0
    Checksum: 0xdbdb (correct)
    ID: 0xabd8
    Sequence: 0x0002
    Data (56 bytes)
```

图 15-4　自动隧道报文

与手动隧道配置实验一样，读者自行查看所捕获报文的源 IP 地址、目的 IP 地址、源 IPv6 地址、目的 IPv6 地址，并比较自动隧道与手动隧道的不同之处。

15.3　6to4 隧道配置与分析

15.3.1　实验内容与目标

（1）掌握 6to4 隧道的配置方法。

（2）加深理解 6to4 隧道的工作原理。

15.3.2 实验组网图

IPv6 6to4 隧道技术实验组网图如图 15-5 所示。

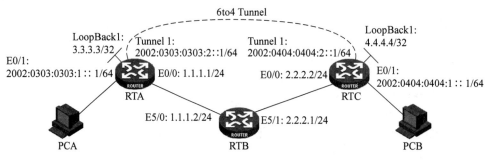

图 15-5　IPv6 6to4 隧道技术实验组网图

15.3.3 实验设备与版本

实验设备与版本列表如表 15-1 所示。

15.3.4 实验过程

本实验的目标是掌握 6to4 隧道的配置方法，并理解它的工作原理。

1. 建立物理连接

本实验与自动隧道配置实验的物理连接完全相同。

2. 6to4 隧道配置

首先在路由器上的物理接口配置 IPv4 地址，并使能 OSPF 协议。
配置 RTA：

```
<RTA>system-view
[RTA] interface Ethernet0/0
[RTA-Ethernet0/0] ip address 1.1.1.1 255.255.255.0
[RTA-Ethernet0/0] interface LoopBack1
[RTA-LoopBack1] ip address 3.3.3.3 255.255.255.255
[RTA-LoopBack1] quit
[RTA] ospf
[RTA-ospf-1] area 0
[RTA-ospf-1-area-0.0.0.0] network 1.1.1.0 0.0.0.255
[RTA-ospf-1-area-0.0.0.0] network 3.3.3.0 0.0.0.255
[RTA-ospf-1-area-0.0.0.0] quit
```

配置 RTB：

```
<RTB>system-view
[RTB] interface Ethernet5/0
[RTB-Ethernet5/0] ip address 1.1.1.2 255.255.255.0
[RTB-Ethernet5/0] quit
```

```
[RTB-Ethernet5/1] ip address 2.2.2.1 255.255.255.0
[RTB-Ethernet5/1] quit
[RTB] ospf
[RTB-ospf-1] area 0
[RTB-ospf-1-area-0.0.0.0] network 1.1.1.0 0.0.0.255
[RTB-ospf-1-area-0.0.0.0] network 2.2.2.0 0.0.0.255
[RTB-ospf-1-area-0.0.0.0] quit
```

配置 RTC：

```
<RTC>system-view
[RTC] interface Ethernet0/0
[RTC-Ethernet0/0] ip address 2.2.2.2 255.255.255.0
[RTC-Ethernet0/0] interface LoopBack1
[RTC-LoopBack1] ip address 4.4.4.4 255.255.255.255
[RTC-LoopBack1] quit
[RTC] ospf
[RTC-ospf-1] area 0
[RTC-ospf-1-area-0.0.0.0] network 2.2.2.0 0.0.0.255
[RTC-ospf-1-area-0.0.0.0] network 4.4.4.0 0.0.0.255
[RTC-ospf-1-area-0.0.0.0] quit
```

配置完成后，在 RTA 及 RTC 上进行网络连通性测试。

测试成功后，在 RTA 及 RTC 上使能 IPv6 基本功能，创建 6to4 隧道并配置 IPv6 地址，然后配置 IPv6 路由。

配置 RTA：

```
[RTA] ipv6
[RTA] interface Ethernet0/1
[RTA-Ethernet0/1] ipv6 address 2002:303:303:1::1 64
[RTA-Ethernet0/1] undo ipv6 nd ra halt
[RTA-Ethernet0/1] quit
[RTA]interface tunnel 1
[RTA-Tunnel1] ipv6 address 2002:303:303:2::1/64
[RTA-Tunnel1] tunnel-protocol ipv6-ipv4 6to4
[RTA-Tunnel1] source LoopBack1
[RTA] ipv6 route-static 2002::16 Tunnel1
```

配置 RTC：

```
[RTC] ipv6
[RTC] interface Ethernet0/1
[RTC-Ethernet0/1] ipv6 address 2002:404:404:1::1 64
[RTC-Ethernet0/1] undo ipv6 nd ra halt
[RTC-Ethernet0/1] quit
[RTC] interface tunnel 1
[RTC-Tunnel1] ipv6 address 2002:404:404:2::1 64
[RTC-Tunnel1] tunnel-protocol ipv6-ipv4 6to4
[RTC-Tunnel1] source LoopBack1
[RTC] ipv6 route-static 2002:: 16 Tunnel1
```

配置完成后，用 ping 命令检查两边的 6to4 网络是否可以互通。在 PCB 上进行如下检查。

```
C:\Documents and Settings\Administrator>ping 2002:303:303:1::1
Pinging 2002:303:303:1::1 with 32 bytes of data:

Reply from 2002:303:303:1::1: time=3ms
Reply from 2002:303:303:1::1: time=2ms
Reply from 2002:303:303:1::1: time=2ms
Reply from 2002:303:303:1::1: time=2ms

Ping statistics for 2002:303:303:1::1:
    Packets:Sent=4,Received=4,Lost=0 (0% loss),
Approximate round trip times in milli-seconds:
    Minimum=2ms,Maximum=3ms,Average=2ms
```

3．6to4 隧道原理分析

如图 15-6 所示为通过报文分析软件捕获的 RTA 和 RTB 之间的一个 6to4 隧道报文。

```
⊞ Frame 9 (138 bytes on wire, 138 bytes captured)
⊞ Ethernet II, Src: 00:e0:fc:20:d6:0e, Dst: 00:e0:fc:20:d6:a6
⊟ Internet Protocol, Src Addr: 3.3.3.3 (3.3.3.3), Dst Addr: 4.4.4.4 (4.4.4.4)
    Version: 4
    Header length: 20 bytes
  ⊞ Differentiated Services Field: 0x00 (DSCP 0x00: Default; ECN: 0x00)
    Total Length: 124
    Identification: 0x09d8 (2520)
  ⊞ Flags: 0x00
    Fragment offset: 0
    Time to live: 255
    Protocol: IPv6 (0x29)
    Header checksum: 0xa373 (correct)
    Source: 3.3.3.3 (3.3.3.3)
    Destination: 4.4.4.4 (4.4.4.4)
⊟ Internet Protocol Version 6
    Version: 6
    Traffic class: 0x00
    Flowlabel: 0x00000
    Payload length: 64
    Next header: ICMPv6 (0x3a)
    Hop limit: 255
    Source address: 2002:303:303:1::1
    Destination address: 2002:404:404:1::1
⊟ Internet Control Message Protocol v6
    Type: 129 (Echo reply)
    Code: 0
    Checksum: 0xdc87 (correct)
    ID: 0xac5a
    Sequence: 0x0001
    Data (56 bytes)
```

图 15-6　6to4 隧道报文

读者可自行查看所捕获报文的源 IP 地址、目的 IP 地址、源 IPv6 地址、目的 IPv6 地址，从而分析 6to4 隧道中的报文转发流程，并比较与手动隧道及自动隧道的不同之处。

完成此次实验后，需保留物理连接与配置，供下一个实验使用。

15.4　ISATAP 隧道配置与分析

15.4.1　实验内容与目标

（1）掌握 ISATAP 隧道的配置方法。

（2）加深理解 ISATAP 隧道的工作原理。

15.4.2 实验组网图

ISATAP 隧道实验组网图如图 15-7 所示。

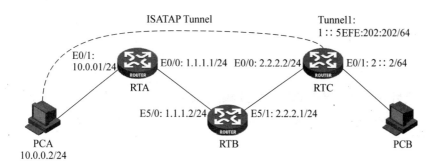

图 15-7 ISATAP 隧道实验组网图

15.4.3 实验设备与版本

实验设备与版本列表如表 15-1 所示。

15.4.4 实验过程

本实验的目标是掌握 ISATAP 隧道的配置方法，并理解它的工作原理。

1. 建立物理连接

本实验与 6to4 隧道配置实验的物理连接完全相同。

2. ISATAP 隧道配置

在 6to4 隧道配置实验的基础上，重新配置 PCA、RTA、RTC，不改变 RTB 及 PCB 的配置。

首先在 RTA 和 RTC 上配置 IPv4 地址，并使能 OSPF 协议。

配置 RTA：

```
<RTA> system-view
[RTA] interface Ethernet0/0
[RTA-Ethernet0/0] ip address 1.1.1.1 255.255.255.0
[RTA-Ethernet0/0] interface Ethernet0/1
[RTA-Ethernet0/1] ip address 10.0.0.1 255.255.255.0
[RTA-Ethernet0/1] quit
[RTA] ospf
[RTA-ospf-1] area 0
[RTA-ospf-1-area-0.0.0.0] network 1.1.1.0 0.0.0.255
[RTA-ospf-1-area-0.0.0.0] network 10.0.0.0 0.0.0.255
[RTA-ospf-1-area-0.0.0.0] quit
```

配置 RTC：

```
<RTC>system-view
[RTC] interface Ethernet0/0
[RTC-Ethernet0/0] ip address 2.2.2.2 255.255.255.0
[RTC-Ethernet0/0] quit
[RTC] ospf
[RTC-ospf-1] area 0
[RTC-ospf-1-area-0.0.0.0] network 2.2.2.0 0.0.0.255
[RTC-ospf-1-area-0.0.0.0] quit
```

配置完成后，在 RTA 及 RTC 上进行网络连通性测试。

测试成功后，在 RTC 上使能 IPv6 基本功能，创建 ISATAP 隧道并配置 IPv6 地址。

配置 RTC：

```
[RTC] ipv6
[RTC] interface Ethernet0/1
[RTC-Ethernet0/1] ipv6 address 2::2 64
[RTC-Ethernet0/1] undo ipv6 nd ra halt
[RTC-Ethernet0/1] quit
[RTC] interface tunnel 1
[RTC-Tunnel1] ipv6 address 1::5EFE:202:202/64
[RTC-Tunnel1] ipv6 nd ra router-lifetime 9000
[RTC-Tunnel1] undo ipv6 nd ra halt
[RTC-Tunnel1] tunnel-protocol ipv6-ipv4 isatap
[RTC-Tunnel1] source 2.2.2.2
```

在 PCA 上，配置 IP 地址为 10.0.0.2/24，网关为 10.0.0.1。并在 netsh 命令行下设置 ISATAP 隧道终点，如下所示。

```
C:\Documents and Settings\Administrator>netsh
netsh>interface ipv6
netsh interface ipv6>isatap
netsh interface ipv6 isatap>set router 2.2.2.2
确定.
netsh interface ipv6 isatap>set state enabled
确定.
```

配置完成后，可以在 PCA 上用 ping 命令检查 PCA 和 PCB 之间的互通性，如下所示。

```
C:\Documents and Settings\Administrator>ping 2::2
Pinging 2::2 with 32 bytes of data:

Reply from 2::2: time=2ms
Reply from 2::2: time=2ms
Reply from 2::2: time=2ms
Reply from 2::2: time=2ms

Ping statistics for 2::2:
    Packets:Sent=4,Received=4,Lost=0(0% loss),
    Approximate round trip times in milli-seconds:
```

```
Minimum=2ms,Maximum=2ms,Average=2ms
```

在 PCA 上查看 ISATAP 地址与网关,如下所示。

```
netsh interface ipv6>show address
…
接口 2:Automatic Tunneling Pseudo-Interface
地址类型          DAD 状态      有效寿命        首选寿命        地址
------          ------      ------        ------        ---
公用            首选项        29d23h59m44s   6d23h59m44s    1::5efe:10.0.0.2
链接            首选项        infinite      infinite       fe80::5efe:10.0.0.2
netsh interface ipv6>show route
正在查询活动状态……
发行  类型       Met   前缀      索引    网关/接口名
--   ---       ---   ----     ----    -------
no   Autoconf  9     1::/64    2       Automatic Tunneling Pseudo-Interface
no   Autoconf  257   ::/0      2       fe80::5efe:2.2.2.2
```

注意,以上显示结果和 PC 上安装的 Windows 操作系统版本及服务包(Service Pack)有关,不同版本之间略有差异。

3．ISATAP 隧道原理分析

通过报文分析软件来捕获 PCA 和 RTC 之间的交互报文。为了能够捕获到 ISATAP 报文交互过程中的全部报文,可以断开 PCA 上接口的物理连接再重新连接,以触发报文的重新交互。如图 15-8 所示为捕获的 ISATAP 报文交互过程中的全部报文。

```
49 *REF*     fe80::5efe:a00:2   ff02::2            ICMPv6 Router solicitation
50 0.087918  fe80::5efe:202:202 fe80::5efe:a00:2   ICMPv6 Router advertisement
59 80.551916 1::5efe:a00:2      2::2               ICMPv6 Echo request
60 80.554418 2::2               1::5efe:a00:2      ICMPv6 Echo reply
```

图 15-8　ISATAP 报文交互

图 15-9 显示了由 PCA 发往 RTC 的 Router Solicitation。

```
⊞ Ethernet II, Src: 00:0d:56:6d:8f:23, Dst: 00:0f:e2:50:44:31
⊞ Internet Protocol, Src Addr: 10.0.0.2 (10.0.0.2), Dst Addr: 2.2.2.2 (2.2.2.2)
⊟ Internet Protocol Version 6
     Version: 6
     Traffic class: 0x00
     Flowlabel: 0x00000
     Payload length: 8
     Next header: ICMPv6 (0x3a)
     Hop limit: 255
     Source address: fe80::5efe:a00:2
     Destination address: ff02::2
⊟ Internet Control Message Protocol v6
     Type: 133 (Router solicitation)
     Code: 0
     Checksum: 0x1437 (correct)
```

图 15-9　ISATAP 中的 Router Solicitation

可以看到,RS 报文被封装在一个目的地址为 2.2.2.2 的单播 IPv4 报文中。

图 15-10 显示了 RTC 给 PCA 的回应报文。

以上的 RA 报文中携带了 ISATAP 隧道的前缀"1::"。当 PCA 收到这个 RA 报文以后就会生成一个全局 ISATAP 地址:1::5EFE:10.0.0.2。

```
⊞ Internet Protocol, Src Addr: 2.2.2.2 (2.2.2.2), Dst Addr: 10.0.0.2 (10.0.0.2)
⊞ Internet Protocol Version 6
⊟ Internet Control Message Protocol v6
    Type: 134 (Router advertisement)
    Code: 0
    Checksum: 0x370d (correct)
    Cur hop limit: 64
  ⊞ Flags: 0x00
    Router lifetime: 9000
    Reachable time: 0
    Retrans time: 0
  ⊟ ICMPv6 options
      Type: 5 (MTU)
      Length: 8 bytes (1)
      MTU: 1500
  ⊟ ICMPv6 options
      Type: 3 (Prefix information)
      Length: 32 bytes (4)
      Prefix length: 64
    ⊞ Flags: 0xc0
      Valid lifetime: 0x00278d00
      Preferred lifetime: 0x00093a80
      Prefix: 1::
```

图 15-10　ISATAP 中的 Router Advertisement

在 PCA 上用 ping 命令检查 PCA 和 PCB 之间的互通性,同时捕获报文。如图 15-11 所示的是由 PCA 发往 RTC 的 ICMP 请求报文。

```
⊟ Internet Protocol, Src Addr: 10.0.0.2 (10.0.0.2), Dst Addr: 2.2.2.2 (2.2.2.2)
    Version: 4
    Header length: 20 bytes
  ⊞ Differentiated Services Field: 0x00 (DSCP 0x00: Default; ECN: 0x00)
    Total Length: 100
    Identification: 0x32e3 (13027)
  ⊞ Flags: 0x00
    Fragment offset: 0
    Time to live: 128
    Protocol: IPv6 (0x29)
    Header checksum: 0xf988 (correct)
    Source: 10.0.0.2 (10.0.0.2)
    Destination: 2.2.2.2 (2.2.2.2)
⊟ Internet Protocol Version 6
    Version: 6
    Traffic class: 0x00
    Flowlabel: 0x00000
    Payload length: 40
    Next header: ICMPv6 (0x3a)
    Hop limit: 128
    Source address: 1::5efe:a00:2
    Destination address: 2::2
⊟ Internet Control Message Protocol v6
    Type: 128 (Echo request)
    Code: 0
    Checksum: 0x6bbe (correct)
    ID: 0x0000
    Sequence: 0x0036
    Data (32 bytes)
```

图 15-11　ISATAP 中的 ICMP Request

读者可自行查看所捕获报文的源 IP 地址、目的 IP 地址、源 IPv6 地址、目的 IPv6 地址,从而分析 ISATAP 隧道中的报文转发流程。

15.5　NAT-PT 配置与分析

15.5.1　实验内容与目标

(1) 掌握 NAT-PT 的配置方法。

(2) 加深理解 NAT-PT 的工作原理。

15.5.2　实验组网图

NAT-PT 实验组网图如图 15-12 所示。

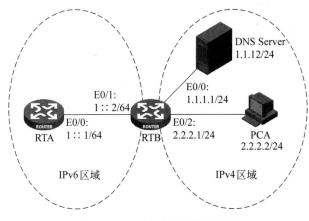

图 15-12　NAT-PT 实验组网图

15.5.3　实验设备与版本

实验设备与版本列表如表 15-2 所示。

表 15-2　实验设备与版本列表

名称和型号	版　　本	数量	描　　述
RT（MSR）	CMW5.20　Release 1808	2	1 台至少带有 3 个以太网接口，另 1 台至少带有 1 个以太网接口
SW	CMW3.10	1	不少于 8 个以太网接口
PC	Windows 系统	2	安装有 Windows XP SP1 或 Windows XP SP2
第 5 类 UTP 以太网连接线		6	直通线
路由器专用配置电缆		2	

15.5.4　实验过程

本实验包含 3 个部分：静态 NAT-PT 配置、动态 NAT-PT 配置、结合 DNS-ALG 的动态 NAT-PT 配置与分析。本实验的目标是掌握以上 3 种 NAT-PT 的配置方法，并理解它们的工作原理。

1. 建立物理连接

图 15-12 是一个逻辑连接图。由于在实验中需要捕获报文而进行报文分析，所以路由器之间、PC 与路由器之间是用一台以太网交换机连接起来的，并用 VLAN 进行不同链路间的隔离。读者可以根据实际情况自己进行配置。

2. 静态 NAT-PT 配置

在进行 NAT-PT 配置时,需要注意先要进行适当的地址规划,包括以下两点。

(1) IPv4 主机 PCA 如何在 IPv6 网络内标识自己,在这里使用 2::2。

(2) IPv6 主机 RTA 如何在 IPv4 网络内标识自己,在这里使用 2.2.2.3。

配置 RTA:

```
<RTA>system-view
[RTA] ipv6
[RTA] interface Ethernet0/0
[RTA-Ethernet0/0] ipv6 address 1::1 64
[RTA-Ethernet0/1] quit
[RTA] ipv6 route-static::0 1::2
```

配置 RTB:

```
<RTB>system-view
[RTB] ipv6
[RTB] interface Ethernet0/0
[RTB-Ethernet0/0] ip address 1.1.1.1 255.255.255.0
[RTB-Ethernet0/0] natpt enable
[RTB-Ethernet0/0] interface Ethernet0/1
[RTB-Ethernet0/1] ipv6 address 1::2 64
[RTB-Ethernet0/1] natpt enable
[RTB-Ethernet0/1] interface Ethernet0/2
[RTB-Ethernet0/2] ip address 2.2.2.1 255.255.255.0
[RTB-Ethernet0/2] natpt enable
[RTB-Ethernet0/2] quit
[RTB] natpt v4bound static 2.2.2.2 2::2
[RTB] natpt v6bound static 1::1 2.2.2.3
[RTB] natpt prefix 2:: interface Ethernet0/2
```

配置完成后,在 RTA 上用 ping 命令检查 NAT-PT 是否工作正常,如下所示。

```
[RTA]ping ipv6 2::2
  PING 2::2 : 56 data bytes,press CTRL_C to break
    Reply from 2::2
    bytes=56 Sequence=1 hop limit=63 time=3 ms
    Reply from 2::2
    bytes=56 Sequence=2 hop limit=63 time=3 ms
    Reply from 2::2
    bytes=56 Sequence=3 hop limit=63 time=2 ms
    Reply from 2::2
    bytes=56 Sequence=4 hop limit=63 time=3 ms
    Reply from 2::2
    bytes=56 Sequence=5 hop limit=63 time=2 ms
```

```
--- 2::2 ping statistics---
  5 packet(s) transmitted
  5 packet(s) received
  0.00%  packet loss
  round-trip min/avg/max=2/2/3 ms
```

由于在这里使用了静态映射,IPv4 地址与 IPv6 地址是一一对应的,所以在 PCA 上用 ping 2.2.2.3 命令来进行连通性测试时,一样可以成功。

在 RTB 上用如下命令观察 NAT-PT 静态映射建立的会话。

```
[RTB]display natpt session icmp

NATPT Session Info:
No      IPv6Source              IPv4Source          Pro
        IPv6Destination         IPv4Destination
1       0002::0002^0            2.2.2.2^0           ICMP
        0001::0001^0            2.2.2.3^0
```

因为静态 NAT-PT 中的地址映射是严格的双向一对一映射,所以会消耗大量的 IPv4 地址。另外,这种一对一映射的配置与维护不是很方便。这些缺点可在下面的动态 NAT-PT 中得到解决。

3. 动态 NAT-PT 配置

与 IPv4 NAT 的方法相同,在动态 NAT-PT 中,可以给多个从 IPv6 地址到 IPv4 地址的映射会话分配相同的 IPv4 地址,通过使用上层协议端口号来区分这些不同的会话。

在动态 NAT-PT 中,通过配置 IPv4 地址池来指定路由器能够分配哪些 IPv4 地址。

另外,在动态 NAT-PT 中,NAT-PT 网关向 IPv6 网络通告一个 96 位的地址前缀(该前缀可以是网络管理员选择的任意的在本网络内可路由的前缀)。在 IPv6 域中,主机用 96 位地址前缀加上 32 位的 IPv4 地址作为对 IPv4 网络中主机的标识。

保持 RTA 的配置不变,在 RTB 上删除上一个实验所做的配置,然后再做如下配置。

配置 RTB:

```
<RTB>system-view
[RTB] ipv6
[RTB] interface Ethernet0/0
[RTB-Ethernet0/0] ip address 1.1.1.1 255.255.255.0
[RTB-Ethernet0/0] natpt enable
[RTB-Ethernet0/0] interface Ethernet0/1
[RTB-Ethernet0/1] ipv6 address 1::2 64
[RTB-Ethernet0/1] natpt enable
[RTB-Ethernet0/1] interface Ethernet0/2
[RTB-Ethernet0/2] ip address 2.2.2.1 255.255.255.0
[RTB-Ethernet0/2] natpt enable
[RTB-Ethernet0/2] quit
[RTB] natpt address-group 1 2.2.2.3 2.2.2.4
[RTB] natpt prefix 2::
[RTB] natpt v6bound dynamic prefix 2:: address-group 1
```

配置完成后,在 RTA 中进行测试,结果如下所示。

```
<RTA>ping ipv6 2::2.2.2.2
  PING 2::2.2.2.2 : 56 data bytes,press CTRL_C to break
    Reply from 2::202:202
    bytes=56 Sequence=1 hop limit=63 time=5 ms
    Reply from 2::202:202
    bytes=56 Sequence=2 hop limit=63 time=2 ms
    Reply from 2::202:202
    bytes=56 Sequence=3 hop limit=63 time=2 ms
    Reply from 2::202:202
    bytes=56 Sequence=4 hop limit=63 time=2 ms
    Reply from 2::202:202
    bytes=56 Sequence=5 hop limit=63 time=2 ms

  --- 2::2.2.2.2 ping statistics---
    5 packet(s) transmitted
    5 packet(s) received
    0.00%  packet loss
    round-trip min/avg/max=2/2/5 ms
```

然后在 RTB 上查看动态 NAT-PT 中建立的会话,如下所示。

```
[RTB]display natpt session all

NATPT Session Info:
No      IPv6Source              IPv4Source              Pro
        IPv6Destination         IPv4Destination
1       0001::0001^44038        2.2.2.4^12290           ICMP
        0002::0202:0202^0       2.2.2.2^0
```

可以看到,NAT-PT 给源地址 1::1 分配了 2.2.2.4 的转换地址,并用端口号^12290 来标识。

和静态 NAT-PT 不同的是,此时无法从 PCA 主动发起到 RTA 的通信(因为 PCA 根本就不知道应该用什么 IPv4 地址来标识 IPv6 域中的 RTA)。也就是说,在动态 NAT-PT 中,只能从 IPv6 域发起连接,无法从 IPv4 域发起连接。

那么如何解决从 IPv4 域发起的通信问题呢?

可以在 RTB 上配置相关的 NAT-PT 静态映射来解决这个问题。

配置 RTB:

```
[RTB]natpt v6bound static 1::1 2.2.2.5
```

以上配置的含义是:在 IPv4 域中,用 IPv4 地址 2.2.2.5 来标识 1::1(RTA)。配置完成后,在 PCA 上用命令 ping 2.2.2.5 来进行到 RTA 的连通性测试,结果成功。

但这并不是一个好的解决方法,因为对于每一个 IPv6 域中的主机,在 NAT-PT 服务器上都需要设置一个 NAT-PT 静态映射,管理员的配置工作太复杂了,静态映射表项也不易维护。好的解决方法是使用结合 DNS-ALG 的动态 NAT-PT。

4．结合 DNS-ALG 的动态 NAT-PT 配置与分析

H3C 的路由器软件在默认情况下即能够提供 DNS-ALG 功能，并不需要特别的配置。所以在此实验中，主要是配置 DNS 服务器。

在这里使用一个支持 IPv6 域名解析的软件 Simple DNS 来做 DNS Server。首先在 DNS Server 上安装软件 Simple DNS。安装完成后，按照提示启动此软件，然后在软件上创建一个新的名为"h3"的区域，并添加如图 15-13 所示的 AAAA 记录及 A 记录。

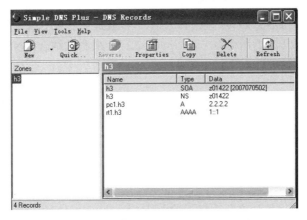

图 15-13　Simple DNS 中的 DNS 记录

执行 Tools→Options 命令，如图 15-14 所示，在弹出的 Options 对话框中选择 DNS Requests 选项卡，在其中选择 The IP addresses checked below 单选按钮，在其列表框中选定侦听 DNS 请求的地址为本机的地址，如图 15-15 所示。

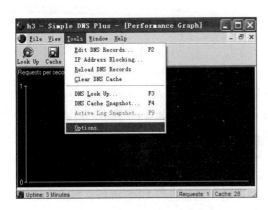

图 15-14　执行 Options 命令

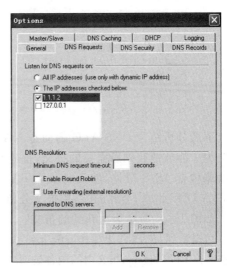

图 15-15　DNS Requests 选项卡

为了防止对实验结果造成影响，删除前面实验中的 NAT-PT 静态映射，如下所示。

配置 RTB：

```
[RTB]undo natpt v6bound static 1::1 2.2.2.5
```

为了使 RTA 能够发出 DNS 解析报文，需要在 RTA 上配置 DNS Server 为 1.1.1.2。如下为 RTA 上的 DNS 配置。

配置 RTA：

```
[RTA]dns resolve
[RTA]dns server ipv6 2::101:102
```

注意这里所配置的 DNS Server 为 2::101:102，也就是基于 NAT-PT 转换以后的 1.1.1.2。

配置完成后，在 RTA 上用命令 ping ipv6 pc1.h3 来测试结合 DNS-ALG 的动态 NAT-PT 是否工作，结果如下所示。

```
[RTA]ping ipv6 pc1.h3
 Trying DNS resolve,press CTRL_C to break
 Trying DNS server (2::101:102)
  PING pc1.h3 (2::202:202):
  56 data bytes,press CTRL_C to break
    Reply from 2::202:202
    bytes=56 Sequence=1 hop limit=63 time=4 ms
    Reply from 2::202:202
    bytes=56 Sequence=2 hop limit=63 time=3 ms
    Reply from 2::202:202
    bytes=56 Sequence=3 hop limit=63 time=3 ms
    Reply from 2::202:202
    bytes=56 Sequence=4 hop limit=63 time=3 ms
    Reply from 2::202:202
    bytes=56 Sequence=5 hop limit=63 time=3 ms

 --- pc1.h3 ping statistics ---
    5 packet(s) transmitted
    5 packet(s) received
    0.00%packet loss
    round-trip min/avg/max=3/3/4 ms
```

下面分析结合 DNS-ALG 的动态 NAT-PT 的工作原理。

为了能够捕获到所需要的报文，首先在 RTA 用命令＜RTA＞reset dns ipv6 dynamic-host 来清除 DNS 缓冲，然后再在 RTA 上用命令 ping ipv6 pc1.h3 来使 RTA 发起一个 AAAA DNS 请求；与此同时，用报文分析软件来捕获 RTA 和 RTB 之间的报文。

如图 15-16 所示为捕获到的报文。

可以看到，在 PCA 上操作 ping ipv6 pc1.h3 命令后，PCA 会发出 DNS 解析请求报文，请求报文被发往 DNS Server，报文内的内容是请求对 pc1.h3 这个名称进行 DNS 解析。当这个 DNS 请求报文被 RTB 接收到以后，由于这个 DNS 查询报文目的地址是 2::101:102(2::1.1.1.2)，符合 RTB 上配置的 Prefix，且是一个 DNS 请求报文，所以 RTB 会做以下两件事。

(1) 将解析请求报文中的 AAAA 记录查询转换为 A 记录查询。

(2) 将这个报文做地址转换。

```
   1 0.000000  1::1              2::101:102        DNS   Standard query AAAA pc1.h3
   2 0.003147  2::101:102        1::1              DNS   Standard query response AAAA 2::202:202
⊞ Frame 1 (86 bytes on wire, 86 bytes captured)
⊞ Ethernet II, Src: 00:0f:e2:50:44:30, Dst: 00:0f:e2:43:11:37
⊞ Internet Protocol Version 6
⊞ User Datagram Protocol, Src Port: 1029 (1029), Dst Port: domain (53)
⊟ Domain Name System (query)
     Transaction ID: 0x0005
   ⊞ Flags: 0x0100 (Standard query)
     Questions: 1
     Answer RRs: 0
     Authority RRs: 0
     Additional RRs: 0
   ⊟ Queries
     ⊟ pc1.h3: type AAAA, class IN
          Name: pc1.h3
          Type: AAAA (IPv6 address)
          Class: IN (0x0001)
```

图 15-16　DNS 解析请求报文

如图 15-17 所示报文是在 RTB 和 DNS Server 之间的链路上捕获的。从这个报文中可以看到转换后的 A 记录查询。

```
1358 4041.2459 2.2.2.4          1.1.1.2           DNS   Standard query A pc1.h3
1359 4041.2469 1.1.1.2          2.2.2.4           DNS   Standard query response
1360 4041.2476 1.1.1.2          2.2.2.4           DNS   Standard query response A 2.2.2.2
⊞ Frame 1358 (66 bytes on wire, 66 bytes captured)
⊞ Ethernet II, Src: 00:0f:e2:43:11:36, Dst: 00:0d:56:6d:8f:23
⊞ Internet Protocol, Src Addr: 2.2.2.4 (2.2.2.4), Dst Addr: 1.1.1.2 (1.1.1.2)
⊞ User Datagram Protocol, Src Port: 12289 (12289), Dst Port: domain (53)
⊟ Domain Name System (query)
     Transaction ID: 0x0002
   ⊞ Flags: 0x0100 (Standard query)
     Questions: 1
     Answer RRs: 0
     Authority RRs: 0
     Additional RRs: 0
   ⊟ Queries
     ⊟ pc1.h3: type A, class IN
          Name: pc1.h3
          Type: A (Host address)
          Class: IN (0x0001)
```

图 15-17　DNS-ALG 转换后的 DNS 解析请求报文

DNS Server 给 2.2.2.4（ RTA 的 IPv4 映射地址）回应的 A 记录查询应答如图 15-18 所示。

```
1358 4041.2459 2.2.2.4          1.1.1.2           DNS   Standard query A pc1.h3
1359 4041.2469 1.1.1.2          2.2.2.4           DNS   Standard query response
1360 4041.2476 1.1.1.2          2.2.2.4           DNS   Standard query response A 2.2.2.2
⊞ Frame 1360 (82 bytes on wire, 82 bytes captured)
⊞ Ethernet II, Src: 00:0d:56:6d:8f:23, Dst: 00:0f:e2:43:11:36
⊞ Internet Protocol, Src Addr: 1.1.1.2 (1.1.1.2), Dst Addr: 2.2.2.4 (2.2.2.4)
⊞ User Datagram Protocol, Src Port: domain (53), Dst Port: 12289 (12289)
⊟ Domain Name System (response)
     Transaction ID: 0x0002
   ⊞ Flags: 0x8580 (Standard query response, No error)
     Questions: 1
     Answer RRs: 1
     Authority RRs: 0
     Additional RRs: 0
   ⊟ Queries
     ⊟ pc1.h3: type A, class IN
          Name: pc1.h3
          Type: A (Host address)
          Class: IN (0x0001)
   ⊟ Answers
     ⊟ pc1.h3: type A, class IN, addr 2.2.2.2
          Name: pc1.h3
          Type: A (Host address)
          Class: IN (0x0001)
          Time to live: 1 day, 1 hour
          Data length: 4
          Addr: 2.2.2.2
```

图 15-18　DNS 解析应答报文

注意这里的应答报文中的地址是:2.2.2.2。RTB 收到这个报文以后,将其转换为如图 15-19 所示的 AAAA 记录查询应答报文并发送给 RTA。

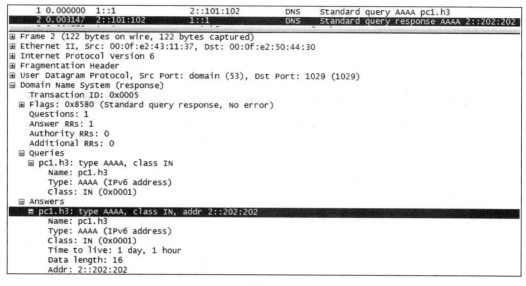

图 15-19　DNS-ALG 转换后的 DNS 解析应答报文

注意这里的应答报文中的地址是 2::202:202(2::2.2.2.2),即 PCA 的 IPv6 映射地址。

15.5.5　思考题

1. 在以上实验中,网络中每一台主机或路由器都可以用域名通信吗?

答案:不可以。在 PCA 用 ping rt1.h3 命令来测试到 RTA 的连通性时,不能成功。这是因为 DNS 解析返回的结果是 AAAA 记录,而 PCA 是 IPv4 主机并不认识它。解决的方法是在 RTB 上添加一个静态 IPv6 地址绑定(比如 1::1→1.1.1.3),并同时在 DNS Server 上添加一个名为 rt1.h3 的 A 记录(rt1.h3→1.1.1.3),这样 PCA 就可以 ping 通 rt1.h3 了。

2. 思考题 1 的解决方案还是离不开 IPv4 地址到 IPv6 地址的一对一静态映射配置,如何能够做到不用静态配置而达到全网域名通信的目的?

答案:可以在 IPv6 域中放置一台 IPv6 DNS 服务器。经过配置,让所有从 IPv4 域中发出的,目的是解析 IPv6 域中主机的 DNS 解析请求被 NAT-PT 转发到 IPv6 DNS 服务器。具体实现可参考本书第 9 章中的相关内容。

15.6　6PE 隧道配置与分析

15.6.1　实验内容与目标

(1) 掌握 6PE 隧道的配置方法。

(2) 加深理解 6PE 隧道的工作原理。

15.6.2　实验组网图

6PE 隧道实验组网图如图 15-20 所示。

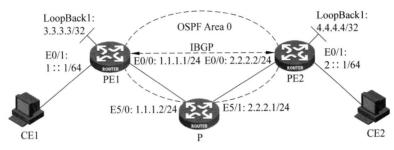

图 15-20　6PE 隧道实验组网图

15.6.3　实验设备与版本

实验设备与版本列表如表 15-1 所示。

15.6.4　实验过程

本实验的目标是掌握 6PE 隧道技术的配置方法,并通过分析报文来加深理解 6PE 隧道的工作原理。

1. 建立物理连接

图 15-20 是一个逻辑连接图。由于在实验中需要捕获报文而进行报文分析,所以路由器之间、PC 与路由器之间是用一台以太网交换机连接起来的,并用 VLAN 进行不同链路间的隔离。读者可以根据实际情况自己进行配置。

2. 6PE 的配置

(1) 配置 PE1
♯使能 IPv6 报文转发功能、MPLS 协议和 LDP 协议。

```
[PE1] ipv6
[PE1] mpls lsr-id 3.3.3.3
[PE1] mpls
[PE1-mpls] lsp-trigger all
[PE1-mpls] quit
[PE1] mpls ldp
[PE1-mpls-ldp] quit
```

♯配置接口 Ethernet 0/1 的 IPv6 地址。

```
[PE1]interface Ethernet 0/1
[PE1-Ethernet0/1] ipv6 address 1::1 64
[PE1-Ethernet0/1]undo ipv6 nd ra halt
[PE1-Ethernet0/1] quit
```

＃配置接口 Ethernet 0/0 地址,并使能 MPLS 协议和 LDP 协议。

```
[PE1]interface Ethernet 0/0
[PE1-Ethernet0/0]ip address 1.1.1.1 24
[PE1-Ethernet0/0]mpls
[PE1-Ethernet0/0]mpls ldp
[PE1-Ethernet0/0] quit
```

＃配置接口 LoopBack1 地址。

```
[PE1] interface loopback 1
[PE1-LoopBack1] ip address 3.3.3.3 32
[PE1-LoopBack1] quit
```

＃配置 IBGP,使能对等体的 6PE 能力,并引入 IPv6 的直连路由。

```
[PE1] bgp 65100
[PE1-bgp] peer 4.4.4.4 as-number 65100
[PE1-bgp] peer 4.4.4.4 connect-interface loopback 1
[PE1-bgp] ipv6-family
[PE1-bgp-af-ipv6] import-route direct
[PE1-bgp-af-ipv6] peer 4.4.4.4 enable
[PE1-bgp-af-ipv6] peer 4.4.4.4 label-route-capability
[PE1-bgp-af-ipv6] quit
[PE1-bgp] quit
```

＃配置 OSPF,触发 LSP 的建立。

```
[PE1] ospf
[PE1-ospf-1] area 0
[PE1-ospf-1-area-0.0.0.0] network 3.3.3.3 0.0.0.0
[PE1-ospf-1-area-0.0.0.0] network 1.1.1.1 0.0.0.255
[PE1-ospf-1-area-0.0.0.0] quit
[PE1-ospf-1] quit
```

(2) 配置 PE2

＃使能 IPv6 报文转发功能、MPLS 协议和 LDP 协议。

```
<PE2>systme-view
[PE2] ipv6
[PE2] mpls lsr-id 4.4.4.4
[PE2] mpls
[PE2-mpls] lsp-trigger all
[PE2-mpls] quit
[PE2] mpls ldp
[PE2-mpls-ldp] quit
```

＃配置接口 Ethernet 0/0 地址,并使能 MPLS 协议和 LDP 协议。

```
[PE2] interface Ethernet 0/0
[PE2-Ethernet0/0] ip address 2.2.2.2 24
[PE2-Ethernet0/0] mpls
[PE2-Ethernet0/0] mpls ldp
```

```
[PE2-Ethernet0/0] quit
```

#配置接口 Ethernet 0/1 的 IPv6 地址。

```
[PE2] interface ethernet 0/1
[PE2-Ethernet0/1]ipv6 address 2::1 64
[PE2-Ethernet0/1]undo ipv6 nd ra halt
[PE2-Ethernet0/1] quit
```

#配置接口 LoopBack1 地址。

```
[PE2] interface loopback 1
[PE2-LoopBack1] ip address 4.4.4.4 32
[PE2-LoopBack1] quit
```

#配置 IBGP,使能对等体的 6PE 能力,并引入 IPv6 的直连路由。

```
[PE2] bgp 65100
[PE2-bgp] peer 3.3.3.3 as-number 65100
[PE2-bgp] peer 3.3.3.3 connect-interface loopback 1
[PE2-bgp] ipv6-family
[PE2-bgp-af-ipv6] import-route direct
[PE2-bgp-af-ipv6] peer 3.3.3.3 enable
[PE2-bgp-af-ipv6] peer 3.3.3.3 label-route-capability
[PE2-bgp-af-ipv6] quit
[PE2-bgp] quit
```

#配置 OSPF,触发 LSP 的建立。

```
[PE2] ospf
[PE2-ospf-1] area 0
[PE2-ospf-1-area-0.0.0.0] network 4.4.4.4 0.0.0.0
[PE2-ospf-1-area-0.0.0.0] network 2.2.2.2 0.0.0.255
[PE2-ospf-1-area-0.0.0.0] quit
[PE2-ospf-1] quit
```

(3) 配置 P
#使能 MPLS 协议和 LDP 协议。

```
[P]mpls lsr-id 5.5.5.5
[P]mpls
[P-mpls]lsp-trigger all
[P-mpls]quit
[P]mpls ldp
[P-mpls-ldp]quit
```

#配置接口 Ethernet 5/0 地址,并使能 MPLS 协议和 LDP 协议。

```
[P]interface Ethernet 5/0
[P-Ethernet5/0]ip address 1.1.1.2 24
[P-Ethernet5/0]mpls
[P-Ethernet5/0]mpls ldp
[P-Ethernet5/0]quit
```

＃配置接口 Ethernet 5/1 地址，并使能 MPLS 协议和 LDP 协议。

```
[P]interface Ethernet 5/1
[P-Ethernet5/1]ip address 2.2.2.1 24
[P-Ethernet5/1]mpls
[P-Ethernet5/1]mpls ldp
[P-Ethernet5/1]quit
```

＃配置接口 LoopBack1 地址。

```
[P]interface LoopBack 1
[P-LoopBack1]ip address 5.5.5.5 32
[P-LoopBack1]quit
```

＃配置 OSPF，触发 LSP 的建立。

```
[P]ospf
[P-ospf-1]area 0
[P-ospf-1-area-0.0.0.0]network 1.1.1.2 0.0.0.255
[P-ospf-1-area-0.0.0.0]network 2.2.2.1 0.0.0.255
[P-ospf-1-area-0.0.0.0]network 5.5.5.5 0.0.0.0
[P-ospf-1-area-0.0.0.0]quit
[P-ospf-1]quit
```

配置完成后，在 CE1 或 CE2 上测试隧道的连通性。结果是成功，如下所示。

```
C:\Documents and Settings\Administrator>ping 2::1
Pinging 2::1 with 32 bytes of data:

Reply from 2::1: time=3ms
Reply from 2::1: time=2ms
Reply from 2::1: time=2ms
Reply from 2::1: time=2ms

Ping statistics for 2::1:
    Packets: Sent=4,Received=4,Lost=0 (0%  loss),
Approximate round trip times in milli-seconds:
    Minimum=2ms,Maximum=3ms,Average=2ms
```

同时，在 PE1 或 PE2 上进行 IPv6 路由信息的查看，如下所示。

```
<PE2>display ipv6 routing-table
Routing Table:
        Destinations:5          Routes:5
...
Destination :1 ::/64                      Protocol  :BGP4+
NextHop    :  ::FFFF:3.3.3.3              Preference: 255
Interface  :NULL0                         Cost     :  0

Destination :2 ::/64                      Protocol  :Direct
NextHop    :2 ::1                         Preference:0
Interface  :Eth0/1                        Cost      :0
```

```
<PE1>display ipv6 routing-table
Routing Table :
        Destinations :5       Routes :5
...
Destination :1 ::/64                    Protocol   :Direct
NextHop    :1 ::1                       Preference:0
Interface  :Eth0/1                      Cost       :0

Destination :2 ::/64                    Protocol   :BGP4+
NextHop    : ::FFFF:4.4.4.4             Preference:255
Interface  :NULL0                       Cost       :0
...
```

3. 6PE 隧道原理分析

6PE 隧道的工作原理是通过 MBGP 把 IPv6 前缀信息发布到对端设备,并把 IPv6 数据报文封装在 MPLS 报文中发送的。下面分析 PE1 是如何把 1::/64 这个 IPv6 前缀发布到 PE2 的,PE2 是如何利用 IPv4 的 LSP 来转发 IPv6 报文到达 PE1 的。

在交换机上配置镜像,使交换机把 PE1 和 P 之间接口的报文镜像到连接 PC 的接口上。交换机上配置镜像的方法与交换机的具体型号有关,可参考交换机的配置手册。开启报文分析软件来捕获报文,并在 PE1 与 P 之间把 BGP 连接重置,可以捕获到 BGP 交互的报文,如图 15-21 所示。

```
702 *REF*    3.3.3.3         4.4.4.4         BGP    OPEN Message
704 0.149848  3.3.3.3         4.4.4.4         BGP    KEEPALIVE Message
737 45.012687 3.3.3.3         4.4.4.4         BGP    KEEPALIVE Message
773 90.030501 3.3.3.3         4.4.4.4         BGP    KEEPALIVE Message
775 92.029679 3.3.3.3         4.4.4.4         BGP    UPDATE Message

⊞ Frame 702 (105 bytes on wire, 105 bytes captured)
⊞ Ethernet II, Src: 00:0f:e2:43:11:36, Dst: 00:0f:e2:42:f3:4b
⊞ Internet Protocol, Src Addr: 3.3.3.3 (3.3.3.3), Dst Addr: 4.4.4.4 (4.4.4.4)
⊞ Transmission Control Protocol, Src Port: 1036 (1036), Dst Port: bgp (179), Seq: 1, Ack: 0, Len: 51
⊞ Border Gateway Protocol
```

图 15-21　6PE 中的 OPEN 消息

从图 15-21 中可以看出,PE1 与 PE2 通过 OPEN 消息建立了 BGP 连接,并通过 UPDATE 消息来进行路由信息的通告。如图 15-22 所示为 UPDATE 消息的详细内容。

从图 15-22 所示的 UPDATE 消息可以看到,PE1 通过 MBGP 的属性 MP_REACH_NLRI 发布的 IPv6 前缀是 1::/64,下一跳是::FFFF:3.3.3.3,对应的 IPv6 标签是 1027,这个标签是内层标签。

因为 PE1 发布了此 IPv6 前缀,所以 PE2 就把它放到自己的 IPv6 路由表中。但是下一跳::FFFF:3.3.3.3 是一个特殊的 IPv6 地址,网络中实际上是不存在这个地址的。所以 6PE 协议将这个地址中的 IPv4 地址提取出来,作为 BGP IPv6 路由的下一跳。这可以通过在 PE2 上查看 BGP 的 IPv6 路由表来验证,如下所示。

```
<PE2>display bgp ipv6 routing-table
Total Number of Routes: 2

BGP Local router ID is 4.4.4.4
Status codes : *- valid,>-best,d-damped,
```

```
⊟ Border Gateway Protocol
  ⊟ UPDATE Message
       Marker: 16 bytes
       Length: 81 bytes
       Type: UPDATE Message (2)
       Unfeasible routes length: 0 bytes
       Total path attribute length: 58 bytes
     ⊟ Path attributes
       ⊞ ORIGIN: INCOMPLETE (4 bytes)
       ⊞ AS_PATH: empty (3 bytes)
       ⊞ MULTI_EXIT_DISC: 0 (7 bytes)
       ⊞ LOCAL_PREF: 100 (7 bytes)
       ⊟ MP_REACH_NLRI (37 bytes)
         ⊞ Flags: 0x90 (Optional, Non-transitive, Complete, Extended Length)
           Type code: MP_REACH_NLRI (14)
           Length: 33 bytes
           Address family: IPv6 (2)
           Subsequent address family identifier: Labeled Unicast (4)
         ⊟ Next hop network address (16 bytes)
             Next hop: ::ffff:3.3.3.3 (16)
           Subnetwork points of attachment: 0
         ⊟ Network layer reachability information (12 bytes)
             Label Stack=1027 (bottom), IPv6=1::/64
```

图 15-22　6PE 中的 UPDATE 消息

```
h-history,i-internal,s-suppressed,S-Stale
Origin:i-IGP,e-EGP,?-incomplete


*>i Network  :1::              PrefixLen :64
    NextHop   :3.3.3.3          LocPrf    :100
    PrefVal   :0               Label     :1027
    MED       :0
    Path/Ogn  :?
```

以上是对 PE 间用 MBGP 协议进行 6PE 隧道建立过程的分析。下面再来分析通过 6PE 隧道传输的数据报文是如何封装的。

在 PE2 上用命令 ping ipv6 1::1 来发送到 PE1 的 IPv6 报文,同时用报文分析软件在 PE1 与 P 之间的链路上捕获相应的 MPLS 报文。捕获的报文如图 15-23 所示。

```
 1580 1054.0961 2::1              1::1           ICMPv6 Echo request
 1581 1054.0967 1::1              2::1           ICMPv6 Echo reply
 1582 1054.2981 2::1              1::1           ICMPv6 Echo request
⊞ Frame 1581 (126 bytes on wire, 126 bytes captured)
⊞ Ethernet II, Src: 00:0f:e2:43:11:36, Dst: 00:0f:e2:42:f3:4b
⊟ MultiProtocol Label Switching Header, Label: 1033, Exp: 0, S: 0, TTL: 64
    MPLS Label: 1033
    MPLS Experimental Bits: 0
    MPLS Bottom Of Label Stack: 0
    MPLS TTL: 64
⊟ MultiProtocol Label Switching Header, Label: 1027, Exp: 0, S: 1, TTL: 64
    MPLS Label: 1027
    MPLS Experimental Bits: 0
    MPLS Bottom Of Label Stack: 1
    MPLS TTL: 64
⊞ Internet Protocol Version 6
⊞ Internet Control Message Protocol v6
```

图 15-23　PE1 到 PE2 的报文封装

从图 15-23 可以看出,从 PE1(1::1)发出的报文被打了两层标签,外层标签是 MPLS 的公网标签,内层标签是 PE2 分配给 IPv6 前缀 1::/64 的标签 1027。再来看从 PE2 到 PE1 的报文,如图 15-24 所示。

从图 15-24 可以看出,PE1 从 PE2(2::1)收到的 MPLS 报文仅有内层标签,因为前一跳路由器把外层公网标签给弹出了。

```
 1586 1054.7184. 2::1                    1::1                ICMPv6 Echo request
 1587 1054 7191  1::1                     2::1              ICMPv6 Echo reply
⊞ Frame 1586 (122 bytes on wire, 122 bytes captured)
⊞ Ethernet II, Src: 00:0f:e2:42:f3:4b, Dst: 00:0f:e2:43:11:36
⊟ MultiProtocol Label Switching Header, Label: 1027, Exp: 0, S: 1, TTL: 254
    MPLS Label: 1027
    MPLS Experimental Bits: 0
    MPLS Bottom Of Label Stack: 1
    MPLS TTL: 254
⊞ Internet Protocol Version 6
⊞ Internet Control Message Protocol v6
```

图 15-24　PE2 到 PE1 的 ICMP 报文

15.6.5　思考题

MBGP 邻居间发布路由用 UPDATE 消息,相关路由属性是 MP_REACH_NLRI。如果 MBGP 要撤销路由,相关路由属性是什么？

答案：撤销路由的相关属性是 MP_UNREACH_NLRI。

15.7　总　　结

本实验的目标是在路由器上配置过渡技术,并通过捕获报文对它们的工作原理做出分析。通过以上实验,读者可以对各种过渡技术的配置方法及工作原理有一个深入的了解。

附录 A　IPv6 在主流操作系统上的实现及配置介绍

本书的主要内容是 IPv6 技术在 H3C 路由器上的实现和配置,但在一个 IPv6 网络中,不但有网络设备,还有主机、操作系统、应用程序等。所以本附录就当前的主流操作系统对 IPv6 的支持情况、如何配置等进行介绍,目的是能够帮助读者了解相关的基本知识,利用这些操作系统及应用程序来更好地学习 IPv6 协议。

1. 主流操作系统对 IPv6 的支持情况

本书涉及的操作系统主要包含 Windows 和 Linux。目前能够支持 IPv6 的 Windows 操作系统如下。

(1) Windows Server 2003。

(2) Windows XP(Service Pack 1)、Windows XP(Service Pack 2)。

(3) Windows CE . NET 4.1 及以后版本。

(4) Windows Vista、Windows Server 2008。

Linux 操作系统是在内核版本 2.2.0 以后能够支持 IPv6 的。

至于详细的各操作系统所能支持的 IPv6 特性列表,可以查阅相应操作系统的官方网站。

2. Windows 操作系统上相关 IPv6 的配置

这里主要以 Windows XP 为例介绍一下基本配置,包括 IPv6 协议栈的安装、IPv6 地址的手动配置、IPv6 路由的配置。

(1) 安装 IPv6 协议栈

在 Windows XP(SP2)和 Windows Server 2003 系统中,有两种方法安装 IPv6 协议栈:图形化安装和命令行方式安装。如果用图形化方式安装,操作步骤如下。

① 使用有权限更改网络操作的用户账户登录计算机。

② 单击“开始”按钮,执行“设置”|“控制面板”命令,然后双击“网络连接”图标。

③ 右击任何局域网连接图标,然后执行“属性”命令。

④ 单击“安装”按钮。

⑤ 在“选择网络组件类型”对话框中,选择“协议”选项,然后单击“添加”按钮。

⑥ 在“选择网络协议”对话框中, 选择“Microsoft TCP/IP 版本 6”选项,然后单击“确定”按钮。

⑦ 最后,单击“关闭”按钮,保存对网络连接的更改。

注意:在 Windows XP(SP1)中安装 IPv6 时,在第⑥步“选择网络协议”对话框中,出现的协议是 Microsoft IPv6 Developer Edition。

如果用命令行方式安装,则需要在"命令提示符"窗口中输入命令 netsh interface ipv6 install,如下所示。

```
C:\>netsh interface ipv6 install
Checking for another fwkern instance...
确定.
```

(2) 卸载 IPv6 协议栈

可以在"命令提示符"窗口中输入命令 netsh interface ipv6 uninstall 来卸载 IPv6 协议栈。

```
C:\>netsh interface ipv6 uninstall
Checking for another fwkern instance...
需要重新启动来完成此操作.
```

(3) IPv6 地址、路由的配置

IPv6 地址配置包括自动地址配置和手动地址配置。自动地址配置包括有状态自动配置和无状态地址配置,在本书正文中有讲述。下面讲述如何在 Windows 操作系统上手动配置 IPv6 地址。

Windows 操作系统提供了一个 netsh 工具来完成相关的查看、配置功能,操作界面类似于路由器的操作系统界面。在"命令提示符"窗口下输入命令 netsh 进入 netsh 工具的界面。

```
C:\>netsh
netsh>
```

在 netsh 界面下,可以对网络相关的属性进行配置。输入命令 interface ipv6 进入到与 IPv6 接口相关的界面。

```
netsh>interface ipv6
netsh interface ipv6>
```

在 IPv6 接口界面下,读者可以输入"?"来进行查询及获得在线帮助。比较常用的命令有 show 命令,用来查看已有的配置;add 命令,用来给接口增加配置;delete 命令,用来取消某项配置;等等。

```
netsh interface ipv6>?

下列指令有效:

命令从 netsh 上下文继承:
...                 -移到上一层上下文级.
abort               -丢弃在脱机模式下所做的更改.
add                 -在项目列表上添加一个配置项目.
alias               -添加一个别名.
bridge              -更改到'netsh bridge'上下文.
bye                 -退出程序.
commit              -提交在脱机模式中所做的更改.
delete              -在项目列表上删除一个配置项目.
```

例如,如果需要查看本机上的接口及相关的 IPv6 地址,可以输入命令 show address 来查看,如下所示。

```
netsh interface ipv6>show address
正在查询活动状态...

接口 5:本地连接

地址类型        DAD 状态        有效寿命        首选寿命        地址
链接            首选项          infinite        infinite        fe80::20d:56ff:fe6d:8f23

接口 2:Automatic Tunneling Pseudo-Interface

地址类型        DAD 状态        有效寿命        首选寿命        地址
链接            首选项          infinite        infinite        fe80::5efe:10.153.49.8

接口 1: Loopback Pseudo-Interface

地址类型        DAD 状态        有效寿命        首选寿命        地址
环回            首选项          infinite        infinite        ::1
链接            首选项          infinite        infinite        fe80::1
```

可以看到,Windows 操作系统有很多接口,每个接口都有一个唯一的索引号和相对应的 IPv6 地址。所以,在 Windows 操作系统中执行 ping 操作的时候,如果目的地址是链路本地地址,需要用符号"％"后跟接口索引号,来告诉系统所发出的 ping 报文的源地址是哪个接口上的地址。

```
C:\>ping fe80::20d:56ff:fe6d:8f23% 5
```

用 add 命令在给某个接口手动配置 IPv6 地址时,也需要用到接口索引号,以告诉系统此地址是配置在哪一个接口上的,如下所示。

```
netsh interface ipv6>add address int= 5 1::1
确定.

netsh interface ipv6>show address
正在查询活动状态...

接口 5: 本地连接

地址类型        DAD 状态        有效寿命        首选寿命        地址
手动            首选项          infinite        infinite        1::1
链接            首选项          infinite        infinite        fe80::20d:56ff:fe6d:8f23
```

用 delete 命令可以删除接口上的地址。

```
netsh interface ipv6>delete address int=5 1::1
确定.
```

用 add route 命令来指定添加路由,并用 show route 命令来查看。

```
netsh interface ipv6>add route ::/0 int=5 nexthop=1::2
确定.

netsh interface ipv6>show route
正在查询活动状态...
```

发行	类型	Met	前缀	索引	网关/接口名
no	手动	0	::/0	5	1::2

其他更多命令,读者可以根据系统所提示的帮助信息来自己配置,或登录微软公司的官方网站 www.microsoft.com 来查询。

3. Linux 操作系统上相关 IPv6 的配置

Linux 在内核版本 2.2.0 以后能够支持 IPv6,内核版本与 Linux 的版本对应关系可以在官方网站上查看到。在 Linux 系统启动时,系统也会显示当前运行的内核版本。

确定内核版本能够支持 IPv6 后,再查看当前系统是否支持 IPv6(系统有没有加载 IPv6 模块)。可以通过查看"/proc/net/if_inet6"文件是否存在以确定当前系统是否支持 IPv6。

如果当前系统不支持,可以在终端命令行下用如下命令来加载 IPv6 模块。

```
#modprobe ipv6
```

成功加载后就可以使用 IPv6 了。

另外一个简便的办法是在安装 Linux 系统时,系统提示选择哪些安装包时,选择全部安装。这样完成安装后 Linux 就可以支持 IPv6 了。不过要注意硬盘空间是否满足全部安装的要求。

与 Windows 操作系统一样,Linux 操作系统会自动为接口生成链路本地地址。如果需要手动配置 IPv6 地址,则需要在系统的终端命令行下执行如下命令:

```
#ip -6 address add 1::1/64 dev eth0
```

上面的命令中,eth0 是接口名称,Linux 操作系统默认用 eth0 名称来标识。

配置完成后,可以用命令 ifconfig 或 ip -6 address 来查看接口上的 IPv6 地址,如下所示。

```
#ip -6 address show dev eth0
```

如果要给接口配置路由,则需要执行如下命令:

```
#route -A inet6 add 2::/64 gw 1::2
```

如果想删除此条路由,则用 del 参数:

```
#route -A inet6 del 2::/64 gw 1::2
```

配置完成后,可以用 ping6 命令来进行测试,如下所示。

```
#ping6 1::2
```

4. Windows XP 及 Windows Server 2003 对 IPv6 应用程序的支持

下面介绍 Windows XP 及 Windows Server 2003 操作系统能够支持的常用的 IPv6 应

用程序,并对一些常用的 IPv6 第三方应用程序进行简单介绍。

(1) IPv6 DNS 的支持

Windows Server 2003 操作系统可以支持 IPv6 DNS。配置及注意事项可查阅微软公司官方网站的相关文章。

(2) DHCPv6 的支持

Windows Server 2003 操作系统不支持 DHCPv6。

目前基于 Windows 平台的支持 DHCPv6 的服务器软件相对比较少,且多集成于大型的中间件软件中。有一个小巧且开源的支持 DHCPv6 的软件为 Dibbler,官方网站为 http://klub.com.pl/dhcpv6/。感兴趣的读者可以下载安装来做测试。

(3) IPv6 FTP 应用程序

Windows XP 及 Windows Server 2003 操作系统不支持 IPv6 FTP 服务器的功能,仅支持 IPv6 FTP 客户端功能。目前有不少第三方的 FTP 软件已经能够支持 IPv6 功能。其中比较常用的 FTP 服务器软件为 Xlight FTP,官方网站为 www.xlightftpd.com/cn,读者可以下载来做测试。另外一个较常用的第三方 FTP 服务器软件叫做 SmartFTP,官方网站为 http://www.smartftp.com/。

(4) IPv6 HTTP 服务器应用程序

目前支持 IPv6 HTTP 服务器的应用程序种类较多,主流产品主要有 IBM Websphere、BEA Weblogic、Microsoft IIS 等商业软件以及开源的 Apache。

(5) IPv6 网页浏览器

在 Windows 操作系统中,IE 6.0 不支持使用 IPv6 地址形式作为 URL 来访问网页,而仅能进行 DNS 域名解析后访问网页。例如,如果有一个网站服务器的 IPv6 地址是 2001::1,域名为 http://www.test.com,则 IE 6.0 不能用地址形式 http://[2001::1]来访问这个站点,只能用名称来访问。这对读者测试 IPv6 DNS 来说有时不太方便。

当前对 IPv6 支持比较完整的浏览器有:FileZilla、MyIE、Opera 以及 Netscape 等。

(6) IPv6 Telnet 客户端程序

Windows XP 及 Windows Server 2003 操作系统能够支持 IPv6 Telnet 客户端应用。Putty 是目前比较常用的第三方 IPv6 Telnet 的客户端,在版本 0.58 之后能够透明地支持 IPv6,同时支持 SSHv6,其官方网站为 http://www.chiark.greenend.org.uk/~sgtatham/putty/。

(7) 多媒体应用程序

较常用的有 VideoLAN,可以用于服务器及客户端。其支持 IPv6 的版本是 VLC 0.3.0 及以后,官方网站为 http://www.videolan.org。另外,Windows 操作系统自带的媒体播放器 Mediaplay 自从 9.0 版本以后也能够支持 IPv6 媒体流的播放。

附录 B　移动 IPv6 简介

1. 移动 IPv6 的起源

随着 Internet 和移动通信技术的迅速发展,手机、PDA、笔记本电脑等移动通信设备在人们的日常生活和工作中得到了广泛的应用,这些设备的使用者迫切希望能通过这些设备随时随地地访问 Internet,并不受移动设备漫游的影响。IPv4 最初是针对固定设备进行网络互联而设计的协议标准,本身不具有移动性。为此,IETF 的移动 IP 工作组(IP Routing for Wireless/Mobile Hosts)于 1996 年制定了用于 IPv4 的移动技术标准——移动 IP(Mobile IP,MIP)。这里为了区分,称其为移动 IPv4。

在移动 IPv4 中,当移动节点进入另一个网络时,需要获得一个新的移动 IP 地址,而保持原有 IP 地址不变。这个新地址称为转交地址,其原来的地址称为家乡地址。家乡地址用以维持其原有 TCP 连接,而转交地址则用以向家乡代理注册,指明其当前所在的位置。

然而移动 IPv4 在实际应用中存在一些问题,制约了其发展。例如,在移动 IPv4 中,所有发送到移动节点的数据包都通过其家乡代理来路由到移动节点,移动节点、家乡代理与通信对端之间形成三角形路由。这个三角形的路由过程与直接路由相比,网络开销大大增加,使访问移动节点的通信时延变长。另外,移动 IPv4 还面临着 IPv4 地址的短缺,其安全性也需要由 IPSec 来保证,但 IPSec 在 IPv4 中是可选部分,需要额外支持。以上种种问题制约了移动 IPv4 的发展。

移动 IPv6(Mobile IPv6,MIPv6)协议对于移动 IPv4 存在的问题进行了修正和解决。IPv6 协议在制定之初就考虑到了 IP 的移动性问题,IPv6 协议中的很多特性是为解决移动性问题而提出的,这些特性都是 IPv4 所不具备的。在 IPv6 协议基础上构建移动特性,将是解决移动计算问题的根本方案。移动 IPv6 协议正是建立在 IPv6 体系结构上的,并作为 IPv6 协议有机的组成部分,成为 IPv6 本质性的功能之一。移动 IPv6 协议在 RFC3775 中定义。

2. 移动 IPv6 的基本概念

移动 IPv6 沿用了许多移动 IPv4 的基本概念,如继续采用移动主机、家乡代理、家乡地址、转交地址、家乡链路和外地链路,但不再采用移动 IPv4 中外地代理的概念。

移动 IPv6 的组成如图 B-1 所示。

下面介绍一下移动 IPv6 所涉及的相关概念。

(1) 移动节点(Mobile Node,MN):可更改接入链路、自由接入不同网络的 IPv6 节点,其改变地址后仍使用其家乡地址保持连接性。

(2) 家乡地址(Home Address):分配给移动节点的全球可聚合单播 IPv6 地址,并作为移动节点永久使用的地址。移动节点连接到家乡链路时获得,而且无论移动节点位于 IPv6 网络任何位置,通过该地址任何其他通信节点始终可以访问相应的移动节点。一个移动节点可以有多个家乡地址,但取决于其家乡链路上的网络前缀个数。

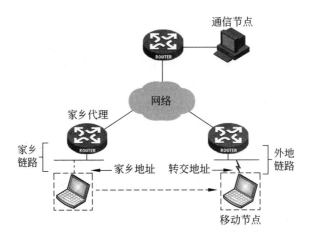

图 B-1　移动 IPv6 的基本组成

（3）家乡子网前缀（Home Subnet Prefix）：对应于家乡地址的网络前缀。

（4）家乡链路（Home Link）：移动节点最初生成移动节点家乡子网前缀所在的链路。

（5）外地链路（Foreign Link）：不属于移动节点的家乡链路的链路。

（6）转交地址（Care-of Address，CoA）：移动节点处于外地链路时通信所用的 IPv6 地址。

（7）家乡代理（Home Agent，HA）：家乡链路上的一台路由器，保存处于外地链路的移动节点的注册信息及转交地址。家乡代理将发送给移动节点家乡地址的数据报文封装后，通过隧道发送到移动节点的转交地址。图 B-1 中的家乡代理充当将家乡链路连接到 IPv6 网络的路由器，但是家乡代理不是必须提供这项功能。家乡代理也可以是家乡链路上的一个节点，当移动节点连接到家乡链路时，其可以不执行任何转发操作。

（8）绑定（Binding）：移动节点的家乡地址与转交地址的关联。

（9）通信节点（Correspondent Node）：与移动节点通信的 IPv6 节点。通信节点不一定必须支持移动 IPv6。

支持移动 IPv6 的通信节点家乡代理在绑定缓存中保存有关绑定的信息。移动节点在绑定更新列表中保存有关通信节点的信息。此外，还有很多概念，详情可参考相关 RFC。

3. 移动 IPv6 的基本工作原理

移动 IPv6 的基本工作原理如下。

（1）移动节点连接在它的家乡链路上时与任何固定的主机和路由器一样工作，采用通常的 IP 寻址机制对发往移动主机的数据包或由移动主机发出的数据包进行选路。

（2）移动节点采用 IPv6 中 ND 协议的路由器发现（Router Discovery）机制来判断移动节点当前的位置和移动节点是否发生链路切换。

（3）当移动节点连接在它的外地链路上时，它采用 IPv6 的地址自动配置方法获得外地链路上的转交地址，以及默认路由器。

（4）移动节点将最新的转交地址通知给家乡代理，进行注册。

（5）家乡代理将发送给移动节点家乡地址的数据报文通过 IPv6-over-IPv6 隧道转发到移动节点的转交地址。

（6）同时，移动节点使用转交地址作为源 IPv6 地址与其他通信节点继续通信，所不同的是其发送的数据报文中携带目的选项扩展报头，该报头包含有该移动节点的家乡地址信息和家乡代理信息，其他通信节点收到这种报文后，将数据报文的源地址转换成移动节点的家乡地址，再传送给上层协议，以保持连接。

（7）知道移动节点转交地址的通信节点直接将上层协议数据发往移动节点的转交地址；不知道转交地址的通信节点发送数据报文的机制与移动 IPv4 路由机制相同，即将数据报文按照正常通信路由到移动节点的家乡链路，再由移动节点的家乡代理经隧道将报文转发至移动节点。

4．移动 IPv6 的优势

移动 IPv6 技术充分利用了 IPv6 协议对移动性的内在支持，相比较移动 IPv4，移动 IPv6 有很多优势，主要表现在以下方面。

（1）巨大的地址空间使移动 IPv6 有充足的地址供移动节点使用。无论移动节点在何处连接到 Internet 上，为移动节点提供服务的外地链路上都预留有足够多的全球可聚合单播 IPv6 地址，可以分配给移动节点作为转交地址。

（2）移动 IPv6 使用转交地址（Care-of-Address）解决了入口过滤问题。移动 IPv6 明确提出的转交地址概念，要求移动节点发送给其他通信节点的报文中以转交地址为源 IP 地址，同时去除了移动 IPv4 中的外地代理转交地址，也不需要外地代理了。

（3）无状态地址自动配置机制使移动 IPv6 中的移动节点更方便地获得转交地址，既不需要 DHCP，也不需要人为干预，使得移动 IPv6 部署更加简单和方便，从而解决了部署问题。

（4）移动 IPv6 使用目的选项扩展报头和路由选择扩展报头，改善了路由性能，解决了三角路由问题。移动节点发给其他通信节点的报文中使用目的选项报头通告移动节点的家乡地址，其他通信节点后续发送给移动节点的报文以移动节点的转交地址为目的地址，同时附带路由选择报头，报头内容为移动节点的家乡地址。这种机制保证移动节点在移动过程中也不会丢失报文。

（5）移动 IPv6 对上层协议透明。当通信节点接收到来自移动节点的、带有目的选项报头的数据报文时，就能够自动地把数据报的源地址替换成目的选项报文中的家乡地址，使得转交地址的使用对 IP 以上各层透明化，保证了通信在移动中不会中断。

（6）路由器在路由器通告（RA）报文中的 H 标志位指示了它能否作为家乡代理。同一个子网内允许多个家乡代理存在，移动节点可以向任意一个家乡代理注册。

（7）移动 IPv6 有效利用任播地址实现动态家乡代理发现机制。移动节点通过发送绑定更新给家乡代理的任播地址，从几个家乡代理中获得一个最合适的响应。

（8）IPv6 中的重定向过程保证了移动过程中通信的连续性。当移动节点在网络间切换时，移动节点在新的网络中注册成功后，利用重定向过程，使切换过程中路由有偏差的报文重新找到该移动节点。

（9）移动 IPv6 使用 IPSec 扩展报头，满足家乡代理路由器更新绑定时的所有安全需求,包括发送者认证、数据完整性保护、重传保护等,从而改善了移动的安全性。

总之,移动 IPv6 其允许一个节点从一个网络移动到另一个网络时,不必中断它以前的连接,能够继续访问网络、交换数据。同时,不管该节点位于网络的何处,以及与移动 IPv6 节点通信的其他节点是否支持移动 IPv6,始终可以对 IPv6 节点进行访问。IPv6 与移动通信技术的结合将为 Internet 的发展开拓一个全新的领域。移动 IPv6 将成为实现移动互联网上多种新型业务的关键。

附录 C 缩略语表

缩略语	英文全称	中文全称
A		
AAA	Authentication，Authorization and Accounting	认证、授权和计费
ABR	Area Border Router	区域边界路由器
ACK	ACKnowledgement	确认
ACL	Access Control List	存取控制列表
ADSL	Asymmetric Digital Subscriber Line(Loop)	非对称数字用户线(环)路
AF	Actual Finish Time	实际完成时间
AFI	Authority and Format Identifier	地址格式标识符
AfriNIC	African Network Information Centre	非洲地区网络信息中心
AH	Authentication Header	认证头
ALG	Application Layer Gateway	应用层网关
ANSI	American National Standard Institute	美国国家标准组织
APNIC	Asia Pacific Network Information Centre	亚太地区网络信息中心
ARIN	American Registry for Internet Numbers	北美互联网号码注册机构
ARP	Address Resolution Protocol	地址解析协议
AS	Autonomous System	自治系统
ASBR	Autonomous System Border Router	自治系统边界路由器
ASCII	American Standard Code for Information Interchange	美国信息交换标准码
ASM	Any-Source Multicast	任意信源组播
AT	Adjacency Table	邻接表
B		
BDR	Backup Designated Router	备份指定路由器
BGP	Border Gateway Protocol	边界网关协议
BSR	Bootstrap Router	自举路由器
C		
CATNIP	The Common Architecture for Next Generation Internet Protocol	下一代互联网的公共结构
C-BSR	Candidate-BSR	候选自举路由器

缩 略 语	英 文 全 称	中 文 全 称
CIDR	Classless Inter-Domain Routing	无类域间路由选择
CLNP	Connectionless Network Protocol	无连接网络协议
CNGI	China Next Generation Internet	中国下一代互联网示范工程
CPU	Central Processing Unit	中央处理器、中央处理单元
CRC	Cyclic Redundancy Check	循环冗余校验
CR-LSP	Constraint-based Routing LSP	基于约束的路由的 LSP
CR-LDP	Constraint-based Routing LDP	基于约束的路由的 LDP
C-RP	Candidate-RP	候选 RP
D		
DAD	Duplicate Address Detection	重复地址检测
DD	Database Description	数据库描述
DDNS	Dynamic Domain Name System	动态域名系统
DHCP	Dynamic Host Configuration Protocol	动态主机配置协议
DHCPv4	Dynamic Host Configuration Protocol version 4	动态主机配置协议版本 4
DHCPv6	Dynamic Host Configuration Protocol version 6	动态主机配置协议版本 6
DiffServ	Differentiated Services	差分业务
DIS	Designated IS	指定 IS
DNS	Domain Name Server	域名服务器
DoD	Downstream on Demand	下游按需标签分发方式
DoS	Denial of Service	拒绝服务
DR	Designated Router	指定路由器
DU	Downstream Unsolicited	下游自主标签分发
DUID	DHCP Unique Identifier	DHCP 唯一标识
D-V	Distance Vector Routing Algorithm	距离矢量路由算法
DVMRP	Distance Vector Multicast Routing Protocol	距离矢量多点广播路由选择协议
E		
EBGP	External Border Gateway Protocol	外部边界网关协议
EGP	Exterior Gateway Protocol	外部路由协议
ES-IS	End System-Intermediate System	终端系统—中间系统
ESP	Encapsulating Security Payload	封装安全载荷
EUI-64	64-bit Extended Unique Identifier	64 位扩展唯一标识符

续表

缩 略 语	英 文 全 称	中 文 全 称
F		
FCS	Frame Check Sequence	帧检验序列
FDDI	Fiber Distributed Data Interface	光纤分布(式)数据接口
FEC	Forwarding Equivalence Class	前向同等类
FIB	Forwarding Information Base	转发信息库
FTN	FEC to NHLFE map	映射转发等价类 FEC 到 NHLFE
FTP	File Transfer Protocol	文件传输协议
G		
GARP	Generic Attribute Registration Protocol	通用属性注册协议
GE	Gigabit Ethernet	千兆比特以太网
GRE	Generic Routing Encapsulation	通用路由封装协议
H		
HTTP	Hyper Text Transport Protocol	超级文本传送协议
I		
IA	Identity Association	身份联盟
IAID	Identity Association Identifier	身份联盟标识
IANA	Internet Assigned Number Authority	互联网地址分配组织
IBGP	Internal BGP	内部 BGP
IBM	International Business Machines	国际商用机器公司
ICMP	Internet Control Message Protocol	互联网控制报文协议
ICMPv6	Internet Control Message Protocol for IPv6	IPv6 的 Internet 控制报文协议
ID	IDentification/IDentity	识别
IEEE	Institute of Electrical and Electronics Engineers	电机工程师协会
IETF	Internet Engineering Task Force	互联网工程师任务组
IGMP	Internet Group Management Protocol	互联网组管理协议
IGMP-Snooping	Internet Group Management Protocol Snooping	互联网组管理协议侦听
IGP	Interior Gateway Protocol	内部网关协议
InterServ	Integrated Services	集成服务
IP	Internet Protocol	互联网协议、网际协议
IPng	IP next generation	网络层协议的第二代标准协议
IPSec	IP Security	IP 网络安全协议

续表

缩 略 语	英 文 全 称	中 文 全 称
IPv4	Internet Protocol version 4	互联网协议、网际协议版本 4
IPv6	Internet Protocol version 6	互联网协议、网际协议版本 6
IPv6 PIM	Protocol Independent Multicast for IPv6	IPv6 协议无关组播
IPX	Internetwork Packet Exchange protocol	互联网分组交换协议
IS-IS	Intermediate System-to-Intermediate System	中间系统到中间系统
ISO	International Organization for Standardization	国际标准化组织
ISP	Internet Service Provider	互联网服务提供商
ITU-T	International Telecommunication Union -Telecommunication Standardization Sector	国际电信联盟—电信标准部
K		
KB	Kilobyte	千字节
L		
LA	Local Address	本地地址
LACNIC	Regional Latin-American and Caribbean IP Address Registry	拉美及加勒比地区 IP 地址注册机构
L2TP	Layer 2 Tunneling Protocol	二层隧道协议
L2VPN	Layer 2 VPN	二层 VPN
LACP	Link Aggregation Control Protocol	链路聚合控制协议
LAN	Local Area Network	局域网、本地网
LDP	Label Distribution Protocol	标签分发协议
LER	Label Edge Router	边缘标签路由器
LFIB	Label Forwarding Information Base	标签转发表
LLC	Link Layer Control	链路层控制
LSA	Link State Advertisement	链路状态公告
LSAck	Link State Acknowledgment Packet	链路状态应答报文
LSDB	Link State Database	链路状态数据库
LSP	Label Switch Path	标签交换路径
LSR	Label Switch Router	标签交换路由器
LSR-ID	Label Switch Router Identity	标签交换路由器识别
LSU	Link State Update	链路状态更新

续表

缩略语	英文全称	中文全称
M		
MAC	Media Access Control	媒体访问控制
MAN	Metropolitan Area Network	城域网
MBGP	Multiprotocol Border Gateway Protocol	多协议边界网关协议
MC	Multicast Capability	组播能力
MED	Multi-Exit Discrimination	多出口区分
MIB	Management Information Base	管理信息库
MIP	Mobile IP	移动 IP
MLD	Multicast Listener Discovery Protocol	组播侦听者发现协议
MLD-Snooping	Multicast Listener Discovery Snooping	组播侦听者发现协议窥探
MMC	Meet-Me Conference	会聚式会议电话
MODEM	MOdulator-DEModulator	调制解调器
MP-BGP	Multiprotocol extensions for BGP-4	多协议扩展 BGP-4
MPE	Middle-level PE	中间的 PE
MPLS	Multiprotocol Label Switching	多协议标记交换
MSDP	Multicast Source Discovery Protocol	组播源发现协议
MSS	Maximum Segment Size	最大分段
MTU	Maximum Transmission Unit	最大传输单元
N		
NA	Neighbor Advertisement	邻居公告
NAPT	Network Address Port Translation	网络地址端口转换
NAT	Net Address Translation	网络地址转换
NBMA	Non Broadcast Multi-Access	非广播多访问
ND	Neighborhood Discovery	邻居发现
NDP	Neighbor Discovery Protocol	邻居发现协议
NetBIOS	Network Basic Input/Output System	网络基本输入/输出系统
NLRI	Network Layer Reachability Information	网络可达性信息
NMS	Network Management Station	网管站
NS	Neighbor Solicitation	邻居请求
NSAP	Network Service Access Point	网络业务接入点
NSSA	Not-So-Stubby Area	非完全 Stub 区域

缩 略 语	英 文 全 称	中 文 全 称
NU	No Unicast	非单播
NUD	Neighbor Unreachability Detection	邻居不可达检测
O		
OSI	Open Systems Interconnection	开放系统互联
OSPF	Open Shortest Path First	开放最短路径优先
P		
P2MP	Point to MultiPoint	点到多点链路
P2P	Point-to-Point	点到点
PDA	Personal Digital Assistant	个人数字助理/掌上电脑
PDU	Protocol Data Unit	协议数据单元
PE	Provider Edge	运营商边缘
PHP	Penultimate Hop Popping	倒数第二跳弹出
PHY	Physical layer	物理层
PIM	Protocol Independent Multicast	协议无关组播（协议）
PIM-DM	Protocol Independent Multicast-Dense Mode	密集模式的协议无关组播（协议）
PIM-SM	Protocol Independent Multicast-Sparse Mode	与协议无关的组播稀疏模式（协议）
PMTU	Path MTU	路径 MTU
PPP	Point-to-Point Protocol	点到点协议
PVC	Permanent Virtual Channel	永久虚通路
Q		
QACL	QoS/ACL	服务质量/访问控制列表
QoS	Quality of Service	业务质量、服务质量
R		
RA	Router Advertisement	路由器公告
RADIUS	Remote Authentication Dial in User Service	远端用户拨入鉴权服务
RAM	Random-Access Memory	随机访问内存
RD	Router Distinguisher	路由器标识
RFC	Request For Change	变更请求

续表

缩 略 语	英 文 全 称	中 文 全 称
RID	Router ID	路由器 ID 号
RIP	Routing Information Protocol	路由信息协议
RIPE NCC	Réseaux IP Européens Network Coordination Centre	欧洲地区的 IP 地址注册机构
RIPng	RIP next generation	下一代 RIP 协议
ROM	Read Only Memory	只读存储器
RP	Rendezvous Point	汇聚点
RPF	Reverse Path Forwarding	反转路径转发
RPT	RP-rooted Shared Tree	基于 RP 的共享树 RPT
RS	Router Solicitation	路由器请求
RSVP	Resource ReserVation Protocol	资源预留协议
RTP	Real-time Transport Protocol	实时传输协议
S		
SIPP	Simple Internet Protocol Plus	增强的简单互联网协议
SFM	Source-Filtered Multicast	信源过滤组播
SMTP	Simple Mail Transfer Protocol	简单邮件传送协议
SNMP	Simple Network Management Protocol	简单网管协议
SP	Strict Priority Queueing	严格优先级队列
SPE	Superstratum PE/Sevice Provider-end PE	上层 PE/服务运营商侧 PE
SPEC	Specification	物料技术规范
SPF	Shortest Path First	最短路径优先协议
SPT	Shortest Path Tree	最短生成树
SSH	Secure Shell	安全外壳
SSL	Secure Socket Layer	安全套接字层
SSM	Source-Specific Multicast	指定信源组播
STP	Spanning Tree Protocol	生成树协议
T		
TCP	Transmission Control Protocol	传输控制协议
TE	Terminal Equipment	终端设备
TFTP	Trivial File Transfer Protocol	简单文件传输协议
TLS	Transparent LAN Service	透明局域网服务
TLV	Type-Length-Value	类型—长度—值

续表

缩　略　语	英　文　全　称	中　文　全　称
TOS	Type Of Service	服务类型
TTL	Time To Live	生存时间
TUBA	TCP and UDP with Bigger Addresses	互联网寻址和路由协议的一个简单的提议
U		
UDP	User Datagram Protocol	用户数据报协议
URL	Uniform Resource Locators	统一资源定位
V		
VFS	Virtual File System	虚拟文件系统
VLAN	Virtual LAN	虚拟局域网
VLL	Virtual Leased Lines	虚拟租用专线
VOD	Video On Demand	视频点播
VoIP	Voice over IP	网络电话
VPLS	Virtual Private Local Switch	虚拟专用局域交换机
VPN	Virtual Private Network	虚拟私有网、虚拟专用网
VRID	Virtual Router Identifier	虚拟路由器标识
VRRP	Virtual Router Redundancy Protocol	虚拟路由冗余协议
W		
WAN	Wide Area Network	广域网
WINS	Windows Internet Naming Service	视窗网络命名服务
WLAN	Wireless Local Area Network	无线局域网
WWW	World Wide Web	万维网
X		
XGE	Ten-Gigabit Ethernet	万兆以太网